普通高等教育公共基础课计算机类系列教材

大学计算机基础实验教程

主　编　姜　楠　张　颜　王淮中
副主编　张立忠　张丽秋　高　巍

科学出版社

北　京

内 容 简 介

　　本书是与《大学计算机基础》（姜楠、高巍、张立秋主编，科学出版社出版）配套使用的辅助教材。全书内容分为两部分。第一部分为习题篇，主要内容包括主教材各章的学习目标、学习要点及配套习题和答案，以巩固主教材所学知识，提高学生的综合应用能力。第二部分为实验篇，根据教学要求安排了丰富实用的实验，以提高学生的计算机操作能力。

　　本书在内容编排上由浅到深、层次清晰、循序渐进、难易兼顾、重点突出，可作为普通高等院校非计算机专业学生的计算机基础教材，也可作为计算机初学者的参考用书。

图书在版编目(CIP)数据

大学计算机基础实验教程/姜楠，张颜，王淮中主编. —北京：科学出版社，2022.8
　（普通高等教育公共基础课计算机类系列教材）
　ISBN 978-7-03-072952-1

　Ⅰ．①大… Ⅱ．①姜… ②张… ③王… Ⅲ．①电子计算机-高等学校-教材 Ⅳ．①TP3

中国版本图书馆 CIP 数据核字（2022）第 152200 号

　　　　责任编辑：宋　丽　李　莎／责任校对：王万红
　　　　责任印制：吕春珉／封面设计：东方人华平面设计部

科 学 出 版 社 出版
北京东黄城根北街 16 号
邮政编码：100717
http://www.sciencep.com

三河市中晟雅豪印务有限公司印刷
科学出版社发行　　各地新华书店经销
*
2022 年 8 月第 一 版　　　开本：787×1092　1/16
2022 年 8 月第一次印刷　　印张：15 1/2
字数：362 000
定价：48.00 元
（如有印装质量问题，我社负责调换〈中晟雅豪〉）
销售部电话 010-62136230　编辑部电话 010-62138978-2046

前　　言

随着计算机技术的日益普及，计算机在各行各业的应用越来越广，掌握计算机的基本操作已成为人们必备的技能。本书是与《大学计算机基础》（姜楠、高巍、张立秋主编，科学出版社出版）配套的学习与实验指导用书，根据教育部非计算机专业计算机基础课程教学指导委员会提出的《关于进一步加强高校计算机基础教学意见》精神中关于"大学计算机基础"课程的"一般要求"编写，可满足一般院校的教学需要。

本书内容包括习题篇和实验篇两部分。习题篇提供了学习指导、习题（包括选择题、填空题、判断题等）和习题答案。实验篇根据教学内容安排了 13 个实验，分别是 Windows 10 基础操作、WPS 文字基本操作、WPS 文字表格制作、WPS 文字图文混排、WPS 文字长文档制作、WPS 表格基本操作、WPS 表格公式和函数的使用、WPS 表格数据管理、WPS 演示文稿基本操作、WPS 演示文稿的动画设计、计算机网络及应用、Raptor 使用基础和 Access 小型数据库应用系统设计。

本书由姜楠、张颜、王淮中任主编，负责确定全书的总体框架结构及全书的撰写、统稿与定稿工作，张立忠、张丽秋、高巍任副主编。编者在编写本书的过程中得到有关专家的热心指导与无私帮助，在此表示衷心的感谢。此外，在编写本书时还参考了大量的文献资料，在此向这些文献资料的作者深表感谢。

由于编写时间仓促及编者水平有限，书中难免会有疏漏和不足之处，恳请广大读者和同行不吝赐教。

目　　录

习　题　篇

第1章　计算思维与计算机基础概述 ··· 3

1.1　学习指导 ··· 3

1.2　习题 ··· 6

1.3　习题答案 ··· 16

第2章　计算机系统概述 ··· 18

2.1　学习指导 ··· 18

2.2　习题 ··· 22

2.3　习题答案 ··· 31

第3章　操作系统基础 ··· 33

3.1　学习指导 ··· 33

3.2　习题 ··· 34

3.3　习题答案 ··· 47

第4章　WPS Office 办公软件 ··· 48

4.1　学习指导 ··· 48

4.2　习题 ··· 54

4.3　习题答案 ··· 66

第5章　计算机网络基础与网络安全 ··· 67

5.1　学习指导 ··· 67

5.2　习题 ··· 68

5.3　习题答案 ··· 75

第6章　算法与数据结构 ··· 76

6.1　学习指导 ··· 76

6.2　习题 ··· 80

6.3　习题答案 ··· 89

第 7 章　程序设计基础……………………………………………………………………90

　7.1　学习指导………………………………………………………………………………90

　7.2　习题……………………………………………………………………………………91

　7.3　习题答案………………………………………………………………………………95

第 8 章　数据库技术基础…………………………………………………………………101

　8.1　学习指导………………………………………………………………………………101

　8.2　习题……………………………………………………………………………………102

　8.3　习题答案………………………………………………………………………………108

第 9 章　IT 新技术…………………………………………………………………………109

　9.1　学习指导………………………………………………………………………………109

　9.2　习题……………………………………………………………………………………110

　9.3　习题答案………………………………………………………………………………113

实　验　篇

实验 1　Windows 10 基础操作……………………………………………………………117

实验 2　WPS 文字基本操作………………………………………………………………128

实验 3　WPS 文字表格制作………………………………………………………………141

实验 4　WPS 文字图文混排………………………………………………………………152

实验 5　WPS 文字长文档制作……………………………………………………………162

实验 6　WPS 表格基本操作………………………………………………………………175

实验 7　WPS 表格公式和函数的使用……………………………………………………179

实验 8　WPS 表格数据管理………………………………………………………………185

实验 9　WPS 演示文稿基本操作…………………………………………………………191

实验 10　WPS 演示文稿的动画设计………………………………………………………200

实验 11　计算机网络及应用………………………………………………………………206

实验 12　Raptor 使用基础…………………………………………………………………210

实验 13　Access 小型数据库应用系统设计………………………………………………216

参考文献………………………………………………………………………………………239

习 题 篇

第1章 计算思维与计算机基础概述

1.1 学 习 指 导

一、学习目标

了解计算思维的概念、本质和特点；掌握现代计算机的发展历史、计算机的分类及特点；熟悉计算机的应用领域；了解国产计算机的研制情况、特点及发展趋势；理解数值和编码的概念；掌握计算机各进制之间的转换规则；掌握数值数据、文本信息、多媒体信息在计算机内部的表示形式。

二、学习要点

1. 计算思维概述

计算思维是运用计算机科学的基本概念进行问题求解、系统设计和人类行为理解等涵盖计算机科学之广度的一系列思维活动。它是建立在计算和建模之上，能够帮助人们利用计算机处理无法由单人完成的系统设计、问题求解等工作。

计算思维的主要特征体现在以下方面。

1）概念化思维，不是程序化思维。

2）根本的技能，不是刻板的技能。

3）是人的思维方式，不是计算机的思维方式。

4）是思想，不是人造物。

5）数学和工程思维的互补与融合。

6）面向所有的人、所有的领域。

计算思维的本质是抽象和自动化。它反映了计算的根本问题，即什么能被有效地自动进行。计算是抽象的自动执行，自动化需要某种计算机去解释抽象。

计算思维求解问题的步骤是分解、模式识别、抽象化和算法设计。

计算思维已经渗透到各学科、各领域，创造和形成了一系列的学科分支，如计算生物学、计算化学、计算经济学、计算艺术学等，并且正在潜移默化地影响和推动着各领域的发展，成为一种发展趋势。

2. 计算机的发展史

从古老的"结绳记事"，到算筹、算盘、计算尺、差分机，再到现代计算机诞生，计算工具经历了从简单到复杂、从低级到高级、从手动到自动的发展过程，目前仍在不断地进化。

1946 年，世界上第一台高速通用计算机 ENIAC 在美国宾夕法尼亚大学研制成功。ENIAC 奠定了电子计算机的发展基础，开辟了一个计算机科学技术的新纪元。ENIAC 诞生后短短的几十年间，计算机的发展突飞猛进。主要电子器件相继使用了电子管、晶体管、中小规模集成电路和大规模、超大规模集成电路，引起计算机的几次更新换代。我国在小型计算机、微型计算机及一些专用服务器研制方面具有自己的特色。

3．计算机的分类

计算机按内部逻辑结构分类，可分为单处理机与多处理机（并行器）、32 位或 64 位计算机等；按工作原理分类，可分为模拟计算机和数字计算机；按用途分类，可分为通用计算机和专用计算机。此外，按其规模、速度和功能等综合性能指标又可分为巨型计算机、大型计算机、中型计算机、小型计算机及微型计算机。

4．计算机的特点

计算机具有运算速度快、计算精度高、存储容量大、可进行逻辑判断、自动化程度高且通用性强的特点。

5．计算机的应用领域

计算机广泛地应用于科学计算、数据处理、过程控制、计算机辅助系统、人工智能及计算机网络等人类生产和生活的各领域。

6．微型计算机的发展

1972 年，世界上第一台微处理器和微型计算机诞生，开创了微型计算机的新时代。1981 年，IBM 公司推出 IBM PC，它首创了个人计算机的概念，为 PC 制定了企业通用的工业标准。微型计算机的发展主要表现在微处理器的发展上。

7．我国计算机的发展

我国于 1953 年成立第一个电子计算机科研小组。1956 年，开启了计算机事业的创建。60 多年来我国高性能通用计算机的研制硕果累累。2016 年，中国自主研发的"神威·太湖之光"超级计算机和"天河二号"超级计算机位居世界前两位。"九章"量子计算原型机的问世使我国成为全球第二个实现"量子计算优越性"的国家。

8．计算机中信息的表示

计算机中采用二进制是由计算机所使用的逻辑器件决定的。
1）进位计数制：二进制、八进制、十进制、十六进制。
2）常用数制的转换方法。
① 非十进制数转换为十进制数：按位权展开，再将各项相加。
② 十进制数转换为非十进制数：整数和小数分别转换，然后合起来。其口诀为，整数部分"除以 R 倒取余"，小数部分"乘以 R 顺取整"。

③ 二进制数转换为八进制数（十六进制数）：以小数点为界，分别向左、右以每 3 位（4 位）为一组，构成 1 位八进制数（十六进制数）。

④ 八进制数（十六进制数）转换为二进制数：将每 1 位八进制数（十六进制数）用与其等值的 3 位（4 位）二进制数表示。

⑤ 八进制数和十六进制数的转换：借助二进制数进行转换。

3）数值信息的表示。

① 整数的表示。二进制数最高位规定一个符号位，0 代表正数，1 代表负数。有符号整数有 3 种不同的机器编码方法：原码、反码和补码。有符号数值的存储和计算采用补码形式。

② 实数的表示。定点整数、定点小数、浮点数。

4）常用术语与存储容量单位。

① 位（bit）：表示计算机数据的最小单位。

② 字节（Byte）：计算机中最基本的存储单位。计算机是以字节为单位分配存储空间的。1 字节由 8 位二进制数字组成。

③ 常用换算关系。

1KB（千字节）= 1024 B = 2^{10} B

1MB（兆字节）= 1024 KB = 2^{20} B

1GB（吉字节）= 1024 MB = 2^{20} KB = 2^{30} B

1TB（太字节）= 1024 GB = 2^{20} MB = 2^{40} B

1PB（拍字节）= 1024 TB = 2^{20} GB = 2^{50} B

5）文本信息的表示。

① 西文编码：ASCII、Unicode。

ASCII 是由美国国家标准学会制定的、标准的单字节字符编码方案，它只对英文字母、数字和标点符号进行编码，用 7 位二进制数表示（或用 1 字节表示，最高位为"0"）。

② 汉字编码：国标码、机内码、汉字字形码等。

计算机对汉字信息的处理过程实际上是各种汉字编码间的转换过程。这些编码主要包括汉字输入码、汉字信息交换码、汉字内码和汉字字形码等。输入汉字信息时，使用汉字输入码来编码（即汉字的外部码）；汉字信息在计算机内部处理时，统一使用机内码来编码；汉字信息在输出时使用字形码以确定一个汉字的点阵。这些编码构成了汉字处理系统的一个汉字代码体系。

汉字信息交换码是用于汉字信息处理系统之间或与通信系统之间进行信息交换的汉字代码，简称交换码，也称国标码。我国采用的国标码为《信息交换用汉字编码字符集　基本集》（GB 2312—1980）。

6）多媒体信息的表示。

计算机可以存储、处理图形、图像、声音和视频等多媒体信息。要使计算机能够存储、处理多媒体信息，就必须先将这些信息转换为二进制信息。将声音、图像、图形、视频转换为二进制代码存储的过程称为数字化。

9．数据压缩

计算机中存储表示各种媒体信息的数据量非常大，只有对数据进行有效的压缩才能被广泛应用。数据压缩可分为两种类型，一种是无损压缩，另一种是有损压缩。

三、学习方法

根据教学内容与要求，认真阅读教材，独立完成习题，巩固课堂学习的知识点。课后借助网络或图书馆查阅计算机相关的拓展资料，以便更好地理解课程内容。

1.2 习 题

一、选择题

1．世界上公认的第一台通用计算机是（　　）。
　　A．ENIAC　　　　　B．EDSAC　　　　C．EDVAC　　　　D．VNIVAC-I
2．第一台通用计算机诞生于（　　）年。
　　A．1942　　　　　B．1945　　　　　C．1946　　　　　D．1950
3．第一台通用计算机是由（　　）组成的。
　　A．电子管　　　　B．晶体管　　　　C．光电管　　　　D．继电器
4．计算机发展阶段的划分标准通常是按计算机所采用的（　　）划分的。
　　A．内存容量的增加　　　　　　　B．电子器件的更新
　　C．程序设计语言的发展　　　　　D．操作系统的完善
5．第二代计算机采用的电子器件是（　　）。
　　A．晶体管　　　　　　　　　　　B．电子管
　　C．中小规模集成电路　　　　　　D．超大规模集成电路
6．根据用途的不同，计算机可分为（　　）。
　　A．大型计算机和小型计算机　　　B．通用计算机和专用计算机
　　C．巨型计算机和微型计算机　　　D．个人计算机和网络计算机
7．使用大规模集成电路制造的计算机属于（　　）。
　　A．第一代计算机　　　　　　　　B．第二代计算机
　　C．第三代计算机　　　　　　　　D．第四代计算机
8．第一代计算机和第四代计算机的体系结构是相同的，称为（　　）。
　　A．艾伦·图灵结构　　　　　　　B．罗伯特·诺依斯结构
　　C．冯·诺依曼结构　　　　　　　D．比尔·盖茨结构
9．目前制造计算机采用的电子器件是（　　）。
　　A．超大规模集成电路　　　　　　B．超导体
　　C．中小规模集成电路　　　　　　D．晶体管

10. 第四代计算机通常采用的外存储器有（　　）。
    A．穿孔卡片、纸带　　　　　　　B．磁带
    C．磁盘、光盘　　　　　　　　　D．电子管
11. CAD 是计算机的主要应用领域之一，其含义是（　　）。
    A．计算机辅助设计　　　　　　　B．计算机辅助制造
    C．计算机辅助教学　　　　　　　D．自动控制系统
12. 计算机辅助教学的英文缩写是（　　）。
    A．CAD　　　　B．CAI　　　　C．CAM　　　　D．CAT
13. 工业上的自动机床属于（　　）。
    A．科学计算方面的计算机应用　　B．过程控制方面的计算机应用
    C．数据处理方面的计算机应用　　D．辅助设计方面的计算机应用
14. 计算机诞生之初主要应用于（　　）。
    A．计算机辅助设计　　　　　　　B．人工智能
    C．计算机辅助教学　　　　　　　D．科学计算
15. 我国第一台通用电子管计算机（　　）试制成功，开辟了中国计算机事业的新纪元。
    A．东方红　　　　B．神威　　　　C．曙光　　　　D．103 机
16. 在信息时代，计算机的应用非常广泛，主要有如下几大领域：科学计算、数据处理、计算机辅助系统、过程控制、人工智能和（　　）领域。
    A．计算机网络　　B．家庭影院　　C．在线课堂　　D．电子商务
17. 我国自行研制的银河系列计算机属于（　　）。
    A．巨型计算机　　B．中型计算机　　C．小型计算机　　D．微型计算机
18. 下列叙述正确的是（　　）。
    A．世界上第一台通用计算机 ENIAC 首次实现了"存储程序"方案
    B．按照计算机的规模，人们把计算机的发展过程分为 4 个阶段
    C．微型计算机最早出现于第三代计算机中
    D．冯·诺依曼提出的计算机体系结构奠定了现代计算机的结构理论基础
19. 计算机中采用二进制的主要原因是（　　）。
    A．二进制运算简单
    B．二进制简单易用
    C．最早设计计算机的人们随意确定的
    D．由计算机电路所采用的器件决定，计算机采用了具有两种稳定状态的二值电路
20. 个人计算机简称 PC，这种计算机属于（　　）。
    A．微型计算机　　B．小型计算机　　C．超级计算机　　D．巨型计算机
21. 计算机按其性能可分为（　　）等几种类型。
    A．模拟计算机和数字计算机
    B．科学计算机、数据处理、人工智能
    C．巨型计算机、大型计算机、小型计算机、微型计算机
    D．便携式计算机、台式计算机、微型计算机

22．计算机的发展方向是（　　）、巨型化、网络化、智能化和多媒体化。
　　A．小型化　　　　　B．系列化　　　　　C．微型化　　　　　D．多样化

23．计算机内部采用（　　）数制。
　　A．二进制　　　　　B．八进制　　　　　C．十进制　　　　　D．十六进制

24．计算机辅助制造的英文缩写为（　　）。
　　A．CAM　　　　　　B．CAD　　　　　　C．CAT　　　　　　D．CAI

25．ASCII 分为（　　）。
　　A．高位码和低位码　　　　　　　　　　B．专用码和通用码
　　C．7 位码和 8 位码　　　　　　　　　　D．以上都不是

26．计算机中的所有信息都采用（　　）编码形式表示。
　　A．ASCII　　　　　B．二进制　　　　　C．八进制　　　　　D．十六进制

27．计算机表示数据的最小单位是（　　）。
　　A．位　　　　　　　B．字节　　　　　　C．KB　　　　　　　D．MB

28．我国研制的"天河二号"计算机属于（　　）。
　　A．微型计算机　　　B．小型计算机　　　C．大型计算机　　　D．巨型计算机

29．2 字节包含的二进制位数是（　　）位。
　　A．128　　　　　　　B．64　　　　　　　C．16　　　　　　　D．8

30．1KB 表示（　　）。
　　A．1000bit　　　　　B．1024bit　　　　　C．1000B　　　　　D．1024B

31．一个汉字和一个英文字符在微型计算机中存储时所占字节数的比值为（　　）。
　　A．2∶1　　　　　　B．4∶1　　　　　　C．1∶1　　　　　　D．1∶4

32．（　　）被誉为"现代电子计算机之父"。
　　A．巴贝奇　　　　　B．阿塔纳索夫　　　C．图灵　　　　　　D．冯·诺依曼

33．ASCII 是（　　）的简称，它最多可表达（　　）种不同的单字符。
　　A．国标码　255　　　　　　　　　　　　B．十进制编码　127
　　C．二进制码　128　　　　　　　　　　　D．美国信息交换标准代码　128

34．计算机内存常用字节作为单位，1B 等于（　　）。
　　A．2 个二进制位　　　　　　　　　　　　B．4 个二进制位
　　C．8 个二进制位　　　　　　　　　　　　D．16 个二进制位

35．在计算机内部，对数据进行加工、处理和传送的编码形式是（　　）。
　　A．二进制码　　　　B．八进制码　　　　C．十六进制码　　　D．十进制码

36．计算机中最基本的存储单位是（　　）。
　　A．比特　　　　　　B．字节　　　　　　C．字长　　　　　　D．千字节

37．在国标码规定的汉字编码中，每个汉字用（　　）个二进制位表示。
　　A．8　　　　　　　　B．16　　　　　　　C．32　　　　　　　D．48

38．6 位无符号二进制数能表示的最大十进制整数是（　　）。
　　A．64　　　　　　　　B．63　　　　　　　C．32　　　　　　　D．31

39．计算机中 bit 是个常用的单位，它的含义是（　　）。
　　A．字节　　　　　　B．位　　　　　　　C．字　　　　　　　D．双字

40．将二进制数 10000011 转换为十进制数，结果是（　　　）。

  A．129   B．130   C．131   D．132

41．将十进制数 93 转换为二进制数，结果是（　　　）。

  A．1110111   B．1110101   C．1010111   D．1011101

42．将八进制数 356 转换为十进制数，结果是（　　　）。

  A．248   B．238   C．218   D．228

43．将十六进制数 1AD.B8 转换为二进制数，结果是（　　　）。

  A．110101101.10111   B．101101101.10101

  C．110010101.11001   D．110100110.10110

44．将十进制数 445 转换为十六进制数，结果是（　　　）。

  A．1BD   B．1BC   C．1CD   D．1CC

45．将十六进制数 C3 转换为二进制数，结果是（　　　）。

  A．11000011   B．10110010   C．11000100   D．10110011

46．将八进制数 234.56 转换为二进制数，结果是（　　　）。

  A．10011100.101110   B．10011011.110101

  C．11001001.101110   D．11001100.110101

47．将八进制数 67 转换为十进制数，结果是（　　　）。

  A．52   B．53   C．54   D．55

48．下列数据中，可能是八进制数的是（　　　）。

  A．488   B．317   C．597   D．189

49．将十进制数 41 转换为二进制数，结果是（　　　）。

  A．101001   B．1101   C．100101   D．100011

50．将八进制数 165 转换为十进制数，结果是（　　　）。

  A．165   B．119   C．117   D．159

51．将十进制数 28.625 转换为十六进制数，结果是（　　　）。

  A．1C.A   B．1C.5   C．112.10   D．112.5

52．将二进制数 11101.010 转换为十进制数，结果是（　　　）。

  A．29.75   B．29.25   C．31.25   D．29.5

53．将十进制数 24.125 转换为二进制数，结果是（　　　）。

  A．00101000.0010   B．00011000.0011

  C．111010.0101   D．00011000.0010

54．下列数据中，最大的数是（　　　）。

  A．$(227)_8$ B．$(1FF)_{16}$ C．$(1010001)_2$ D．$(789)_{10}$

55．下列数据中，最大的数是（　　　）。

  A．$(11000011)_2$ B．$(110)_8$ C．$(101)_{10}$ D．$(A1)_{16}$

56．下列数据中，最小的数是（　　　）。

  A．$(11011011)_2$ B．$(77)_8$ C．$(FF)_{16}$ D．$(254)_{10}$

57．将十进制数 131 转换为八进制数，结果是（　　　）。

  A．$(203)_8$ B．$(103)_8$ C．$(213)_8$ D．$(113)_8$

58. 将十进制数 162 转换为十六进制数，结果是（   ）。

    A．A1   B．A2   C．9A   D．92

59. 将十进制数 173 转换为二进制数，结果是（   ）。

    A．10101101   B．10110101   C．10011101   D．10110110

60. 将十进制数 173 转换为八进制数，结果是（   ）。

    A．255   B．513   C．235   D．266

61. 将十进制数 173 转换为十六进制数，结果是（   ）。

    A．BD   B．B5   C．AD   D．B8

62. 将二进制数 01010110 转换为十进制数，结果是（   ）。

    A．82   B．86   C．54   D．102

63. 将十进制数 215 转换为二进制数，结果是（   ）。

    A．10010110   B．11011001   C．11101001   D．11010111

64. 将二进制数 1011 转换为十进制数，结果是（   ）。

    A．12   B．7   C．8   D．11

65. 将二进制数 0.11 转换为十进制数，结果是（   ）。

    A．0.75   B．0.5   C．0.2   D．0.25

66. 将二进制数 1001101.0101 转换为十进制数，结果是（   ）。

    A．77.3125   B．154.3125   C．154.625   D．77.625

67. 将二进制数 1001101.0101 转换为八进制数，结果是（   ）。

    A．461.24   B．115.24   C．461.21   D．115.21

68. 将二进制数 1001101.0101 转换为十六进制数，结果是（   ）。

    A．4C.5   B．4D.5   C．95.5   D．9A.5

69. 8 位二进制能表示的数用十六进制表示的范围是（   ）。

    A．07H～7FFH   B．00H～FFH   C．10H～0FFH   D．20H～200H

70. 根据国标码 GB 2312—1980 的规定，存储一个汉字的机内码需用（   ）字节。

    A．1   B．2   C．3   D．4

71. 根据国标码 GB 2312—1980 的规定，将汉字分为常用汉字（一级）和次常用汉字（二级）两级。一级常用汉字按（   ）排列。

    A．偏旁部首   B．汉语拼音字母顺序

    C．笔画多少   D．使用频率多少

72. 现代计算机不可以完成（   ）任务。

    A．6387 是不是素数   B．找出学校个子最高的人

    C．人生的意义几何   D．10 个汉诺塔圆盘的移动步骤

73. 下列（   ）不属于人工智能领域中的应用。

    A．信用卡   B．机械手   C．机器人   D．人机对弈

74. 下列字符中，其 ASCII 码值最大的是（   ）。

    A．5   B．b   C．f   D．A

75. 下列关于计算机常用编码描述中，正确的是（　　）。

    A. 只有 ASCII 一种　　　　　　　　B. 有 EBCDIC 和 ASCII 两种

    C. 大型机多采用 ASCII　　　　　　　D. ASCII 只有 7 位码

76. 已知小写的英文字母"m"的十六进制 ASCII 码值为 6D，则小写英文字母"c"的十六进制 ASCII 码值是（　　）。

    A. 98　　　　　　B. 62　　　　　　C. 99　　　　　　D. 63

77. 五笔字型输入法是（　　）。

    A. 音码　　　　　B. 形码　　　　　C. 混合码　　　　D. 音形码

78. 中国国家标准汉字信息交换编码是（　　）。

    A. GB 2312—1980　　　　　　　　　B. GBK

    C. UCS　　　　　　　　　　　　　　D. BIG5

79. 在存储一个汉字内码的 2 字节中，每字节的最高位是（　　）。

    A. 1 和 1　　　　B. 1 和 0　　　　C. 0 和 1　　　　D. 0 和 0

80. 1MB 可换算为（　　）KB。

    A. 10　　　　　　B. 100　　　　　C. 1024　　　　　D. 10000

81. 为了避免混淆，二进制数在书写时，常在后面加字母（　　）。

    A. H　　　　　　B. O　　　　　　C. B　　　　　　D. D

82. 下列关于二进制的叙述中，错误的是（　　）。

    A. 二进制数只有 0 和 1 两个数码

    B. 二进制逢 2 进 1

    C. 二进制各位上的权分别为 0、2、4……

    D. 二进制数由两个数字组成

83. 汉字系统的汉字字库中存放的是汉字的（　　）。

    A. 机内码　　　　B. 输入码　　　　C. 字形码　　　　D. 国标码

84. 衡量计算机存储容量的单位通常是（　　）。

    A. 块　　　　　　B. 字节　　　　　C. 比特　　　　　D. 字长

85. 某计算机的内存是 32MB，就是指它的容量为（　　）字节。

    A. 32×1020　　　　　　　　　　　　B. 32×1000×1000

    C. 32×1024　　　　　　　　　　　　D. 32×1024×1024

86. ASCII 是（　　）。

    A. 条形码　　　　　　　　　　　　　B. 二-十进制编码

    C. 二进制码　　　　　　　　　　　　D. 美国信息标准交换代码

87. 按计算机应用分类，人事档案管理、财务管理等软件应属于（　　）。

    A. 实时控制　　　　　　　　　　　　B. 科学计算

    C. 计算机辅助工程　　　　　　　　　D. 数据处理

88. 在计算机内部用于存储、交换、处理的汉字编码称为（　　）。

    A. 国标码　　　　B. 机内码　　　　C. 区位码　　　　D. 字形码

89．下列叙述中，正确的是（　　）。

    A．最先提出存储程序思想的人是英国科学家艾伦·图灵

    B．ENIAC 采用的电子器件是晶体管

    C．在第三代计算机期间出现了操作系统

    D．第二代计算机采用的电子器件是集成电路

90．字母 a 的 ASCII 码值为十进制数 97，那么字母 c 的 ASCII 码值为十进制数（　　）。

    A．67　　　　　　B．68　　　　　　C．98　　　　　　D．99

91．下列按键中，代表回车的是（　　）键。

    A．Delete　　　　B．Insert　　　　C．Ctrl　　　　D．Enter

92．在键盘输入指法中，正确输入字符"t"的手指是（　　）。

    A．左手食指　　　B．左手小指　　　C．右手无名指　　D．右手食指

93．要删除光标左侧的一个字符应使用（　　）键。

    A．Delete　　　　　　　　　　　B．Alt

    C．Back space　　　　　　　　　 D．Enter

94．在键盘输入小写字母状态下，若输入一个大写字母，则必须在按相应字母键的同时按（　　）键。

    A．Ctrl　　　　　 B．Alt　　　　　C．Shift　　　　D．Enter

95．在输入汉字时，拼音字母按键的状态必须是（　　）。

    A．大写字母状态　　　　　　　　 B．小写字母状态

    C．全角方式　　　　　　　　　　 D．大、小写字母状态均可

96．在计算机键盘上，Caps Lock 键的功能是（　　）。

    A．数字锁定　　　B．跳格　　　　　C．退格　　　　D．大写字母锁定

97．主机箱上 Reset 按钮的功能是（　　）。

    A．关机　　　　　B．复位　　　　　C．加速　　　　D．开机

98．在计算机键盘上，NumLock 键的功能是（　　）。

    A．数字锁定　　　B．跳格　　　　　C．退格　　　　D．大写字母锁定

99．在计算机键盘上，可与字母键配合使用实现大小写输入切换的是（　　）键。

    A．Enter　　　　　B．Ctrl　　　　　C．Shift　　　　D．Alt

100．在计算机键盘上，可实现插入/改写状态转换的是（　　）键。

    A．Home　　　　　B．Insert　　　　C．PageUp　　　D．PageDown

101．下列按键中，不属于编辑的是（　　）键。

    A．Insert　　　　　B．End　　　　　C．Delete　　　D．Shift

102．在计算机键盘上，常与其他键配合使用来完成各种控制功能的是（　　）键。

    A．Space　　　　　B．Ctrl　　　　　C．PageUp　　　D．Enter

103．在键盘输入指法中，正确输入字符"v"的手指是（　　）。

    A．左手食指　　　B．右手食指　　　C．右手无名指　　D．左手小指

104．在键盘输入指法中，正确输入字符"h"的手指是（　　）。

    A．左手食指　　　B．左手小指　　　C．右手无名指　　D．右手食指

105．多媒体技术是（　　）。

A．一种图像和图形处理技术

B．文本和图形处理技术

C．超文本处理技术

D．计算机技术、电视技术和通信技术相结合的综合技术

106．现代信息社会的主要标志是（　　）。

A．汽车的大量使用　　　　　　　B．人口的日益增长

C．自然环境的不断改善　　　　　D．计算机技术的大量应用

107．在计算机领域，媒体是指（　　）。

A．表示和传播信息的载体　　　　B．各种信息的编码

C．计算机的输入/输出信息　　　　D．计算机屏幕显示的信息

108．多媒体技术就是把文字、声音、图像等多种媒体信息综合一体化，但它的实现依赖（　　）。

A．计算机技术　　　　　　　　　B．网络技术

C．声像处理技术　　　　　　　　D．综合一体化技术

109．数字视频的重要性主要体现在（　　）。

A．可以用新的与众不同的方法对视频进行创造性的编辑

B．可以不失真地进行无限次复制

C．可以用计算机播放电影节目

D．以上全部

110．对于人耳能听到的声音，采样频率为（　　）时，理论上可以认为不失真。

A．20kHz　　　B．40kHz　　　C．11.025kHz　　　D．22.4Hz

111．当图像像素的数量不变时，增加图像的宽度和高度，图像分辨率会发生（　　）的变化。

A．图像分辨率降低　　　　　　　B．图像分辨率增高

C．图像分辨率不变　　　　　　　D．不能进行这样的更改

112．在动画制作中，一般帧速率选择为（　　）帧/秒。

A．30　　　B．60　　　C．120　　　D．90

113．下列多媒体文件扩展名是.wav 的是（　　）。

A．音频　　　B．乐器数字　　　C．动画　　　D．数字视频

114．常用的视频文件格式是（　　）。

A．JPG　　　B．WMA　　　C．AVI　　　D．TIF

115．在下列各种图像文件中，图像压缩比高，适用于处理大量图像的格式是（　　）。

A．BMP　　　B．JPEG　　　C．TIF　　　D．PCX

116．下列（　　）不是常用的音频文件的扩展名。

A．.wav　　　B．.mod　　　C．.mp3　　　D．.doc

117．下列（　　）不是常用的图像文件的扩展名。

A．.gif　　　B．.bmp　　　C．.mid　　　D．.tif

118．下列图形图像文件格式中，（　　）格式可实现动画。

A．WMF　　　B．GIF　　　C．BMP　　　D．JPG

119. 下列采集的波形声音质量最好的是（　　）。
    A. 单声道、8 位量化、22.05kHz 采样频率
    B. 双声道、8 位量化、44.1kHz 采样频率
    C. 单声道、16 位量化、22.05kHz 采样频率
    D. 双声道、16 位量化、44.1kHz 采样频率

120. 下列数字视频中质量最好的是（　　）。
    A. 分辨率 240×180 像素、24 位真彩色、15 帧/秒的帧速率
    B. 分辨率 320×240 像素、30 位真彩色、25 帧/秒的帧速率
    C. 分辨率 320×240 像素、30 位真彩色、30 帧/秒的帧速率
    D. 分辨率 640×480 像素、16 位真彩色、15 帧/秒的帧速率

121. 如果图像颜色量化位数是 4，那么该图像能表示的颜色数有（　　）种。
    A. 4　　　　　　　B. 8　　　　　　　C. 16　　　　　　　D. 32

122. 目前计算机对动态图像数据压缩常采用（　　）格式。
    A. JPEG　　　　　B. GIF　　　　　C. MPEG　　　　　D. BMP

123. 下列说法中错误的是（　　）。
    A. 图像是由一些排成行列的像素组成的，通常称为位图或点阵图
    B. 图形是用计算机绘制的画面，也称矢量图
    C. 图像的最大优点是容易进行移动、缩放、旋转和扭曲等变换操作
    D. 图形文件中只记录生成图的算法和图上的某些特征点，数据量较小

124. 下列说法中不正确的是（　　）。
    A. 电子出版物存储容量大，一张光盘可存储几百本书
    B. 电子出版物可以集成文本、图形、图像、动画、视频和音频等多种媒体信息
    C. 电子出版物不能长期保存
    D. 电子出版物检索速度快

125. 音频和视频信息在计算机内是以（　　）表示的。
    A. 模拟信息　　　　　　　　　　B. 模拟信息或数字信息
    C. 数字信息　　　　　　　　　　D. 某种转换公式

126. 在人类的科研活动中，三大思维能力是指（　　）。
    A. 逆向思维、演绎思维和发散思维
    B. 实验思维、理论思维和计算思维
    C. 抽象思维、逻辑思维和形象思维
    D. 计算思维、理论思维和辩证思维

127. 为了制造汽车，需要分析汽车，把各种汽车拆解成不同的部分，这一过程在计算思维中称为（　　）。
    A. 模式匹配　　　　B. 抽象　　　　C. 算法　　　　D. 分解

128. 当把各种汽车拆成不同的部分后，通过观察发现，有些汽车虽然发动机原理不同但是都有发动机；虽然轮胎尺寸有所不同，但是都有轮胎；虽然车身各式各样，但是都有车身；虽然车灯不同，但是都有车灯……这一过程在计算思维中的概念是（　　）。
    A. 分解　　　　　B. 模式匹配　　　　C. 抽象　　　　D. 算法

129. 制造一台汽车，需要有发动机、车身、轮胎、车灯等物件；除去汽车与汽车之间的不同点得到汽车的概念，这是计算思维的（　　）步骤。

　　A．分解　　　　　　B．模式匹配　　　　C．抽象　　　　　D．算法

130. 制造一台汽车的步骤是，制造一台发动机→制造轮胎→制造车身→制造车灯等→制造各种汽车，这一过程在计算思维中称为（　　）。

　　A．模式匹配　　　　B．抽象　　　　　　C．算法　　　　　D．分解

二、填空题

1. 世界上第一台通用计算机于_____年在_____国_____大学诞生，取名为_____。

2. 第一台通用计算机采用的逻辑部件是_____。

3. 计算机发展的各阶段是以_____的变化作为标志的。

4. 第四代计算机采用的逻辑元件为_____。

5. CIMS 是计算机的主要应用领域之一，它的简称是_____。

6. 计算机最早应用的领域是_____。

7. 计算机中表示信息数据的最小单位是_____。

8. 一个比特由_____个二进制位组成，1 字节由_____个二进制位组成。

9. 1GB 等于_____MB，又等于_____KB。

10. 标准 ASCII 采用_____位二进制位编码，最多可表示_____个不同符号。

11. 微型计算机中应用最普遍的字符编码是_____。

12. 扩展后的 8 位 ASCII 最多可以表示_____个字符。

13. 《信息交换用汉字编码字符集　基本集》（GB 2312—1980）中，使用频度高的常用汉字为一级汉字，是按_____顺序排列的。

14. 以微处理器为核心的微型计算机属于第_____代计算机。

15. 计算思维是运用_____的基本概念进行_____、_____及_____等涵盖计算机科学之广度的一系列思维活动。

16. 一个 ASCII 需要_____字节，一个汉字需要_____字节。

17. 按计算机应用分类，办公自动化属于_____应用领域。

18. 以二进制和程序控制为基础的计算机结构由_____最早提出。

19. 将$(10111)_2$转换为等值的十进制数，结果是_____。

20. 将$(172)_8$转换为等值的二进制数，结果是_____。

21. 将$(2B.A)_{16}$转换为等值的二进制数，结果是_____。

22. 将$(100110)_2$转换为等值的八进制数，结果是_____。

23. 将$(46.7)_8$转换为等值的十进制数，结果是_____。

24. 将$(F3.C)_{16}$转换为等值的十进制数，结果是_____。

25. 将$(34.75)_{10}$转换为二进制数，结果是_____；将其转换为八进制数，结果是_____；将其转换为十六进制数，结果是_____。

三、判断题

1. 1946 年世界上首台通用计算机诞生，取名为 ENIAC。 （　　）
2. 人们根据计算机的运算速度将计算机发展划分为 4 个阶段。 （　　）
3. 第三代计算机采用晶体管作为基本电子器件。 （　　）
4. 计算机有巨型化、微型化、网络化、智能化的发展趋势。 （　　）
5. 世界上首次实现的存储程序计算机由冯·诺依曼设计并完成。 （　　）
6. 计算机所要处理的信息在计算机内部是以二进制码表示的。 （　　）
7. 计算机中存储器存储容量的单位是字节。 （　　）
8. 使用 ASCII 表示一个字符的编码是用 1 字节的高 7 位二进制位，因此 ASCII 最多可表示 128 个不同字符。 （　　）
9. 计算思维是概念化的，也是程序化的。 （　　）
10. 计算思维是计算机科学家才具备的能力。 （　　）
11. 任何计算机都有记忆能力，其中的信息不会丢失。 （　　）
12. 计算机只能存储二进制数。 （　　）
13. PC 属于微型计算机，工作站属于小型计算机。 （　　）
14. 巨型计算机的主要特点是体积大、价格贵。 （　　）
15. 会计电算化属于科学计算方面的应用。 （　　）
16. 实时控制就是用计算机做计时时钟的控制。 （　　）
17. 实现汉字字形表示的方法，一般可分为点阵式与矢量式两大类。 （　　）
18. 计算机区别于其他计算工具的本质特点是可以存储数据和程序。 （　　）
19. 与科学计算相比，数据处理的特点是数据输入、输出量大，而计算相对简单。 （　　）
20. PC 上的控制键 Ctrl 必须与其他键同时按下才能起作用。 （　　）

1.3　习　题　答　案

一、选择题

1. A	2. C	3. A	4. B	5. A	6. B	7. D	8. C	9. A	10. C
11. A	12. B	13. B	14. D	15. D	16. A	17. A	18. D	19. D	20. A
21. C	22. C	23. A	24. A	25. C	26. B	27. A	28. D	29. C	30. D
31. A	32. D	33. D	34. C	35. A	36. B	37. B	38. B	39. B	40. C
41. D	42. B	43. A	44. A	45. A	46. A	47. D	48. C	49. A	50. C
51. A	52. B	53. C	54. D	55. A	56. B	57. A	58. B	59. A	60. A
61. C	62. B	63. D	64. D	65. A	66. A	67. B	68. B	69. B	70. B

71. B	72. C	73. A	74. C	75. B	76. D	77. B	78. A	79. A	80. C
81. C	82. D	83. A	84. B	85. D	86. D	87. D	88. B	89. C	90. D
91. D	92. A	93. C	94. C	95. B	96. D	97. B	98. A	99. C	100. B
101. D	102. B	103. A	104. D	105. D	106. D	107. A	108. A	109. D	110. B
111. A	112. A	113. A	114. C	115. B	116. D	117. C	118. B	119. D	120. D
121. C	122. C	123. C	124. C	125. C	126. B	127. D	128. B	129. C	130. C

二、填空题

1. 1946，美，宾夕法尼亚，ENIAC
2. 电子管
3. 电子器件
4. 大规模和超大规模集成电路
5. 计算机集成制造系统
6. 科学计算
7. 位
8. 1，8
9. 1024，1024×1024
10. 7，128
11. ASCII
12. 256
13. 拼音
14. 四
15. 计算机科学，问题求解，系统设计，人类行为理解
16. 1，2
17. 数据处理
18. 冯·诺依曼
19. 23
20. 1111010
21. 101011.101
22. 46
23. 38.875
24. 243.75
25. 100010.11，42.6，22.C

三、判断题

1. √　2. ×　3. ×　4. √　5. ×　6. √　7. √　8. ×　9. ×
10. ×　11. ×　12. √　13. ×　14. ×　15. ×　16. ×　17. √　18. √
19. √　20. √

第2章　计算机系统概述

2.1　学　习　指　导

一、学习目标

掌握计算机系统的组成及其工作原理；掌握计算机硬件系统的五大基本部件；掌握计算机软件系统的分类及功能；掌握微型计算机系统的基本配置和主要性能指标；认识多媒体计算机系统的组成；了解便携式计算机系统。

二、学习要点

1．计算机系统的组成

计算机系统主要由硬件系统和软件系统两大部分组成，如下图所示。

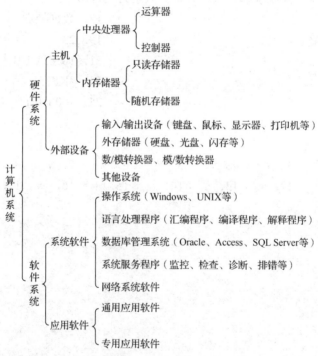

硬件通常是指一切看得见、摸得着的物理设备，它们是计算机进行工作的物质基础，也是计算机软件运行的场所。软件是指在硬件设备上运行的各种程序及文档的集合。程序是用户用于指挥计算机执行各种操作从而完成指定任务的指令集；文档是各种信息的集合。硬件和软件相互依存、缺一不可。

我们日常使用的计算机也称冯·诺依曼型计算机，其核心是存储程序和程序控制，因此又称存储程序式计算机。它是由 5 个基本部分组成的：运算器、控制器、存储器、输入设备和输出设备。

1）运算器：对信息和数据进行运算和加工处理，运算包括算术运算和逻辑运算。

2）控制器：实现计算机本身处理过程的自动化，指挥计算机各部件按照指令功能的要求进行所需要的操作。

3）存储器：用来存放计算机运行期间所需要的程序和数据。在计算机系统中，存储器包括主存储器和外存储器。

4）输入设备：将数据、字符、文字、图形、图像等信息转换为计算机可以处理的编码形式。

5）输出设备：将经过计算机处理的数据以人们可以接受的形式展现。

计算机软件是指在硬件设备上运行的各种程序、数据及其使用和维护文档的总和。根据软件的作用不同，计算机软件可分为系统软件和应用软件两大类。

1）系统软件：管理、监控和维护计算机软硬件资源的软件，主要包括操作系统、语言处理程序、系统服务程序、数据库管理系统、编译和解释程序、诊断和控制程序、系统实用程序等。

2）应用软件：为解决各种计算机应用问题而编制的应用程序，具有很强的实用性，如办公自动化软件、企业管理软件、自动控制程序和情报检索程序等。

按照应用软件的用途可将应用软件划分为通用软件和专用软件两大类。

2．计算机的工作原理

冯·诺依曼提出计算机的组成和工作方式的基本设想，主要包括以下 3 点。

1）计算机由五大基本部件构成。

2）以二进制形式表示指令和数据。

3）存储程序和程序控制原理。

程序输入计算机，并存储在内存储器中。当程序运行时，控制器按地址顺序取出存放在内存储器中的指令，然后分析指令，执行指令的功能，遇到转移指令时，则转移到目标地址，再按地址顺序访问指令。

3．微型计算机的硬件系统

在逻辑上，微型计算机的硬件系统由运算器、控制器、存储器、输入设备和输出设备五大部分组成；在物理上，主要包括主板、中央处理器（central processing unit，CPU）、内存、外存（如硬盘）、输入设备（如键盘、鼠标）、输出设备（如显示器、打印机）及其他物理部件。微型计算机的核心部件安装在主机箱内，通过主板连接在一起。主机和外部设备（简称外设）通过系统总线进行连接得以传输信息。

（1）主机

系统主板：内含 CPU、内存储器、接口、总线和扩展插槽等。

外存储器：包括硬盘驱动器和光盘驱动器。

主机还包括开关电源及其他附件。

（2）CPU

微型计算机的 CPU 称为微处理器，它是由一片或几片大规模集成电路组成的具有控制器和运算器功能的中央处理器。微处理器是现代计算机的核心部件，在很大程度上决定了计算机的性能。

（3）主存储器

主存储器又称主存、内存，用于存放指令和数据，可直接与 CPU 交换数据，具有体积小、质量轻、存取速度快等特点。

主存储器按其读写功能可分为随机存储器（random access memory，RAM）和只读存储器（read-only memory，ROM）。

RAM 主要用来存放用户的程序和数据。其特点是存取速度快，但是遇关机或断电，其中的程序和数据会丢失。因此适用于临时存储数据。

ROM 存储的信息是在制造时由生产厂家或用户使用专门的设备一次写入固化的，如基本输入/输出系统（basic input/output system，BIOS）等。ROM 中存储的内容是永久性的，即使断电也不会丢失。

高速缓冲存储器（Cache）是一种高速小容量的临时存储器，集成在 CPU 的内部，存储 CPU 即将访问的指令或数据。

（4）辅助存储器

辅助存储器也称外存储器、外存，可以长期存放计算机工作所需要的系统文件、应用程序、文档和数据等。

与内存相比，外存容量大，可以长期保存大量程序或数据，且关机后其中的数据不会丢失，但它的存取速度慢。

常见的外存有硬盘、光盘、移动存储器等。

内存和外存的本质区别是能否被 CPU 直接访问。CPU 不能直接执行外存中的程序，也不能直接处理外存中的数据。

（5）输入设备

输入设备是将待输入信息转换为能被计算机处理的数据形式的设备。常见的输入设备有键盘、鼠标、扫描仪、触摸屏、条形码或二维码扫描器、指纹识别器等。

（6）输出设备

输出设备将各种计算结果以数字、字符、图像、声音等形式表示出来。常见的输出设备有显示器、打印机等。

显示系统包括显示器和显示适配器（显卡）两部分，它的性能也由这两部分的性能决定。常用的术语有以下几个。

1）像素：显示影像的基本单位，实际上它是一个个光点。

2）分辨率：表示每个方向上的像素数量。

3）点距：像素光点圆心之间的距离，单位为 mm。点距越小，显示质量越高。

4）显示存储器：也称显示内存、显存，在显卡上，显存容量大，显示质量高，特别是对图形和图像来说。

打印机是用于将计算机系统处理的结果打印在特定介质上的设备。常用的打印机设备有针式打印机、喷墨打印机、激光打印机，此外还有票据打印机、微型打印机等专用打印机。

（7）调制解调器

当两台计算机通过电话线进行数据传输时，需要调制解调器（Modem）负责数模的转换。计算机在发送数据时，先由 Modem 把数字信号转换为相应的模拟信号，这个过程称为"调制"。经过调制的信号通过电话载波传送到另一台计算机之前，也要经由接收方的 Modem 负责把模拟信号还原为计算机能识别的数字信号，这个过程称为"解调"。

（8）计算机总线

总线是一组物理导线，是计算机硬件系统各部件之间进行信息交换的一组公共连接线。任一时刻，总线只能分时使用。总线是构成计算机系统的骨架，是多个系统部件之间进行数据传送的公共通路。

根据总线上传送的信息不同，总线可分为数据总线、地址总线和控制总线。

1）数据总线是 CPU 与内存或其他器件之间的数据传送通道。

2）地址总线是 CPU 向内存和 I/O 接口传递地址的通道。

3）控制总线是 CPU 向内存和 I/O 接口发出控制信号和时序信号，以及接收来自外设向 CPU 传送状态信号的通道。

4．微型计算机的主要性能指标

微型计算机的主要性能指标包括 CPU 主频、字长、存储容量、外设配置、软件配置、系统的兼容性、系统的可靠性和可维护性等。

1）CPU 主频：也称时钟频率，指计算机在每秒内所能执行的指令条数，单位是兆赫（MHz）或千兆赫（GHz）。一般来说，主频越高，计算机的运算速度越快，整机的性能就越高。

2）字长：CPU 能够直接处理的二进制数据位数，字长总是 8 的整数倍。一般情况下，字长越长，计算机的计算精度越高，处理能力就越强。

3）存储容量：包括内存容量和外存容量。

5．多媒体计算机

多媒体计算机是指能对多种媒体进行综合处理的计算机，它除了有传统的计算机配置，还必须增加大容量存储器、声音、图像等媒体的 I/O 接口和设备，以及相应的多媒体处理软件。多媒体计算机是典型的多媒体系统。

6．便携式计算机

便携式计算是台式计算机的微缩与延伸，也是现代社会对计算机的一种需求。与台式计算机相比，它们是完全便携的，而且消耗的电能少，产生的噪声比较小。但是，它们的运算速度通常稍慢一些，而且对图形和声音的处理能力也比台式计算机稍逊一筹。

三、学习方法

根据教学内容与要求，重点掌握计算机系统的组成及工作原理；熟悉微型计算机系统的基本配置；配合计算机基础训练实验内容，以加强计算机的操作能力。

2.2 习　题

一、选择题

1. 人们通常所说的 CPU 芯片是指（　　）。
   A. 运算器和算术逻辑部件　　　　B. 运算器和内存储器
   C. 控制器、运算器、寄存器　　　D. 控制器和内存储器
2. 可以直接与 CPU 交换信息的部件是（　　）。
   A. 硬盘　　　B. 硬盘显示器　　C. 主存　　　D. 键盘
3. 可以对信息进行加工、运算的功能单元是（　　）。
   A. RAM　　　B. ROM　　　C. 运算器　　　D. 控制器
4. CPU 不能直接访问的存储器是（　　）。
   A. ROM　　　B. RAM　　　C. Cache　　　D. CD-ROM
5. 微型计算机中运算器的主要功能是进行（　　）。
   A. 算术运算　　　　　　　　B. 逻辑运算
   C. 初等函数运算　　　　　　D. 算术运算和逻辑运算
6. 下列叙述中，错误的是（　　）。
   A. 控制器的作用是控制计算机的各部件协调工作
   B. 运算器和控制器合称 CPU
   C. CPU 就是计算机（computer）的英文缩写
   D. 内存可以直接与 CPU 交换数据
7. 微型计算机的硬件系统包括（　　）。
   A. 主机、键盘、电源和 CPU
   B. 控制器、运算器、存储器、输入设备和输出设备
   C. 主机、电源、显示器和键盘
   D. CPU、键盘、显示器和打印机
8. 硬盘工作时应特别注意避免（　　）。
   A. 噪声　　　B. 震动　　　C. 潮湿　　　D. 日光
9. 下列设备中，不属于微型计算机输出设备的是（　　）。
   A. 打印机　　　B. 显示器　　　C. 键盘　　　D. 绘图仪
10. 下列设备中，不属于微型计算机输入设备的是（　　）。
    A. 打印机　　　B. 鼠标　　　C. 键盘　　　D. 扫描仪

11. 计算机同外部世界进行信息交流的工具是（　　　）。

 A．运算器   B．控制器   C．内存   D．输入/输出设备

12. 微型计算机硬件系统的性能主要取决于（　　　）。

 A．微处理器 B．内存   C．显示适配器 D．硬磁盘存储器

13. 在微型计算机中，运算器、控制器和内存的总称是（　　　）。

 A．主机   B．MPU   C．CPU   D．ALU

14. 微型计算机的性能评价标准是（　　　）。

 A．CPU 的性能 B．主板的价格 C．内存大小 D．规格

15. 将微型计算机的主机与外设相连的部件是（　　　）。

 A．磁盘驱动器   B．输入/输出接口

 C．总线   D．内存

16. 计算机中控制器的主要功能是（　　　）。

 A．用来协调和指挥整个计算机系统

 B．对数据进行逻辑运算和算术运算

 C．实现外部世界与主机之间相互交换信息

 D．连接主机与外设

17. 计算机存储器可分为（　　　）两类。

 A．RAM 和 ROM   B．ROM 和 EPROM

 C．硬盘和软盘   D．内存和外存

18. 计算机的内存与外存相比，（　　　）。

 A．内存比外存存储容量小，但存取速度快，价格便宜

 B．内存比外存存储容量大，但存取速度慢，价格昂贵

 C．内存比外存存储容量小，但存取速度快，价格昂贵

 D．内存比外存存取速度慢，没有外存储器的存储容量大，价格昂贵

19. 若工作中的计算机突然断电，则（　　　）中的信息将全部丢失。

 A．ROM 和 RAM   B．RAM

 C．ROM   D．硬盘

20. 在微型计算机中，访问速度最快的设备是（　　　）。

 A．光盘   B．RAM   C．硬盘   D．软盘

21. 通常所说的 CPU 的中文名称是（　　　），它与（　　　）组成了计算机的主机。

 A．外存储器，运算器   B．微机系统，内存

 C．微处理器，外存   D．中央处理器，内存

22. 计算机的主存一般由（　　　）组成。

 A．RAM 和 CPU   B．RAM

 C．ROM 和 RAM   D．ROM

23. 下列关于微型计算机硬件系统构成的说法中，正确的是（　　）。

    A. 微型计算机由 CPU 和输入/输出设备构成

    B. 微型计算机由主存、外存和输入/输出设备构成

    C. 微型计算机由主机和外设构成

    D. 微型计算机由 CPU、显示器、键盘和打印机构成

24. 微型计算机外存是指（　　），它可与（　　）进行数据交换。

    A. 磁盘，内存　　　　　　　　　B. RAM，微处理器

    C. ROM，运算器　　　　　　　　D. 磁盘，控制器

25. 下列设备中，只能作为输出设备的是（　　）。

    A. 鼠标　　　　　B. 键盘　　　　　C. 磁盘存储器　　　D. 打印机

26. 微型计算机不能没有（　　）。

    A. 绘图仪和鼠标　　　　　　　　B. 光笔和打印机

    C. 显示器和键盘　　　　　　　　D. 鼠标和打印机

27. 下列设备中，属于标准输入设备的是（　　）。

    A. 扫描仪　　　　B. 传声器　　　　C. 键盘　　　　　D. 光笔

28. 计算机的存储系统一般指（　　）两部分。

    A. RAM 和 ROM　　　　　　　　B. 磁带和光盘

    C. 内存和外存　　　　　　　　　D. 硬盘和软盘

29. 计算机向用户传递计算处理结果的设备称为（　　）。

    A. 输入设备　　　B. 输出设备　　　C. 存储器　　　　D. 微处理器

30. 可以将图形、图片、文字等快速输入计算机中的设备是（　　）。

    A. 绘图仪　　　　B. 扫描仪　　　　C. 显示器　　　　D. 键盘

31. 在下列设备中，既是输入设备又是输出设备的是（　　）。

    A. 显示器　　　　B. 鼠标　　　　　C. 键盘　　　　　D. 磁盘驱动器

32. 在微型计算机系统中，对输入/输出设备进行管理的基本程序放在（　　）。

    A. RAM 中　　　B. ROM 中　　　C. 硬盘上　　　　D. 寄存器中

33. 在微型计算机的性能指标中，用户可用的内存容量通常是指（　　）。

    A. ROM 的容量　　　　　　　　　B. RAM 的容量

    C. ROM 和 RAM 的容量总和　　　D. CD-ROM 的容量

34. 与外存相比，内存的主要特征是（　　）。

    A. 能同时存储程序和数据　　　　B. 能存储大量信息

    C. 能长期保存信息　　　　　　　D. 能存储正在运行的程序

35. 在下列因素中，对计算机显示器影响最大的是（　　）。

    A. 长时间不使用　　　　　　　　B. 没有安装视保屏

    C. 没有设置屏幕保护　　　　　　D. 频繁地开关显示器电源

36. 衡量显示器的主要技术指标是（　　）。

    A. 波特率　　　　　　　　　　　B. 分辨率

    C. 是否能彩色显示　　　　　　　D. 显示速度

37. 显示器分辨率的高低表示（   ）。
    A. 在同一字符面积下，所需像素点越多，其分辨率越低
    B. 在同一字符面积下，所需像素点越多，其显示的字符越不清楚
    C. 在同一字符面积下，所需像素点越多，其分辨率越高
    D. 在同一字符面积下，所需像素点越少，其字符的分辨效果越好

38. 一个完整的计算机系统是由（   ）两部分组成。
    A. CPU 和程序　　　　　　　　B. 硬件系统和软件系统
    C. 主机和外设　　　　　　　　D. 系统软件和应用软件

39. 按软件的功能和服务对象的不同，软件大体上可划分为（   ）。
    A. 通用软件和专用软件　　　　B. 高级软件和低级软件
    C. 系统软件和应用软件　　　　D. 控制软件和维护软件

40. 系统软件中最重要、最基础的软件是（   ）。
    A. 应用软件包　　　　　　　　B. 文字处理软件
    C. 语言处理程序　　　　　　　D. 操作系统

41. 在微型计算机内配置高速缓冲存储器是为了解决（   ）。
    A. 内存与外存之间速度不匹配的问题
    B. CPU 与外存之间速度不匹配的问题
    C. CPU 与内存之间速度不匹配的问题
    D. 主机与外设之间速度不匹配的问题

42. CPU、存储器、输入/输出设备是通过（   ）连接的。
    A. 接口　　　　B. 总线　　　　C. 系统文件　　　　D. 控制线

43. 操作系统的作用是（   ）。
    A. 便于进行数据管理　　　　　B. 控制和管理系统资源的使用
    C. 把源程序编译成目标程序　　D. 实现软件与硬件的转接

44. 计算机语言的发展经历了（   ）三个阶段。
    A. 高级语言、汇编语言和机器语言
    B. 高级语言、机器语言和汇编语言
    C. 机器语言、高级语言和汇编语言
    D. 机器语言、汇编语言和高级语言

45. 若将由高级语言编写的源程序转换为计算机能执行的目标程序，必须经过（   ）。
    A. 编辑　　　　B. 处理　　　　C. 汇编　　　　D. 编译或解释

46. 计算机能直接执行的程序是（   ）。
    A. 源程序　　　　　　　　　　B. 机器语言程序
    C. 汇编语言程序　　　　　　　D. BASIC 语言程序

47. 应用软件是指（   ）。
    A. 所有能够使用的软件
    B. 专门为某一应用目的而编制的软件
    C. 能被各应用单位共同使用的某种软件
    D. 所有微型计算机上都应使用的基本软件

48．用户和计算机之间的接口是（　　　）。

    A．操作系统　　　　B．监控系统　　　　C．编译系统　　　　D．管理信息系统

49．下列软件中，不属于系统软件的是（　　　）。

    A．WPS Office　　　　　　　　　　B．故障诊断程序

    C．操作系统　　　　　　　　　　　D．Fortran 编译程序

50．计算机软件是指（　　　）。

    A．计算机程序　　　　　　　　　　B．源程序和目标程序

    C．源程序　　　　　　　　　　　　D．计算机程序及其有关文档

51．下列软件中，属于应用软件的是（　　　）。

    A．Windows 10　　　B．WPS Office　　　C．MacOS　　　　D．Linux

52．下列叙述中，正确的是（　　　）。

    A．编译程序、解释程序和汇编程序不是系统软件

    B．故障诊断程序、排错程序、人事管理系统属于应用软件

    C．操作系统、财务管理程序、系统服务程序都不是应用软件

    D．操作系统和各种程序设计语言的处理程序都是系统软件

53．目前市场上销售的闪存盘是一种（　　　）。

    A．输出设备　　　　B．输入设备　　　　C．显示设备　　　　D．存储设备

54．下列选项中，不属于微型计算机主要性能指标的是（　　　）。

    A．字长　　　　　　B．内存容量　　　　C．质量　　　　　　D．时钟脉冲

55．下列打印机中，属于点阵式打印机的是（　　　）。

    A．喷墨打印机　　　　　　　　　　B．针式打印机

    C．静电式打印机　　　　　　　　　D．激光打印机

56．微型计算机硬件的发展是以（　　　）。

    A．主机的发展为标志的　　　　　　B．外设的发展为标志的

    C．微处理器的发展为标志的　　　　D．控制器的发展为标志的

57．某公司的财务管理软件属于（　　　）。

    A．工具软件　　　　B．系统软件　　　　C．编辑软件　　　　D．应用软件

58．下列关于信息与数据的关系的叙述中，正确的是（　　　）。

    A．数据就是信息　　　　　　　　　B．数据是信息的载体

    C．信息被加工后成为数据　　　　　D．数据是对信息的解释

59．使用高级语言编写的应用程序称为（　　　）。

    A．源程序　　　　　B．编译程序　　　　C．可执行程序　　　D．目标程序

60．高级语言编写的程序具有（　　　）的特点。

    A．只能在某种计算机上运行

    B．无须经过编译或解释，即可被计算机直接执行

    C．具有通用性和可移植性

    D．几乎不占用内存空间

61. "裸机"是指（　　）的计算机。
　　A. 只有产品质量保证书　　　　　　B. 只有软件没有硬件
　　C. 只有硬件没有软件　　　　　　　D. 没有包装

62. 语言编译软件属于（　　）。
　　A. 系统软件　　　　　　　　　　　B. 应用软件
　　C. 操作系统　　　　　　　　　　　D. 数据管理系统

63. 机器语言的每一条指令均是（　　）。
　　A. 使用 0 和 1 组成的一串机器代码　　B. 由 DOS 提供的命令组成的
　　C. 任何机器都能识别的指令　　　　D. 使用 ASCII 定义的一串代码

64. 运算器主要包含（　　），它为计算机提供了算术运算与逻辑运算的功能。
　　A. 算术逻辑单元　　　　　　　　　B. ADD
　　C. 逻辑器　　　　　　　　　　　　D. 减法器

65. 计算机的核心部件是（　　）。
　　A. 输入设备　　　B. 微处理器　　　C. 输出设备　　　D. 存储器

66. 冯·诺依曼型计算机工作原理的核心是（　　）和程序控制。
　　A. 存储程序　　　B. 顺序存储　　　C. 集中存储　　　D. 运算存储分离

67. 计算机软件一般包括系统软件和（　　）。
　　A. 源程序　　　　B. 应用软件　　　C. 管理软件　　　D. 科学软件

68. 操作系统是一种（　　）。
　　A. 系统软件　　　B. 应用软件　　　C. 软件包　　　　D. 通用软件

69. 计算机的指令集合称为（　　）。
　　A. 计算机语言　　B. 程序　　　　　C. 软件　　　　　D. 数据库软件

70. 操作系统是（　　）的接口。
　　A. 软件和硬件　　　　　　　　　　B. 计算机和外设
　　C. 用户和计算机　　　　　　　　　D. 高级语言和机器语言

71. 内存与 CPU（　　）交换信息。
　　A. 不　　　　　　B. 直接　　　　　C. 部分　　　　　D. 间接

72. 硬盘属于（　　）。
　　A. 主存　　　　　　　　　　　　　B. CPU 的一部分
　　C. 外设　　　　　　　　　　　　　D. 数据通信设备

73. 计算机性能指标包括多项，在下列选项中（　　）不属于性能指标。
　　A. 主频　　　　　B. 字长　　　　　C. 运算速度　　　D. 是否带光驱

74. 为了实现某一目的而编制的计算机指令序列称为（　　）。
　　A. 字符串　　　　B. 软件　　　　　C. 程序　　　　　D. 指令系统

75. 要使用外存中的信息，应先将其调入（　　）。
　　A. 控制器　　　　B. 运算器　　　　C. 微处理器　　　D. 内存

76. 在微型计算机的性能指标中，用户可用的内存容量通常是指（　　）。
　　A. RAM 的容量　　　　　　　　　　B. ROM 的容量
　　C. RAM 和 ROM 的容量之和　　　　D. CD-ROM 的容量

77. 在计算机工作的过程中,将外存中的信息读入内存中的过程称为( )。
    A. 复制　　　　　B. 输入　　　　　C. 写盘　　　　　D. 读盘

78. 计算机能直接执行的程序在机器内是以( )形式存在的。
    A. BCD 码　　　　B. ASCII　　　　C. 格雷码　　　　D. 二进制码

79. 准确地说,计算机中的文件是存储在( )。
    A. 内存中的数据集合
    B. 硬盘上的一组相关数据的集合
    C. 存储介质上的一组相关信息的集合
    D. U 盘的上一组相关数据集合

80. 在微型计算机中,硬盘分区的目的是( )。
    A. 将一个物理硬盘分为几个逻辑硬盘
    B. 将一个逻辑硬盘分为几个物理硬盘
    C. 将 DOS 系统分为几个部分
    D. 将一个物理硬盘分为几个物理硬盘

81. 美国的( )提出了采用程序存储方式设计计算机,为计算机发展带来很大影响。
    A. 约翰·莫克利　　　　　　　B. 埃克特·毛希利
    C. 冯·诺依曼　　　　　　　　D. 莫利斯·威尔克思

82. 计算机之所以能够按照人的意图自动运行,主要是因为采用了( )。
    A. 高级电子器件　　　　　　　B. 高级语言
    C. 二进制码　　　　　　　　　D. 存储程序控制

83. 微处理器处理的数据基本单位为字。一个字的长度通常是( )。
    A. 16 个二进制位　　　　　　　B. 32 个二进制位
    C. 64 个二进制位　　　　　　　D. 与微处理器芯片的型号有关

84. 计算机可以直接执行的指令一般包含( )。
    A. 数字和文字　　　　　　　　B. 操作码和地址码
    C. 数字和运算符号　　　　　　D. 源操作数和目的操作数

85. 若一台计算机的字长为 4B,则意味着它( )。
    A. 能处理的数值最大为 4 位十进制数 9999
    B. 能处理的字符串最多由 4 个英文字母组成
    C. 在 CPU 中作为一个整体加以传送处理的代码为 32 位
    D. 在 CPU 中运行的结果最大为 232

86. 在计算机内存中,每个基本单位都被赋予一个唯一的序号,这个序号称为( )。
    A. 地址　　　　　B. 编号　　　　　C. 容量　　　　　D. 字节

87. 多媒体计算机系统的两大组成部分是( )。
    A. 多媒体功能卡和多媒体主机
    B. 多媒体通信软件和多媒体开发工具
    C. 多媒体输入设备和多媒体输出设备
    D. 多媒体计算机硬件系统和多媒体计算机软件系统

88. 下列不是多媒体技术的主要特性的是（　　）。

　　A．多样性　　　　B．集成性　　　　C．交互性　　　　　D．可扩充性

89. 多媒体计算机系统指的是计算机具有处理（　　）的功能。

　　A．文字与数字处理　　　　　　B．文字、图形、声音、影像和动画

　　C．交互性　　　　　　　　　　D．照片、图形

90. 在多媒体计算机系统中，不能用以存储多媒体信息的是（　　）。

　　A．磁带　　　　　B．光缆　　　　　C．磁盘　　　　　D．光盘

91. 下列关于 dpi 的叙述，错误的是（　　）。

　　A．每英寸的 bit 数　　　　　　B．描述分辨率的单位

　　C．dpi 越高图像质量越高　　　　D．每英寸像素点数

92. 下列有关信息的描述中，不正确的是（　　）。

　　A．模拟信号能够直接被计算机处理

　　B．声音、文字、图像都是信息的载体

　　C．调制解调器能将模拟信号转换为数字信号

　　D．计算机以数字化的方式对各种信息进行处理

93. 在计算机语言方面，第一代计算机主要使用（　　）。

　　A．机器语言　　　　　　　　　B．高级程序设计语言

　　C．数据库管理系统　　　　　　D．BASIC 语言和 FORTRAN 语言

94. DRAM 的中文含义是（　　）。

　　A．静态随机存储器　　　　　　B．动态随机存储器

　　C．静态只读存储器　　　　　　D．动态只读存储器

95. 下列存储器中，访问速度最快的是（　　）。

　　A．硬盘存储器　　　　　　　　B．软盘存储器

　　C．半导体 RAM（内存）　　　　D．磁带存储器

96. 微型计算机系统采用总线结构对 CPU、存储器和外设进行连接。总线通常由 3 部分组成，分别是（　　）。

　　A．逻辑总线、传输总线和通信总线

　　B．地址总线、运算总线和逻辑总线

　　C．数据总线、信号总线和传输总线

　　D．数据总线、地址总线和控制总线

97. 通常所说的 32 位机，指的是（　　）计算机的 CPU。

　　A．由 32 个运算器组成

　　B．能够同时处理 32 位二进制数

　　C．包含有 32 个寄存器

　　D．一共有 32 个运算器和控制器

98．下列叙述中，正确的是（　　　）。

    A．操作系统是一个重要的应用软件

    B．外存中的信息可直接被 CPU 处理

    C．使用机器语言编写的程序可以由计算机直接执行

    D．电源关闭后，ROM 中的信息立刻丢失

二、填空题

1．人们常说的主机一般包括＿＿＿＿和＿＿＿＿。

2．内存通常包括＿＿＿＿和＿＿＿＿。其中，＿＿＿＿是用于存放现场的数据和程序，而＿＿＿＿是用于存放内容不变的信息。

3．RAM 又称＿＿＿＿，它所保存的数据在系统断电后立即丢失。ROM 又称＿＿＿＿，它所保存的数据在系统断电后不会丢失。

4．一个完整的计算机系统是由＿＿＿＿和＿＿＿＿两部分组成的。

5．＿＿＿＿是基本的系统软件之一，它主要用来管理控制计算机的软、硬件资源。

6．经过＿＿＿＿，可将高级语言编写的源程序转换为计算机能执行的目标程序。

7．从软件分类来看，目前流行的 Windows 10 属于＿＿＿＿软件。

8．外存中存放的任何信息都必须首先被读到＿＿＿＿中，然后才能被 CPU 访问。

9．＿＿＿＿是一组程序，它是用户和计算机硬件设备之间的接口。

10．在 64 位计算机中，一个字长等于＿＿＿＿字节。

11．计算机的软件系统一般分为＿＿＿＿和＿＿＿＿。

12．在当前微型计算机中最常用的输入设备有＿＿＿＿和＿＿＿＿。

13．将汇编语言程序翻译成与之等价的机器语言程序的程序是＿＿＿＿。

14．微型计算机硬件的最小配置包括主机、键盘和＿＿＿＿。

15．按照打印机的打印原理，可将打印机分为击打式和非击打式两大类，击打式打印机中最常用、最普遍的是＿＿＿＿打印机。

16．在计算机工作过程中，＿＿＿＿从存储器中取出指令，进行分析，然后发出控制信号。

17．计算机能直接执行的程序是机器语言程序，在机器内部以＿＿＿＿形式表示。

18．要执行高级语言编写的程序，就要对高级语言进行＿＿＿＿和＿＿＿＿。

19．Linux、iOS、Windows 都属于＿＿＿＿软件。

20．冯·诺依曼型计算机的基本原理是＿＿＿＿。

21．计算机指令是由＿＿＿＿和＿＿＿＿两部分组成。

22．计算机由＿＿＿＿、＿＿＿＿、＿＿＿＿、＿＿＿＿和＿＿＿＿五大部分组成。

23．计算机的指令集合又称＿＿＿＿。

24．在计算机中表示数值数据时，小数点固定的数称为＿＿＿＿，小数点不固定的数称为＿＿＿＿。

三、判断题

1. 一个完整的计算机系统是由主机和外设组成的。 （　）
2. 使用机器指令编写的程序称为机器语言程序。 （　）
3. 计算机中的运算器、控制器合在一起称为主机。 （　）
4. 常见的输入设备有键盘、鼠标、扫描仪、绘图仪。 （　）
5. 内存的主要功能是存放程序和数据，它又有 ROM 和 RAM 之分。 （　）
6. 通常主存容量小、速度快、造价低，而外存容量大、速度高、造价高。 （　）
7. 在计算机中，只能从 ROM 中读出信息，关机后 ROM 中的内容会被清除。

（　）
8. 微型计算机硬件是由主机和外设构成的。 （　）
9. 输入/输出设备是用来存储程序和数据的装置。 （　）
10. 计算机的中央处理器简称为 ALU。 （　）
11. RAM 中的信息在计算机断电后会全部丢失。 （　）
12. 音箱是多媒体计算机中的输出设备。 （　）
13. 字长是指计算机能直接处理的二进制位数。 （　）
14. 运算器是进行算术和逻辑运算的部件，通常称为 CPU。 （　）
15. 计算机程序必须位于内存中，计算机才能执行它。 （　）
16. 计算机能直接执行的程序是机器语言。 （　）
17. 内存既可以与外存交换信息，也可以与 CPU 交换信息。 （　）
18. 系统软件就是软件系统。 （　）
19. 指令是指示计算机执行某种操作的命令。 （　）
20. Cache 是 CPU 与主存之间进行数据交换的缓冲器，其特点是速度快、容量小。

（　）

2.3　习　题　答　案

一、选择题

1．C	2．C	3．C	4．D	5．D	6．C	7．B	8．B	9．C	10．A
11．D	12．A	13．A	14．A	15．B	16．A	17．D	18．C	19．B	20．B
21．D	22．C	23．C	24．A	25．D	26．C	27．C	28．C	29．B	30．B
31．D	32．B	33．B	34．D	35．D	36．B	37．C	38．B	39．C	40．D
41．C	42．B	43．B	44．D	45．D	46．C	47．B	48．A	49．A	50．D
51．B	52．D	53．D	54．C	55．B	56．C	57．D	58．B	59．A	60．C
61．C	62．A	63．A	64．A	65．B	66．A	67．B	68．A	69．B	70．C

71. B	72. C	73. D	74. C	75. D	76. A	77. D	78. D	79. C	80. A
81. C	82. D	83. D	84. B	85. C	86. A	87. D	88. D	89. B	90. B
91. A	92. A	93. A	94. B	95. C	96. D	97. B	98. C		

二、填空题

1. CPU，内存　　　　　　　　2. RAM，ROM，RAM，ROM

3. 随机存储器，只读存储器　　4. 硬件系统，软件系统　　5. 操作系统

6. 编译或解释　　　　　　　　7. 系统　　　　　　　　　8. 内存

9. 操作系统　　　　　　　　　10. 8

11. 系统软件，应用软件　　　　12. 鼠标，键盘　　　　　13. 汇编程序

14. 显示器　　　　　　　　　　15. 针式（点阵式）　　　16. 控制器

17. 二进制码　　　　　　　　　18. 编译，解释　　　　　19. 系统

20. 存储程序和程序控制　　　　21. 操作码，地址码

22. 运算器，控制器，存储器，输入设备，输出设备

23. 程序　　　　　　　　　　　24. 定点数，浮点数

三、判断题

1. ×　　2. √　　3. ×　　4. ×　　5. √　　6. ×　　7. ×　　8. √　　9. ×

10. ×　　11. √　　12. √　　13. √　　14. ×　　15. √　　16. √　　17. √　　18. ×

19. √　　20. √

第3章 操作系统基础

3.1 学习指导

一、学习目标

掌握操作系统的概念、功能及其分类；掌握 Windows 10 的基本概念与基本操作方法；了解桌面的组成和桌面图标的概念；掌握窗口、"开始"菜单、任务栏等的基本操作方法；熟练掌握文件（夹）的创建、移动、复制、查找等基本操作；了解查看磁盘空间、清理磁盘、整理磁盘碎片等操作；掌握创建和使用快捷方式的方法；掌握"控制面板"和"设置"的使用方法；设置显示器的属性、进行个性化设置；掌握查看和修改文件（夹）属性的方法；掌握使用文件资源管理器窗口查看文件的方法；了解常用工具软件。

二、学习要点

1．操作系统的概念、功能及其分类

操作系统是计算机硬件与用户（其他软件和人）之间的接口，它使用户能够方便地操作计算机。操作系统能够有效地对计算机软件和硬件资源进行管理和使用。

操作系统的功能包括处理器管理、存储管理设备管理、作业管理和文件管理。

操作系统根据不同的分类标准，有多种分类方法。

2．Windows 10 使用基础

1）桌面：指屏幕工作区，包括桌面图标、桌面背景、任务栏等组成元素。

2）窗口：包括应用程序窗口、文件夹窗口和对话框。

3）"开始"菜单：可显示系统中安装的所有程序。

4）任务栏：位于桌面的底部，包括搜索框、任务视图、快速启动区、应用程序区和通知区域。

3．文件的基本操作

文件资源管理器和"此电脑"是 Windows 10 中两个重要的文件管理工具，它们的使用方法相似，功能基本相同。对文件（夹）的操作主要包括：选择文件（夹）、创建文件（夹）、打开文件（夹）、重命名文件（夹）、移动和复制文件（夹）、删除文件（夹）、查看/修改文件（夹）属性等。

注意：文件移动、复制、删除过程中的误操作可以使用"撤销"命令来恢复。

4．程序管理

程序管理包括应用程序启动、安装和卸载，以及任务管理器的使用。

5．磁盘管理

用户需要定期对磁盘进行管理，以使计算机性能始终处于较好的状态。磁盘管理包括查看磁盘空间、清理磁盘、整理磁盘碎片等。

6．剪贴板

当复制或移动文件时，Windows 10 操作系统采用剪贴板技术。剪贴板是内存中一个临时存放交换信息（文字、图像、声音等）的特殊区域。

1）剪贴板作为中间媒介，暂存需要移动或复制的内容。

2）只要没有清除或放置新内容，剪贴板的内容就保持不变，可以重复使用。

3）退出 Windows 10 操作系统后，剪贴板的内容被清除。

4）如果将整个屏幕的内容复制到剪贴板上，可以使用 PrintScreen 键。将活动窗口的内容复制到剪贴板上，可使用 Alt+PrintScreen 组合键。

7．"控制面板"和"设置"的使用

"控制面板"和"设置"用来提供对计算机系统进行设置和设备管理的工具。

1）"控制面板"和"设置"的启动。

2）"控制面板"和"设置"的显示方式。

3）"控制面板"和"设置"可设置的功能。

8．常用的工具软件

Windows 10 中包含了一些实用工具和娱乐软件。

三、学习方法

本章知识点要配合上机实验"Windows 10 基本操作"内容，反复练习，方可熟练操作 Windows 10。Windows 10 的操作是学习其他软件的基础，因此读者应熟练掌握其相关操作。

3.2 习　题

一、选择题

1．操作系统的作用是（　　）。
   A．便于进行数据管理　　　　　　　B．控制和管理系统资源的使用
   C．把源程序编译成目标程序　　　　D．实现软件与硬件的转接

2．操作系统的功能是（　　）。
   A．处理机管理、存储器管理、设备管理、文件管理
   B．运算器管理、控制器管理、打印机管理、磁盘管理
   C．硬盘管理、软盘管理、存储器管理、文件管理
   D．程序管理、文件管理、编译管理、设备管理

3．用户和计算机之间的接口是（　　　）。

   A．操作系统   B．监控系统   C．编译系统   D．管理信息系统

4．在多道程序设计系统中，让多个计算问题同时装入计算机系统的主存（　　　）。

   A．并发执行   B．顺序执行   C．并行执行   D．同时执行

5．计算机系统采用多道程序设计技术后，（　　　）。

   A．缩短了每个程序的执行时间   B．系统效率随着并行工作道数成比例增长

   C．提高了系统效率   D．使用设备时不会发生冲突

6．进程是（　　　）。

   A．一个系统软件   B．与程序概念等效

   C．存放在内存中的程序   D．执行中的程序

7．在一个单处理器系统中，处于运行状态的进程（　　　）。

   A．可以有多个   B．不能被打断

   C．只有一个   D．不能请求系统调用

8．单处理器系统允许若干进程同时执行，轮流占用处理器，称它们为（　　　）。

   A．顺序执行   B．同时执行   C．并行执行   D．并发执行

9．若干个等待占用 CPU 并运行的进程按一定次序链接起来的队列为（　　　）。

   A．运行队列   B．后备队列   C．等待队列   D．就绪队列

10．采用时间片轮转法调度是为了（　　　）。

   A．多个终端都能得到系统的及时响应

   B．先来先服务

   C．优先数高的进程先使用处理器

   D．优先处理紧急事件

11．存储管理的目的是（　　　）。

   A．方便用户   B．提高主存空间利用率

   C．方便用户和提高主存的利用率   D．增加主存实际容量

12．为了实现存储保护，对其共享区域中的信息（　　　）。

   A．既可读，又可写   B．只可读，不可修改

   C．能执行，可修改   D．既不可读，也不可写

13．提高主存利用率主要是通过（　　　）实现的。

   A．内存分配   B．内存保护   C．地址转换   D．内存扩充

14．碎片现象的存在使（　　　）。

   A．主存空间的利用率降低   B．主存空间的利用率提高

   C．主存空间的利用率得以改善   D．主存空间的利用率不受影响

15．进程和程序的一个本质区别是（　　　）。

   A．进程分时使用 CPU，程序独占 CPU

   B．进程存储在内存，程序存储在外存

   C．进程在一个文件中，程序在多个文件中

   D．进程是动态的，程序是静态的

16. 所谓（　　）是指将一个以上的作业放入主存，并且同时处于运行状态，这些作业共享处理机的时间和外设等资源。

    A．多重处理 　　　　　　　　　　B．多道程序设计

    C．实时处理 　　　　　　　　　　D．并行执行

17. 多道程序设计技术是指（　　）。

    A．将多个程序用多个 CPU 同时运行

    B．允许多个程序同时进入内存并运行

    C．将一个程序分为多个小程序用多个 CPU 运行

    D．将一个程序分为多个小程序用一个 CPU 分别运行

18. 操作系统提供了进程管理、设备管理、文件管理和（　　）。

    A．存储器管理　　B．通信管理　　C．用户管理　　D．数据管理

19. 允许在一台主机上同时连接多台终端，且多个用户可以通过各自的终端同时交互地使用计算机的操作系统是（　　）。

    A．分时操作系统 　　　　　　　　B．网络操作系统

    C．实时操作系统 　　　　　　　　D．分布式操作系统

20. 为了解决 CPU 和主存之间的速度匹配问题，应该（　　）。

    A．在主存和 CPU 之间增加高速缓冲存储器

    B．提高主存的访问速度

    C．扩大 CPU 中通用寄存器的数量

    D．扩大主存容量

21. 下列存储器中，访问速度最快的是（　　）。

    A．磁带 　　　　　B．磁盘 　　　　　C．USB 　　　　　D．内存

22. 在文件系统中用于管理文件的是（　　）。

    A．目录 　　　　　B．指针 　　　　　C．页表 　　　　　D．堆栈结构

23. 主存和 CPU 之间增加高速缓冲存储器的目的是（　　）。

    A．扩大主存的容量

    B．扩大 CPU 中通用寄存器的数量

    C．解决 CPU 和主存之间的速度匹配问题

    D．既扩大主存容量又扩大 CPU 通用寄存器的数量

24. Windows 10 是一个（　　）操作系统。

    A．基于图形界面的 　　　　　　　B．可运行于大型计算机的

    C．单用户单任务的 　　　　　　　D．不需要授权的、免费的

25. Windows 10 内置（　　）两种浏览器。

    A．谷歌浏览器和 Internet Explorer 浏览器

    B．Microsoft Edge 和 Internet Explorer 浏览器

    C．Microsoft Edge 和谷歌浏览器

    D．谷歌浏览器和 360 安全浏览器

26. 在 Windows 10 文件资源管理器中不能完成的操作是（　　）。

    A．打开文档　　B．编辑文档　　C．复制文件　　D．运行程序

27．在 Windows 10 中，桌面指的是（　　　）。

　　A．文件资源管理器窗口

　　B．计算机工作台

　　C．窗口、图标和对话框所在的屏幕背景

　　D．活动窗口

28．下列关于 Windows 10 窗口的叙述中，错误的是（　　　）。

　　A．在窗口标题栏上按住鼠标左键不放，拖动窗口，将窗口向上拖动到屏幕顶部时，窗口会以半屏状态显示

　　B．每当用户启动一个程序、打开一个文件或文件夹时都将打开一个窗口

　　C．按 Alt+F4 组合键可以关闭当前窗口

　　D．在 Windows 10 中可以对多个窗口进行层叠、堆叠和并排等操作

29．（　　　）可以弹出快捷菜单。

　　A．单击　　　　　　B．双击　　　　　　C．右击　　　　　　D．双击右键

30．Windows 10 中的"即插即用"指的是（　　　）。

　　A．在设备测试中帮助安装和配置设备

　　B．使操作系统更易使用，配置和管理设备

　　C．系统状态动态改变后以事件方式通知其他系统组件和应用程序

　　D．以上都对

31．关于单选按钮，下列说法正确的是（　　　）。

　　A．组中的每一项都可以选中　　　　　　B．一组选项中只可以选多项

　　C．选中一项，其他项自然失选　　　　　　D．组中每一项都可以全部不选

32．在 Windows 10 中，默认的打开/关闭中文输入法的组合键是（　　　）。

　　A．Ctrl+Space　　B．Alt+Space　　C．Shift+Space　　D．Ctrl+Enter

33．在 Windows 10 中，为了保护文件不被修改，可将它的属性设置为（　　　）。

　　A．只读　　　　　　B．存档　　　　　　C．隐藏　　　　　　D．系统

34．"回收站"用于临时存放（　　　）。

　　A．从 U 盘上删除的对象　　　　　　B．从硬盘上删除的对象

　　C．待收发的邮件　　　　　　D．用 360 强力删除的文件

35．Windows 10 中 Cortana 的功能很多，常用的是（　　　）。

　　A．聊天功能　　　　B．提醒功能　　　　C．搜索功能　　　　D．通信功能

36．在 Windows 10 中，为了重新排列桌面上的图标，首先应进行的操作是（　　　）。

　　A．右击桌面的空白处　　　　　　B．右击已打开窗口的空白处

　　C．右击开始的空白处　　　　　　D．右击任务栏的空白处

37．将活动窗口的内容复制到剪贴板上，应使用（　　　）组合键。

　　A．PrintScreen　　　　　　B．Alt+PrintScreen

　　C．Shift+PrintScreen　　　　　　D．Ctrl+PrintScreen

38．Windows 10 中，能进行中/英文标点切换的是（　　　）。

　　A．Ctrl+,　　　　　B．Ctrl+;　　　　　C．Ctrl+/　　　　　D．Ctrl+.

39. 下列说法中，正确的是（　　）。

A．在 Windows 文件资源管理器窗口中，使用鼠标拖动的方法可以实现文件夹复制或移动

B．在 Windows 文件资源管理器窗口中，一次只能选择一个文件进行删除操作

C．Windows 鼠标操作只能用左键，不能用右键

D．Windows 中删除了桌面上的图标，就删除了相应的程序文件

40. 在 Windows 10 中只查找扩展名为.docx 的所有文件，可用（　　）表示文件名。

A．*.docx   B．?.docx   C．*.*   D．?.*

41. 关闭一个活动应用程序窗口，可使用（　　）组合键。

A．Ctrl+Esc   B．Ctrl+F4   C．Alt+F4   D．Alt+Esc

42. 在 Windows 10 中，启动应用程序的正确方法是（　　）。

A．双击该应用程序图标

B．将该应用程序窗口最小化成图标

C．将该应用程序窗口还原

D．将鼠标指向该应用程序图标

43. 关于 Windows 10，下列叙述中正确的是（　　）。

A．Windows 的操作只能用鼠标

B．Windows 为每一个任务自动建立一个显示窗口，其位置和大小不能改变

C．在不同的磁盘间不能用鼠标拖动文件名的方法实现文件的移动

D．Windows 打开的多个窗口，既可并排放置，也可层叠放置

44. 在 Windows 10 中能更改文件名的操作是（　　）。

A．右击文件名，在弹出的快捷菜单中选择"重命名"选项，输入新文件名后按 Enter 键

B．单击文件名，选择"重命名"选项，输入新文件名后按 Enter 键

C．右键双击文件名，选择"重命名"选项，输入新文件名后按 Enter 键

D．双击文件名，选择"重命名"选项，输入新文件名后按 Enter 键

45. 关于 Windows 10 对话框，下列叙述中错误的是（　　）。

A．对话框是提供给用户和计算机对话的界面

B．对话框的位置可以移动但大小不能改变

C．对话框的位置和大小都不能改变

D．对话框中可能会出现滚动条

46. 在 Windows 10 中，如果窗口表示的是一个应用程序，则打开该窗口意味着（　　）。

A．显示该应用程序的内容   B．运行该应用程序

C．结束该应用程序的运行   D．将该窗口放大到最大

47. 在 Windows 10 窗口中，单击"最小化"按钮后（　　）。

A．当前窗口将消失   B．当前窗口被关闭

C．当前窗口缩小为图标   D．打开控制菜单

48. 在 Windows 10 中，要关闭该窗口，可以双击（　　）。

A．标题栏   B．控制菜单图标

C．功能区   D．边框

49．要改变窗口的大小，可以用鼠标拖动窗口的（　　）。

　　A．工具栏　　　　　B．功能区　　　　　C．边框　　　　　　D．标题栏

50．在 Windows 10 中，有关鼠标操作错误的是（　　）。

　　A．单击　　　　　　B．双击　　　　　　C．右击　　　　　　D．双击右键

51．在 Windows 文件资源管理器窗口中，若已选中第一个文件，再按住 Ctrl 键并单击第五个文件，则（　　）。

　　A．有 0 个文件被选中　　　　　　　　B．有 5 个文件被选中

　　C．有 1 个文件被选中　　　　　　　　D．有 2 个文件被选中

52．窗口中的某个按钮，单击它可将该窗口放大到它的最大尺寸，此按钮是（　　）。

　　A．"最大化"按钮　　　　　　　　　　B．"最小化"按钮

　　C．"还原"按钮　　　　　　　　　　　D．控制菜单按钮

53．在 Windows 文件资源管理器窗口中,选中文件图标后,为文件更名的操作是(　　)。

　　A．单击文件名，直接输入新的文件名后按 Enter 键

　　B．双击文件名，直接输入新的文件名后单击"确定"按钮

　　C．双击文件名，直接输入新的文件名后按 Enter 键

　　D．单击文件名，直接输入新的文件名后单击"确定"按钮

54．新安装并启动 Windows 10 操作系统后，桌面上的图标有（　　）。

　　A．文件资源管理器　　　　　　　　　B．回收站

　　C．Microsoft Word　　　　　　　　　D．Microsoft Excel

55．在 Windows 文件资源管理器窗口中，为文件和文件夹提供了（　　）种布局方式。

　　A．2　　　　　　　B．4　　　　　　　C．6　　　　　　　　D．8

56．下列操作中，（　　）直接删除文件而不把被删除文件放入回收站。

　　A．选择文件后，按 Delete 键

　　B．选择文件后，按住 Alt 键，再按 Delete 键

　　C．选择文件后，按 Shift+Delete 组合键

　　D．选择文件后，按住 Ctrl+Delete 组合键

57．在 Windows 10 中，若鼠标指针变成"I"形状，则表示（　　）。

　　A．当前系统正在访问磁盘

　　B．可以改变窗口的大小

　　C．可以改变窗口的位置

　　D．鼠标指针出现处可以接收从键盘输入的信息

58．在 Windows 10 中，关于应用程序"文件"菜单中的"保存"和"另存为"两个选项，下列说法中正确的是（　　）。

　　A．"另存为"选项不能使用原文件名进行保存

　　B．"保存"选项不能使用原文件名进行保存

　　C．"保存"选项只能使用原文件名进行保存，"另存为"选项也能使用原文件名进行保存

　　D．"保存"和"另存为"选项都能使用任意文件名进行保存

59. 在 Windows 10 操作系统中编辑中文文档时，为了输入一些特殊符号，可以使用系统的（　　）功能。

  A. 硬键盘   B. 大键盘   C. 小键盘   D. 软键盘

60. Windows 10 中的剪贴板是（　　）。

  A. 硬盘上的一块区域   B. 软盘上的一块区域

  C. 内存中的一块区域   D. 高速缓存中的一块区域

61. 在 Windows 10 中，可以为（　　）创建快捷方式。

  A. 应用程序   B. 文本文件   C. 打印机   D. 3 种都可以

62. 在 Windows 10 中，终止应用程序执行的正确方法是（　　）。

  A. 双击应用程序窗口中的标题栏

  B. 将应用程序窗口最小化成图标

  C. 双击应用程序窗口右上角的"还原"按钮

  D. 双击应用程序窗口左上角的控制菜单按钮

63. 在 Windows 10 中，不同驱动器之间的文件移动，应使用的鼠标操作为（　　）。

  A. 拖动

  B. Ctrl+拖动

  C. Shift+拖动

  D. 选择文件，按 Ctrl+C 组合键，然后打开目标文件夹，再按 Ctrl+V 组合键

64. 关于 Windows 10 中文输入法，下列叙述不正确的是（　　）。

  A. 启动或关闭中文输入法的快捷方式是 Ctrl+Space

  B. 在英文及各种中文输入法之间进行切换的快捷方式是 Ctrl+Shift 或 Alt+Shift

  C. 通过任务栏上的"输入指示"可以直接删除输入法

  D. 在 Windows 10 操作系统中，用户可以添加输入法

65. 使用键盘打开选项时，必须按住（　　）键，再按选项括号中的字母。

  A. Alt   B. Ctrl   C. Shift   D. Tab

66. 下列有关删除文件的说法中，不正确的是（　　）。

  A. 可移动磁盘（如 U 盘）上的文件被删除后不能被恢复

  B. 网络上的文件被删除后不能被恢复

  C. 在 MS-DOS 方式中被删除的文件不能被恢复

  D. 直接用鼠标拖到"回收站"中的文件不能被恢复

67. 关于屏幕保护的作用，不正确的是（　　）。

  A. 屏幕上出现活动的图案和暗色背景可保护监视器

  B. 通过设置屏幕保护口令来保障系统的安全

  C. 为了节省计算机的内存

  D. 可以减少屏幕的损耗和提高趣味性

68. 在 Windows 10 中，不能对任务栏进行的操作是（　　）。

  A. 改变尺寸大小   B. 移动位置

  C. 删除   D. 隐藏

69. 在 Windows 10 中，下列叙述不正确的是（　　）。

A．控制菜单图标位于窗口左上角，不同的应用程序有不同的图标

B．不同应用程序的控制菜单图标是不同的

C．不同应用程序的控制菜单图标是相同的

D．可以使用鼠标打开控制菜单，还可以使用 Alt+Space 组合键打开

70. 在 Windows 文件资源管理器窗口中，要选择多个连续的文件，应先选择第一个文件，然后按住（　　）键并单击最后一个要选择的文件。

A．Shift　　　　　B．Alt　　　　　C．Ctrl　　　　　D．Delete

71. 在 Windows 10 中，能将选择的文档放入剪贴板中的组合键是（　　）。

A．Ctrl+V　　　　B．Ctrl+Z　　　　C．Ctrl+X　　　　D．Ctrl+A

72. 在 Windows 10 中，单击控制菜单图标，其结果是（　　）。

A．打开控制菜单　B．关闭窗口　　　C．移动窗口　　　D．最大化窗口

73. 在 Windows 文件资源管理器窗口中，选择 C 盘根目录中的 PICTURE 文件后，右击选择"复制"选项；然后选择 D 盘根目录，右击，在弹出的快捷菜单中选择"粘贴"选项，这个过程完成的操作是（　　）。

A．将 C 盘根目录中的 PICTURE 文件移动到 D 盘根目录中

B．将 D 盘根目录中的 PICTURE 文件移动到 C 盘根目录中

C．将 D 盘根目录中的 PICTURE 文件复制到 C 盘根目录中

D．将 C 盘根目录中的 PICTURE 文件复制到 D 盘根目录中

74. 在 Windows 10 中，文件被放入回收站后（　　）。

A．该文件已被删除，不能恢复　　　　B．该文件可以恢复

C．该文件无法永久删除　　　　　　　D．该文件虽已永久删除，但可以安全恢复

75. 在多个窗口之间进行切换时，可以使用（　　）组合键。

A．Alt+Tab　　　　B．Alt+Ctrl　　　　C．Alt+Shift　　　　D．Ctrl+Tab

76. Windows 10 自带的只能处理纯文本的文字编辑工具是（　　）。

A．写字板　　　　B．剪贴板　　　　C．Word　　　　D．记事本

77. 在 Windows 10 中，文件夹只能包含（　　）。

A．文件　　　　　　　　　　B．文件和子文件夹

C．子目录　　　　　　　　　D．子文件夹

78. 在 Windows 10 中，对桌面上的窗口排列提供了 3 种方式，（　　）不是窗口 3 种排列方式之一。

A．层叠窗口　　　　　　　　B．堆叠显示窗口

C．并排显示窗口　　　　　　D．前后窗口

79. 在 Windows 10 中，要搜索文件名为"game"、文件的类型是任意的文件，在搜索框中输入正确的是（　　）。

A．game*　　　　B．game.*　　　　C．*game　　　　D．*.game

80．在 Windows 10 中，有关窗口的描述不正确的是（   ）。

    A．窗口分为应用程序窗口和文档窗口

    B．应用程序窗口表示一个正在运行的程序

    C．所有应用程序窗口只能包含一个文档窗口

    D．文档窗口有自己的标题栏，最大化时它与应用程序共享一个标题栏

81．在 Windows 10 中的"此电脑"窗口中，若已选定硬盘上的文件或文件夹，并按 Shift+Delete 组合键，再单击"确定"按钮，则该文件或文件夹将（   ）。

    A．被删除并放入"回收站"

    B．不能删除也不放入"回收站"

    C．直接删除而不放入"回收站"

    D．不被删除但放入"回收站"

82．媒体播放器不能处理的文件格式是（   ）。

    A．WAV   B．JPG   C．AVI   D．MPEG

83．在 Windows 10 中，任务栏的主要功能是（   ）。

    A．显示当前窗口的图标   B．显示系统的所有功能

    C．显示所有已打开的窗口图标   D．实现任务间的切换

84．在 Windows 中，要选择不连续的文件，先单击第一个文件，然后按住（   ）键，再单击要选择的各文件。

    A．Alt   B．Shift   C．Ctrl   D．Esc

85．在 Windows 文件资源管理器窗口中，若文件夹图标前面含有"-"符号，表示（   ）。

    A．含有未展开的文件夹   B．无子文件夹

    C．子文件夹已被打开   D．可选

86．在 Windows 10 中，在"此电脑"窗口中双击"本地磁盘（D：）"，将会（   ）。

    A．格式化该磁盘   B．将该磁盘内容复制到 C 盘

    C．删除该磁盘的所有文件   D．显示该磁盘的内容

87．下列不属于 Windows 10 窗口组成部分的是（   ）。

    A．标题栏   B．状态栏   C．工具栏   D．任务栏

88．在 Windows 文件资源管理器窗口中，单击左侧窗口中的一个文件夹，则（   ）。

    A．删除当前文件夹   B．选择当前文件夹

    C．搜索当前文件夹   D．打开对话框

89．在 Windows 10 中，移动整个窗口的操作是拖动（   ）。

    A．功能区   B．标题栏   C．工作区   D．状态栏

90．如果给出的文件名是*．*，其含义是（   ）。

    A．硬盘上的全部文件   B．当前盘当前文件夹中的全部文件

    C．当前驱动器上的全部文件   D．根文件夹中的全部文件

91．下列叙述中，不正确的是（   ）。

    A．不同文件之间可以通过剪贴板交换信息

    B．屏幕上打开的窗口都是活动窗口

    C．应用程序窗口最小化成图标后仍在运行

    D．在不同磁盘之间可以用拖动文件名的方法实现文件的复制

92．在 Windows 10 中，下列可以用来浏览或查看系统提供的所有软、硬件资源的是（　　）。
　　A．公文包　　　　B．回收站　　　　C．此电脑　　　　D．网上邻居

93．删除某个应用程序的图标，意味着（　　）。
　　A．该应用程序连同其图标一起被删除
　　B．只删除了该应用程序，对应的图标被隐藏
　　C．只删除了图标，对应的应用程序被保留
　　D．该应用程序连同其图标一起被隐藏

94．在 Windows 文件资源管理器窗口中的导航窗格是按（　　）结构显示文件夹和文件的。
　　A．树形分层　　　　　　　　B．星形
　　C．网状形　　　　　　　　　D．总线型

95．下列叙述中，正确的是（　　）。
　　A．当前窗口处于后台运行状态，其余窗口处于后台运行状态
　　B．当前窗口处于后台运行状态，其余窗口处于前台运行状态
　　C．当前窗口处于前台运行状态，其余窗口处于后台运行状态
　　D．当前窗口处于前台运行状态，其余窗口处于前台运行状态

96．在 Windows 10 中，对话框中的复选框指（　　）。
　　A．一组互相排斥的选项，一次只能选中一项，方框中的√表示选中
　　B．一组互相不排斥的选项，一次能选中几项，方框中的√表示未选中
　　C．一组互相排斥的选项，一次只能选中一项，方框中的√表示未选中
　　D．一组互相不排斥的选项，一次能选中几项，方框中的√表示选中

97．当鼠标指针位于窗口边界且形状为水平双向箭头时，可以实现的操作是（　　）
　　A．改变窗口的横向尺寸　　　　B．移动窗口的位置
　　C．改变窗口的纵向尺寸　　　　D．在窗口中插入文本

98．在"Windows10 附件"中，写字板与记事本的区别是（　　）。
　　A．写字板文档可以保存为.doc、.txt 格式，记事本文档只能保存为.txt 格式
　　B．写字板文档中可以进行段落设置，记事本不能
　　C．写字板支持图文混排，记事本只能编辑纯文本文件
　　D．以上选项都正确

99．下列关于剪贴板的叙述中，（　　）是错误的。
　　A．凡是有"剪切"和"复制"命令的地方，都可以把信息送至剪贴板保存
　　B．剪贴板中的信息超过一定数量时，会自动清空，以便节省内存空间
　　C．按 PrintScreen 键，会将信息送入剪贴板中
　　D．剪贴板中的信息可以在磁盘文件中长期保存

100．多窗口切换可以通过（　　）进行。
　　A．改变窗口的大小　　　　　　B．关闭当前活动窗口
　　C．按 Alt+Shift 组合键　　　　D．按 Alt+Tab 组合键

101．在 Windows 10 中,窗口的标题栏除了起到标识窗口的作用外,还可以用它来（　　　）。

    A．改变窗口的大小　　　　　　　　B．移动窗口的位置

    C．关闭窗口　　　　　　　　　　　D．以上都可以

102．文件夹是一个存储文件的组织实体,采用（　　　）结构,用文件夹可以将文件分成不同的组。

    A．网状　　　　　B．树形　　　　　C．逻辑形　　　　D．层次

103．在启动程序或打开文档时,如果记不清某个文件或文件夹的位置,则可以使用 Windows 10 提供的（　　　）功能。

    A．浏览　　　　　B．设置　　　　　C．还原　　　　　D．搜索

104．在 Windows 10 中,关于对话框的叙述不正确的是（　　　）。

    A．对话框没有"最大化"按钮　　　B．对话框没有"最小化"按钮

    C．对话框不能改变形状大小　　　　D．对话框不能移动

105．当文件具有（　　　）属性时,通常情况下是无法显示的。

    A．只读　　　　　B．隐藏　　　　　C．存档　　　　　D．常规

106．关于快捷方式,下列叙述不正确的是（　　　）。

    A．快捷方式是指向一个程序或文件的指针

    B．快捷方式可以删除、复制或移动

    C．快捷方式包含了指向对象的信息

    D．快捷方式是该对象本身

107．当一个应用程序窗口被最小化时,该应用程序（　　　）。

    A．继续执行　　　　　　　　　　　B．被转入后台执行

    C．被终止执行　　　　　　　　　　D．被暂停执行

108．Windows 10 桌面上已经有某个应用程序的图标,要运行该程序,可以（　　　）。

    A．右击该图标　　B．单击该图标　　C．右键双击该图标　D．双击该图标

109．在 Windows 10 中,"回收站"是指（　　　）。

    A．内存中的一块区域　　　　　　　B．硬盘上的一块区域

    C．软盘上的一块区域　　　　　　　D．缓冲区中的一块区域

110．清理磁盘空间的作用是（　　　）。

    A．删除磁盘上无用的文件　　　　　B．提高磁盘上的访问速度

    C．增大磁盘的可用空间　　　　　　D．以上均是

111．由于文件的多次增删而造成磁盘的可用空间不连续。因此,经过一段时间后,磁盘空间就会七零八乱,到处都有数据,这种现象称为（　　　）。

    A．碎片　　　　　B．扇区　　　　　C．坏扇区　　　　D．簇

112．Windows 10 是多任务操作系统,是指（　　　）。

    A．可以供多个用户同时使用

    B．可以运行多种应用程序

    C．可以同时运行多个应用程序

    D．可以同时管理多种资源

113．当运行一个应用程序时会打开该程序窗口，关闭运行程序的窗口会（　　）。

  A．暂时中断该程序的运行，随时可加以恢复

  B．该程序的运行不受任何影响，仍然继续

  C．结束该程序的运行

  D．使该程序的运行转入后台继续工作

114．在 Windows 10 中，下列叙述正确的是（　　）。

  A．桌面上的图标不能按用户的意愿重新排列

  B．只有对活动窗口才能进行移动、改变大小等操作

  C．回收站与剪贴板一样，是内存中的一块区域

  D．一旦启用屏幕保护程序，原来在屏幕上的当前窗口就被关闭了

115．对运行"磁盘碎片整理"程序的结果，下列说法中正确的是（　　）。

  A．可增加磁盘的容量   B．压缩文件

  C．可提高磁盘的读写速度   D．删除不需要的文件

116．若从资源管理器中拖出一个文件放到桌面"回收站"图标上，将（　　）。

  A．不会有任何反应

  B．为文件创建了一个快捷图标

  C．此文件被删除，但可以从回收站恢复

  D．此文件被永久删除

117．使用（　　）程序可以帮助用户释放磁盘驱动器空间，删除临时文件、Internet 缓存文件及安全删除不需要的文件，以提高系统性能。

  A．格式化   B．分区   C．磁盘碎片整理 D．磁盘清理

118．下列选项中，（　　）不是桌面图标设置中的图标。

  A．此电脑 B．回收站   C．网络   D．ACDSee

119．在 Windows 10 中，利用"回收站"可恢复（　　）上被删除的文件。

  A．U 盘   B．硬盘   C．内存   D．光盘

120．Windows 10 的文件属性包括（　　）属性。

  A．应用   B．文档   C．只读   D．系统

二、填空题

1．在 Windows 10 中，按＿＿＿＿＿＿键，能够把整个屏幕复制到剪贴板。

2．若选择多个连续的文件或文件夹，应首先选择第一个文件或文件夹，然后按住＿＿＿＿＿＿键，再单击最后一个文件或文件夹。

3．在键盘上，按＿＿＿＿＿＿组合键，可在汉字输入法之间进行转换。

4．当某个应用程序不再响应用户的操作时，可以按＿＿＿＿＿＿组合键，打开"任务管理器"窗口，然后选择所要关闭的应用程序，单击"结束任务"按钮退出该应用程序。

5．操作系统的基本功能包括＿＿＿＿管理、＿＿＿＿管理、＿＿＿＿管理、＿＿＿＿管理和作业管理。

6．要搜索所有的 BMP 文件，应在搜索框中输入_____名称。

7．按内存中同时运行程序的数目可以将批处理系统分为两类：_____和_____。

8．在 Windows 10 中，被删除的文件或文件夹存放在_____。

9．在 Windows 10 中，默认的打开/关闭中文输入法的组合键是_____。

10．Windows 10 自带的只能处理纯文本的文字编辑工具是_____。

11．在多个窗口之间进行切换时，可以用_____键。

12．在 Windows 10 中要选择不连续的文件或文件夹，先单击第一个，然后按住_____键，再单击要选择的各文件或文件夹。

13．在 Windows 10 中，回收站的功能是_____。

14．剪贴板的主要功能是_____。

三、判断题

1．已打开但不是当前活动的窗口不占内存。（　　）

2．所有对话框都可以随意改变大小。（　　）

3．任务栏右侧的时间显示、输入法显示、音量显示等都是不可改变的。（　　）

4．Windows 10 桌面上的图标可以缩小。（　　）

5．窗口标题栏可以用于容纳菜单命令。（　　）

6．Windows 10 桌面上的图标可以旋转。（　　）

7．要退出一个应用程序，可以按 Alt+F4 组合键。（　　）

8．双击窗口标题栏区域，可以实现窗口的最大化或还原操作。（　　）

9．备份文件只能备份到闪存盘或光盘上。（　　）

10．删除选择的文件时，从文件资源管理器窗口中删除的文件或文件夹已全部释放磁盘空间。（　　）

11．闪存盘上原有的文件在备份时会被破坏。（　　）

12．在 Windows 环境下，剪贴板只能存放最后一次剪切或复制的内容，两次以上的剪切或复制内容不能合并。（　　）

13．在 Windows 环境下，正在使用的磁盘不能进行格式化。（　　）

14．要复制选择的文件时，可将文件拖动到不同磁盘的目标文件夹中。（　　）

15．移动选择的文件时，可将文件拖动到同一磁盘的目标文件夹中。（　　）

16．存有压缩文件的磁盘不能复制。（　　）

17．经常运行磁盘碎片整理程序有助于提高计算机的性能。（　　）

18．在删除文件夹时，其中所有的文件及下级文件夹也同时被删除。（　　）

19．当文件在回收站时，可随时将其恢复，即使是在回收站中删除以后也没问题。（　　）

20．删除了一个应用程序的快捷方式图标就删除了相应的应用程序。（　　）

3.3　习题答案

一、选择题

1. B	2. A	3. A	4. C	5. C	6. D	7. C	8. D	9. D	10. A
11. C	12. B	13. A	14. A	15. D	16. B	17. B	18. A	19. A	20. A
21. D	22. A	23. C	24. A	25. B	26. B	27. C	28. A	29. C	30. D
31. C	32. A	33. A	34. B	35. C	36. A	37. B	38. D	39. A	40. A
41. C	42. A	43. D	44. A	45. C	46. B	47. C	48. B	49. C	50. D
51. D	52. A	53. A	54. B	55. D	56. C	57. D	58. C	59. D	60. C
61. D	62. D	63. C	64. C	65. A	66. D	67. C	68. C	69. C	70. A
71. C	72. A	73. D	74. B	75. A	76. D	77. B	78. D	79. B	80. C
81. C	82. B	83. D	84. C	85. C	86. D	87. C	88. B	89. B	90. B
91. B	92. C	93. C	94. A	95. C	96. D	97. A	98. D	99. D	100. D
101. B	102. B	103. D	104. D	105. B	106. D	107. B	108. D	109. B	110. D
111. A	112. C	113. C	114. B	115. C	116. C	117. D	118. D	119. B	120. C

二、填空题

1. PrintScreen
2. Shift
3. Ctrl+Shift
4. Ctrl+Alt+Delete
5. 处理器, 存储, 设备, 文件
6. *.bmp
7. 单道批处理系统, 多道批处理系统
8. 回收站
9. Ctrl+Space
10. 记事本
11. Alt+Tab
12. Ctrl
13. 临时存放删除的文件
14. 临时存储移动或复制的内容

三、判断题

1. ×　　2. ×　　3. ×　　4. ×　　5. ×　　6. ×　　7. √　　8. √　　9. ×
10. ×　　11. ×　　12. √　　13. √　　14. √　　15. √　　16. ×　　17. √　　18. √
19. ×　　20. ×

第4章 WPS Office 办公软件

4.1 学习指导

一、学习目标

掌握 WPS 文字窗口的组成及基本操作、各种数据的输入方法，文档的插入或改写状态的切换方法，文本的选择方法，以及英文的拼写和语法检查方法等；熟练掌握文档的移动、复制、删除、查找与替换等操作方法；熟练掌握文档和段落格式化的设置方法，首字下沉、项目符号和编号、边框和底纹、分栏、格式刷和分隔符的使用等文档排版技巧；了解视图方式和适用场合；掌握添加页眉、页脚、页码和插入特殊符号的方法；掌握插入表格的方法、单元格的拆分与合并的方法；掌握表格的数据计算和排序方法、表格的边框与底纹的修饰方法、图表的生成方法等；掌握艺术字、图片、图形和文本框的插入方法；掌握图文混排、水印和设置对象格式的方法；掌握样式的设置方法；了解公式编辑器的使用方法。

掌握 WPS 表格工作簿的打开、关闭和保存、工作簿窗口的显示、隐藏、排列等操作方法；熟练掌握单元格和工作表的移动、复制、插入、删除等操作方法；理解工作簿和工作表的概念；熟练掌握单元格格式、工作表列宽和行高、工作表背景图案的设置方法；了解自动套用格式和样式的使用方法；熟练掌握公式与函数的概念和使用方法；掌握利用工作表创建及修饰各类图表的方法；了解数据排序、筛选和分类汇总等操作。

掌握 WPS 演示文稿制作的基本操作；熟练掌握创建各种演示文稿的方法，能够制作各种类型的幻灯片，并且丰富幻灯片的内容；掌握演示文稿外观的整体修改方法；熟练掌握幻灯片上各种对象动画效果的设置方法、幻灯片放映方式的设置方法。

二、学习要点

WPS 包括多个可以独立工作的组件，每个组件可以完成不同的功能，主要包括 WPS 文字、WPS 表格、WPS 演示制作等办公自动化软件。WPS 支持对象链接与嵌入（object linking and embedding，OLE）技术，使各组件之间可以轻松地协同工作。

1. WPS 文字

（1）窗口组成

WPS 文字窗口由标题栏、快速访问工具栏、功能区、文本编辑区、状态栏、文档视图和工具栏等部分组成。

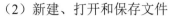

（2）新建、打开和保存文件

使用 WPS 文字制作文档的第一步是新建一个文档。在"开始"菜单中选择"WPS Office"选项，启动 WPS 文字后，将自动创建一个新文档。

对文档进行处理前需要打开文档，找到要打开的文档，双击即可打开该文档。

保存文档时，可以选择"文件"→"保存"选项或按 Ctrl+S 组合键，可以使用当前的文件名保存文档。WPS 文档默认的文件扩展名为.wps。

（3）文档的编辑

1）选择文本。选择文本的方法有多种：拖动法、使用鼠标选择文本块、光标键定义文本块、选定栏选择法。

2）选择文本操作。使用鼠标拖放功能，可以快速移动或复制文字块。操作原则：先选择，后操作。将选择的文本块直接拖至目标处，完成移动操作；在拖动的同时按住 Ctrl 键，完成复制操作。用户还可利用剪贴板的功能，移动或复制文本。

3）查找、替换和定位。单击"开始"→"查找替换"按钮，打开"查找和替换"对话框，此对话框由"查找""替换""定位"3 个选项卡组成，可用于查找文字、文字格式或特殊字符；也可以进行字符的替换；还可以定位目标。

4）拼写检查。启动/关闭拼写检查的操作：选择"文件"→"选项"选项，打开"选项"对话框。选择"拼写检查"选项卡，选中/不选中"输入时拼写检查"复选框。

5）改写状态。单击状态栏中的"改写"按钮，可以打开/关闭改写状态，也可以按 Insert 键来实现。

（4）文档的排版

在制作文档的过程中，可以对文档进行格式化，即对字体、字形、字号、行间距、段落格式、分页、样式、页眉、页脚等进行设置。高级排版包括首字下沉、分栏、水印、样式、目录、模板、批注和修订等。

1）字体。中文字体的默认格式是宋体、五号；英文字体的默认格式是 Times New Roman。一般来说，中文字体大小用字号作为单位，常用的字号有初号～八号（注意：字号越大字越小）。英文字体以磅为单位（1 英寸=72 磅），常用的有 5～72 磅，五号字相当于 10.5 磅。用户还可以输入 1～1638 之间的磅值，直接改变字体大小。

2）字符格式。字符格式的默认状态为跟随前一字符的格式，还可以设置新格式、修改格式和复制格式。使用格式刷进行格式复制。单击"格式刷"按钮，复制格式一次；双击"格式刷"按钮，可以复制格式多次。但双击"格式刷"按钮后，需要再次单击，才能取消格式复制功能。

3）字符属性。对所选择的文本进行加粗、斜体、下画线、上标、下标、颜色、着重号设置等，还可以进行字符缩放及添加动态效果。

4）段落。段落设置是指设置段落的缩进（左缩进、右缩进、首行缩进、悬挂缩进）、对齐（左、右、居中、分散、两端）、行间距、段前间距、段后间距等。

段落设置除可以使用厘米和磅作为单位外，还可以设置更加适合于中文使用的"字符单位"。例如，左、右缩进为 2 个字符；段前、段后为 3 行等。

5）边框和底纹。给文字或段落添加边框和底纹是对文档内容进行修饰，实现段落的特殊效果。边框是将重要的段落或文字用边框框起来，底纹是指用背景色填充段落或文字。

6）首字下沉。将光标移动到需要首字下沉的段落中，单击"插入"→"首字下沉"按钮，在打开的"首字下沉"对话框中，设置首字下沉的位置和选项。

7）分栏。将文档切换到页面视图；选择需要分栏的文档；单击"页面布局"→"分栏"下拉按钮，在弹出的下拉列表中选择"更多分栏"选项，在打开的"分栏"对话框中设置分栏的版式。

8）样式。WPS 文字中的样式可以分为内置样式和自定义样式，内置样式显示在"开始"选项卡的"样式"选项组中，如标题 1、标题 2、正文等。

9）目录。对于长文档的编辑，建立目录很重要。使用标题样式后，单击"视图"→"导航窗格"按钮，在打开的导航窗格中可以查看目录结构。

（5）页面设置

设置打印文档时使用的纸张、方向和来源。纸张大小确定以后，根据页边距可以确定版心的尺寸。设置的效果可以通过打印预览确认。

分隔符包括分页符、分栏符、分节符和换行符。分页符用于分隔页面；分栏符用于分栏排版；分节符可以将每个节看作是一个独立的部分，插入分节符可以使整个文档的不同部分设置成不同的页面格式、纸型、页眉和页脚格式。

文档的打印可以像复印机一样进行缩放，使一页打印多版，或者按纸型缩放打印。

页眉和页脚的插入操作：单击"插入"→"页眉页脚"按钮，文档会自动添加"页眉页脚"选项卡，并使页眉或页脚编辑区处于激活状态，此时只能对页眉或页脚的内容进行编辑操作，不能对正文进行操作。单击"页眉页脚"→"关闭"按钮可以退出页眉页脚的编辑状态。

（6）视图方式

WPS 文字提供了页面视图、阅读版式视图、Web 版式视图、大纲视图和写作模式视图。

页面视图是 WPS 文字中默认的视图方式，适用于输入、编辑、格式编排，以及在文档中移动等操作；阅读版式视图适于阅读长篇文档；大纲视图适于看清整个文档的结构和每部分在文档中的位置，有利于生成目录；Web 版式视图可以查看当前文档在浏览器中的效果；写作模式视图可以为用户提供友好的写作环境。

（7）表格的制作

表格是由行和列组成的，一行和一列的交叉处就是表格的单元格。

1）插入表格。将光标移动到要插入表格的位置，单击"插入"→"表格"下拉按钮，在弹出的下拉列表中使用鼠标指针在表格框内拖动，选择需要的行数和列数后单击，则表格自动插入当前光标处。

2）编辑表格。编辑表格操作包括调整行高与列宽、插入/删除行（列、单元格）、复制/移动行（列、单元格）和拆分/合并单元格与表格等。在调整行高与列宽时，若需要精确调整，则使用单元格高度和宽度调整功能；若不需要精确调整，则可以使用标尺，还可以使用"行"的"自动设置"和"列"的"自动匹配"功能，使行高按字符大小、列宽按内容长短自动调整。

3）合并与拆分单元格。

① 合并单元格。选择要合并的单元格，单击"表格工具"→"合并单元格"按钮，即可将选择的相邻的两个或多个单元格合并为一个单元格。

② 拆分单元格。选择要拆分的单元格，单击"表格工具"→"拆分单元格"按钮，在打开的"拆分单元格"对话框中输入要拆分的行数和列数，然后单击"确定"按钮，即可将选择的单元格拆分为多个单元格。

4）修饰表格外观。表格的修饰可以使用系统提供的几十种样式进行表格自动套用，也可以按照用户的需要自行设置，还可以给表格添加各种边框和底纹。

5）排序。选择表格后，单击"表格工具"→"排序"按钮，在打开的"排序"对话框中选择关键词，设置关键词的类型及使用方式，并选择升序或降序。

6）计算。用户可以对表格中的某些数据进行运算。单击"表格工具"→"公式"按钮，打开"公式"对话框。在"公式"文本框中的"="后面输入数学公式及参加运算的单元格；或者在"粘贴函数"下拉列表中选择函数，则该函数出现在"公式"文本框中，然后在函数括号中输入需要计算的单元格。

此外，表格和文本之间可以进行相互转换。使用"表格工具"选项卡中的转换命令进行转换即可。

（8）图文混排

WPS 文字中可以插入图片、形状、艺术字、文本框、图标等对象。

1）插入图片。单击"插入"→"图片"下拉按钮，在弹出的下拉列表中选择"本地图片"选项，在打开的"插入图片"对话框中选择文件，然后单击"打开"按钮插入图片文件。

2）插入艺术字。单击"插入"→"艺术字"下拉按钮，在弹出的下拉列表中有多种艺术字样式。选择一种艺术字样式，并在"请在此放置您的文字"文本框中输入文字内容，即可在文档中插入艺术字。

3）插入形状。单击"插入"→"形状"下拉按钮，在弹出的下拉列表中有多种形状，选择一种形状插入即可。

4）插入文本框。"文本框"可以看作是特殊的图形对象，主要用来在文档中建立特殊文本，有横向、竖向和多行文字 3 种类型。利用文本框可以实现对象的定位、移动、缩放等操作。

单击"插入"→"文本框"下拉按钮，在弹出的下拉列表中选择文本框样式后，在文本区拖动鼠标，绘制一个文本框。

5）环绕与层次。在文档中插入图片后，会使周围文字被挤开，这种形式称为文字环绕。文档中的文字与图片共存，就存在层次关系，包括图片浮在文字上方、图文同处一个层面及图片衬于文字下方几种层次关系。环绕效果包括四周型、紧密型、穿越型、上下型等。

2．WPS 表格

（1）工作簿窗口

使用 WPS 表格创建的文档称为工作簿。工作簿窗口由标题栏、功能区、公式栏、工作表区、工作表标签、缩放工具等组成。工作簿文件的扩展名为.et。工作簿的打开、保存、关闭等操作继承了 Windows 文件的操作方法。

（2）编辑工作表

1）选择工作表。单击工作表标签即可选择工作表，或者使用 Ctrl 键或 Shift 键选择多个工作表。

2）插入工作表。右击工作表标签，在弹出的快捷菜单中选择"插入工作表"选项即可。

3）删除工作表。选择要删除的工作表，选择"开始"→"工作表"→"删除工作表"选项即可。

4）重命名工作表。右击工作表标签，在弹出的快捷菜单中选择"重命名"选项即可。

5）设置工作表标签颜色。右击要设置颜色的工作表标签，在弹出的快捷菜单中选择"工作表标签颜色"选项，在弹出的子菜单中选择一个颜色即可。

6）复制或移动工作表。通过鼠标拖动或菜单操作可以实现移动或复制工作表的操作。

（3）编辑单元格

1）选择单元格或单元格区域。选中一个单元格以后，该单元格会被粗框线包围；选择单元格区域，这个区域会以高亮方式显示。

2）插入行、列或单元格。选择"开始"→"行和列"→"插入单元格"→"在上方/下方插入行"或"在左侧/右侧插入列"选项，就可以在选择行的上方/下方或选择列的左侧/右侧插入指定的行或列。

3）删除行、列或单元格。选中要删除的行、列或单元格，选择"开始"→"行和列"→"删除单元格"→"删除行"或"删除列"选项，即可删除整行或整列。

4）调整行高和列宽。选中要调整的行或列，选择"开始"→"行和列"→"行高"或"列宽"选项，在打开的相应对话框中设置行高或列宽。

5）合并与拆分单元格。合并单元格的操作：选择要合并的单元格区域，单击"开始"→"合并居中"下拉按钮，在弹出的下拉列表中选择"合并单元格"选项。

取消合并（拆分）的操作：选择要拆分的单元格，单击"开始"→"合并居中"下拉按钮，在弹出的下拉列表中选择"取消合并单元格"选项。

6）输入数据。在 WPS 表格中普通数据类型包括常规、数值、货币、日期和文本等。默认情况下，输入数字数据后单元格数据将呈右对齐方式显示，输入文本将呈左对齐方式显示。输入数据时，首先应选择单元格，然后才能输入数据。

7）自动填充数据。自动填充数据可用来快速自动填充数据和快速复制数据。WPS 表格提供的内置数据序列包括数值序列、星期序列和月份序列等，用户也可以自定义序列。

使用序列命令填充的操作：在第一个单元格中输入数据，选择"开始"→"填充"→"序列"选项，打开"序列"对话框。选择序列产生在行或列、序列类型，设置步长值、终止值，然后单击"确定"按钮。

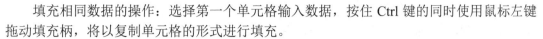

填充相同数据的操作：选择第一个单元格输入数据，按住 Ctrl 键的同时使用鼠标左键拖动填充柄，将以复制单元格的形式进行填充。

（4）美化单元格与表格

WPS 表格可以对工作表的外观进行设计，包括单元格中数字的类型、文本的对齐方式、字体、单元格的边框、图案、套用表格样式等。

1）格式化工作表。选择单元格或单元格区域后，单击"开始"→"字体"选项组右下角的对话框启动器，在打开的"单元格格式"对话框中可以实现对单元格的字体、对齐方式、数字格式等的设置。

2）套用表格格式。选择要套用表格样式的工作表区域，单击"开始"→"表格样式"下拉按钮，在弹出的下拉列表中选择一种预设样式。

3）应用单元格样式。选择单元格区域，单击"开始"→"单元格样式"下拉按钮，在弹出的下拉列表中选择所需的样式。

（5）公式的应用

1）输入公式。在单元格中输入公式时要以"="开始，公式输入完成后按 Enter 键确认公式，按 Esc 键取消输入的公式。输入公式的字符要使用英文半角状态。输入的公式显示在编辑栏中，并在包含该公式的单元格中显示计算结果。

2）复制公式。使用填充柄可以实现快速复制公式。单击公式所在单元格，拖动单元格右下角的填充柄到要进行同样计算的单元格区域即可。

3）单元格引用。单元格引用包括相对引用、绝对引用和混合引用。

（6）函数的应用

可以在单元格或编辑栏中直接输入函数，也可以通过插入函数的方法输入并设置函数参数。WPS 表格提供了多种函数类别，如财务函数、日期与时间函数、统计函数、查找与引用函数及数学与三角函数等。

（7）图表的应用

WPS 表格提供了十多种类型的图表，如柱形图、折线图、饼图、条形图和面积图等。用户可以为不同的表格数据创建合适的图表类型。创建图表的操作包括插入图表、修改图表数据、调整图表大小和位置，以及更改图表布局等。

图表创建后，可以对图表及图表对象（如图表类型、图表标题、图表源数据、分类轴、图例等）进行修改。单击图表，使图表处于选中状态（四周出现 6 个控点），可以对图表进行移动、复制、调整和删除等操作。

（8）数据库管理

WPS 表格可以按照数据库的管理方式对以数据清单形式存放的工作表进行排序、筛选、分类汇总、统计和建立数据透视表等操作。

1）排序。按照一定的规则对数据重新排列，可以按"关键字"字段内容升序或降序排列。

2）筛选。工作表中只显示符合条件的记录供用户使用和查询，隐藏不符合条件的记录。WPS 表格提供筛选和高级筛选两种方式。筛选操作：单击"数据"→"筛选"下拉按钮，在弹出的下拉列表中可以对内容筛选、颜色筛选或数字筛选等设置筛选条件。

3）高级筛选。高级筛选是指按照多种条件的组合进行查询的方式，其操作方法是指定筛选条件区域，指定筛选的数据区域，指定存放筛选结果的数据区域。

4）分类汇总。分类汇总是在数据清单中快速汇总数据的方法。使用分类汇总，WPS表格会自动创建公式、插入分类汇总的汇总行，并自动分级显示数据。分类汇总分为两个步骤，即先分类、再汇总。分类就是将数据按一定的条件进行排序，将相同的数据集中在一起。进行汇总时才可以对同类数据进行求和、求平均等汇总处理。

（9）数据透视表

数据透视表是一种交互式报表，可以按照不同的需要和不同的关系来提取、组织和分析数据，从而得到需要的数据分析结果。数据透视表集筛选、排序和分类汇总等功能于一身，是WPS表格中重要的分析性报告工具。

3．WPS 演示文稿

使用 WPS 演示文稿创建的文档称为演示文稿，演示文稿由一张张幻灯片组成。WPS演示文稿的扩展名为.dps。

1）常用术语。WPS 演示文稿常用的术语有演示文稿、幻灯片、视图、模板、备注、讲义、母版、版式、占位符。

2）创建演示文稿：可创建空白演示文稿和在线演示文稿。

3）演示文稿的基本操作：打开演示文稿、保存演示文稿、编辑演示文稿、节管理。

4）美化演示文稿的外观：插入表格、插入图片和形状、插入图表、插入艺术字、插入智能图形、插入符号和公式、插入音频和视频、插入超链接，以及设置母版、模板、统一字体、配色方案等。

5）设置演示文稿的播放效果：设置幻灯片的放映方式、自定义放映、幻灯片之间的切换、添加动画效果、排练计时。

三、学习方法

通过上机操作，并结合习题掌握 WPS Office 办公软件的基本概念。同时配合 WPS 文字、WPS 表格、WPS 演示文稿的实验题目，熟练掌握 WPS Office 办公软件的操作。

4.2 习　　题

一、选择题

1．WPS Office 的运行环境是（　　　）。

    A．DOS   B．WPS   C．Windows   D．高级语言

2．选择整篇文档应该按（　　　）组合键。

    A．Alt+A   B．Ctrl+A   C．Shift+A   D．Ctrl+Shift+A

3．在 WPS 文字中，能显示页眉和页脚的方式是（　　　）。

　　A．Web 版式视图　　B．大纲视图　　　　C．页面视图　　　　D．全屏显示

4．将文档中的一部分内容复制到其他位置，第一步要进行的操作是（　　　）。

　　A．粘贴　　　　　　B．复制　　　　　　C．选择　　　　　　D．视图

5．WPS 文档默认的文件扩展名为（　　　）。

　　A．.txt　　　　　　B．.wps　　　　　　C．.docx　　　　　　D．.bmp

6．在（　　　）选项卡中设置字体格式。

　　A．插入　　　　　　B．开始　　　　　　C．视图　　　　　　D．页面布局

7．在 WPS 文字编辑状态下，文档中有一行被选择，按 Delete 键后，则（　　　）。

　　A．删除了插入点所在的行

　　B．删除了被选择的一行

　　C．删除了被选择行及其后的所有内容

　　D．删除了插入点及其之前的所有内容

8．WPS 文字启动后自动建立新文档，屏幕上闪烁显示的粗竖线指示的是（　　　）。

　　A．文档结束符　　　　　　　　　　　B．插入点位置

　　C．鼠标指针　　　　　　　　　　　　D．文档的开始位置

9．将鼠标指针放在工具栏按钮上，鼠标指针下方会出现（　　　）。

　　A．快捷菜单　　　　　　　　　　　　B．对应菜单命令项

　　C．功能提示信息　　　　　　　　　　D．级联菜单

10．在 WPS 文字中，关于快速访问工具栏中的"撤销"按钮所能执行功能的叙述中，正确的是（　　　）。

　　A．已完成的操作不能撤销

　　B．只能撤销上一次的操作内容

　　C．只能撤销上一次保存后的操作内容

　　D．能撤销"可撤销操作列表"中的所有操作

11．选择文本，按 Ctrl+B 组合键后，该文本变为（　　　）。

　　A．上标　　　　　　B．下画线　　　　　C．斜体　　　　　　D．粗体

12．一般情况下，在对话框内容选定之后都需要单击（　　　）按钮操作才会生效。

　　A．保存　　　　　　B．确定　　　　　　C．帮助　　　　　　D．取消

13．WPS 文字具有分栏功能，下列关于分栏的叙述中，正确的是（　　　）。

　　A．各栏的宽度可以相同　　　　　　　B．各栏的宽度必须相同

　　C．最多可以设 4 栏　　　　　　　　　D．各栏之间的间距是固定的

14．在 WPS 文档中，每一段落都有自己的段落标记，段落标记的位置在（　　　）。

　　A．段落的首部　　　　　　　　　　　B．段落的结尾处

　　C．段落的中间位置　　　　　　　　　D．段落中，但用户找不到的位置

15．不能利用剪贴板的操作有（　　　）。

　　A．剪切　　　　　　B．复制　　　　　　C．粘贴　　　　　　D．查找

16．在文档编辑中，要开始一个新的段落按（　　）键。

    A．Backspace   B．Delete   C．Insert   D．Enter

17．只有使用（　　）键删除的内容，才可以使用"粘贴"命令恢复。

    A．Backspace   B．Delete   C．Ctrl+X   D．Enter

18．在文档编辑中，当一行的内容到达文档右边界时，插入点会自动移到下一行的左端继续输入，这是（　　）功能。

    A．自动更正   B．自动回车   C．自动换行   D．自动格式化

19．下列选择文本的方法中，正确的是（　　）。

    A．将鼠标指针放在目标处，按住鼠标左键并拖动

    B．将鼠标指针放在目标处，双击鼠标右键

    C．按 Ctrl+←、→组合键

    D．按 Alt+←、→组合键

20．在文档编辑中，删除插入点前的文字内容按（　　）键。

    A．Backspace   B．Delete   C．Insert   D．Tab

21．在 WPS 文字中，（　　）组合键与工具栏上的复制按钮功能相同。

    A．Ctrl+C   B．Ctrl+V   C．Ctrl+A   D．Ctrl+S

22．在 WPS 文字中，要复制选择的文档内容，可使用鼠标指针指向被选择的内容并按住（　　）键，拖动鼠标至目标处。

    A．Ctrl   B．Shift   C．Alt   D．Insert

23．在段落的对齐方式中，（　　）可以使段落中的每一行（包含段落结束行）都能与左右边缩进对齐。

    A．左对齐   B．两端对齐   C．居中对齐   D．分散对齐

24．WPS 文字的窗口中打开了两个文件，要将它们同时显示在屏幕上可使用（　　）命令。

    A．新建窗口   B．重排窗口   C．拆分   D．3 个都可以

25．下列关于文档窗口的叙述中，正确的是（　　）。

    A．只能打开一个文档窗口

    B．可以同时打开多个文档窗口，被打开的窗口都是活动窗口

    C．可以同时打开多个文档窗口，但其中只有一个是活动窗口

    D．同时打开多个文档窗口，但在屏幕上只能见到一个文档的窗口

26．在 WPS 文字中，要实现首字下沉功能，应（　　）进行创建。

    A．单击"插入"→"首字下沉"按钮

    B．单击"插入"→"图片"按钮

    C．单击"插入"→"艺术字"按钮

    D．单击"格式"→"首字下沉"按钮

27．（　　）查看方式具有"所见即所得"的效果，页眉、页脚、分栏和图文框都能显示在真实的位置上，可用于检查文档的外观。

    A．阅读版式视图   B．页面视图

    C．大纲视图   D．写作模式视图

28．要实现分栏显示文本的功能，应（　　　）创建。

　　A．单击"插入"→"分栏"按钮

　　B．单击"插入"→"图片"按钮

　　C．单击"插入"→"分栏符"按钮

　　D．单击"页面布局"→"分栏"按钮

29．在文档编辑中，若要把多处同样的错误一次改正，最好的方法是（　　　）。

　　A．使用"替换"功能　　　　　　　B．使用"自动更正"功能

　　C．使用"撤销"按钮　　　　　　　D．使用"格式刷"按钮

30．在 WPS 文字中，可以将一段文字转换为表格，对这段文字的要求是（　　　）。

　　A．必须是一个段落

　　B．必须是一节

　　C．每行的几个部分之间必须使用空格分隔

　　D．每行的几个部分之间必须使用同一符号分隔

31．将一个表格分成上下两个部分时使用（　　　）命令。

　　A．拆分单元格　　B．剪切　　　　C．拆分表格　　　D．拆分窗口

32．在 WPS 文字表格中，表格线（　　　）。

　　A．不能手绘　　　B．不能擦除　　C．不能改变　　　D．可由用户指定线型

33．绘制直线时按住（　　　）键，可准确地绘制垂直、水平、30°、45°和 60°的线条。

　　A．Ctrl　　　　　B．Shift　　　　C．Alt　　　　　D．F3

34．要使文字环绕在图片的四周，应选择（　　　）方式。

　　A．四周环绕　　　B．紧密环绕　　C．无环绕　　　D．上下环绕

35．图形对象被选中时，其四周会出现（　　　）。

　　A．图形边框　　　B．线型框　　　C．控制柄　　　D．光标

36．为了确保 WPS 文档中段落格式的一致性，可以使用（　　　）。

　　A．模板　　　　　B．样式　　　　C．向导　　　　D．联机帮助

37．要使文字环绕在图片的边界上，应选择（　　　）方式。

　　A．四周环绕　　　B．紧密环绕　　C．无环绕　　　D．上下环绕

38．下列关于 WPS 文字的打印功能叙述中，不正确的是（　　　）。

　　A．可以在后台打印，打印时间可以做其他事

　　B．能单独打印文档的任何一页

　　C．不能一次打印文中多个不连续的页

　　D．可以不打开文档而完成打印

39．在表格中一次插入 5 行，正确的方法是（　　　）。

　　A．单击"表格工具"→"在上方/下方插入行"按钮

　　B．把插入点放在行尾部，按 Enter 键

　　C．选定 5 行，单击"表格工具"→"在上方/下方插入行"按钮

　　D．无法实现

40．在 WPS 文字中，"页眉"命令所在的选项卡是（　　）。

    A．编辑　　　　　B．插入　　　　　C．格式　　　　　D．工具

41．下列关于在制表过程中改变表格的单元格高度、宽度时，正确的是（　　）。

    A．可只改变一个单元格的高度　　　　B．只能改变整个行高

    C．只能改变整个列宽　　　　　　　　D．以上说法都不正确

42．若要对表格的一行数据进行合计，则下列公式中正确的是（　　）。

    A．=sum(above)　　　　　　　　　B．=average(left)

    C．=sum(left)　　　　　　　　　　D．=average(above)

43．在 WPS 文字中，若文档修改需要保存到其他目录下，则下列操作中正确的是（　　）。

    A．单击快速访问工具栏中的"保存"按钮

    B．选择"文件"→"保存"选项

    C．选择"文件"→"另存为"选项

    D．必须先关闭此文档

44．下列关于样式的叙述中，不正确的是（　　）。

    A．样式分为字符样式和段落样式　　　B．内置的样式可以修改

    C．用户不能自己创建样式　　　　　　D．使用样式有利文档风格统一

45．若要在文本中插入一张图片，应选择的选项卡是（　　）。

    A．视图　　　　　B．插入　　　　　C．工具　　　　　D．窗口

46．在 WPS 文字中，将一页从中间分成两页，正确的操作是（　　）。

    A．在"开始"→"字体"选项组中进行设置

    B．单击"插入"→"页码"下拉按钮，在弹出的下拉列表中选择相应的选项

    C．单击"插入"→"分页"下拉按钮，在弹出的下拉列表中选择相应的选项

    D．单击"插入"→"空白页"下拉按钮，在弹出的下拉列表中选择相应的选项

47．在 WPS 文字中，选择"插入"→"表格"下拉列表中的选项来插入表格，则下列叙述中，正确的是（　　）。

    A．只能是 2 行 3 列

    B．不能够套用格式

    C．不能调整列宽

    D．可自定义表格的行、列数及自动套用格式

48．在 WPS 表格中，每个单元格都有唯一编号，编号的方法是（　　）。

    A．数字+字母　　B．字母+数字　　C．行号+列标　　D．列标+行号

49．在 WPS 表格中，单元格的位置通常用（　　）来表示。

    A．工作簿　　　　B．单元格　　　　C．单元格地址　　D．工作表

50．在 WPS 表格中，活动单元格右下角的黑色小方块是（　　）。

    A．光标　　　　　B．插入点　　　　C．鼠标指针　　　D．填充柄

51．在 WPS 表格中，Sheet1、Sheet2 等表示（　　）。

    A．工作簿名　　　B．工作表名　　　C．文件名　　　　D．单元格数据

52. 在 WPS 表格中，公式中不能包含（　　）。
　　A. 运算符　　　　B. 数值　　　　C. 单元格地址　　D. 空格

53. 在 WPS 表格中，输入一个公式时，总是以（　　）符号作为开始。
　　A. +　　　　　　B. -　　　　　　C. ?　　　　　　D. =

54. WPS 表格的求和函数是（　　）。
　　A. COUNT　　　B. AVERAGE　　C. MAX　　　　D. SUM

55. 在 WPS 表格中，"=AVERAGE(A4:D16)"表示求 A4:D16 单元格区域的（　　）。
　　A. 平均值　　　　B. 和　　　　　C. 最大值　　　　D. 最小值

56. 在 WPS 表格中，数据可以按照（　　）排序。
　　A. 升序　　　　　B. 降序　　　　C. 升序或降序　　D. 步长

57. 在 WPS 表格中，每个单元格都有其固定的地址，如 A5 表示（　　）。
　　A. "A"代表"A"列，"5"代表第"5"行
　　B. "A"代表"A"行，"5"代表第"5"列
　　C. 单元格的数据
　　D. 以上都不是

58. 在单元格中输入分数 7/12 时，需要先输入（　　），然后输入 7/12。
　　A. #　　　　　　B. 0　　　　　　C. 空格　　　　　D. 0 和一个空格

59. 在 WPS 表格的工作表中插入一列时，将在活动单元格的（　　）插入一整列单元格。
　　A. 下边　　　　　B. 上边　　　　C. 左边　　　　　D. 右边

60. 使用鼠标拖动选中的工作表标签名，可以实现工作表的（　　）操作。
　　A. 复制　　　　　B. 删除　　　　C. 移动　　　　　D. 改名

61. 在 WPS 表格中，给当前单元格输入数值型数据时，默认位置为（　　）。
　　A. 居中　　　　　B. 左对齐　　　C. 右对齐　　　　D. 随机

62. 在 WPS 表格中，进行自动填充时，鼠标指针的形状为（　　）。
　　A. 空心十字　　　　　　　　　　B. 向左上方箭头
　　C. 实心十字　　　　　　　　　　D. 向右上方箭头

63. 在 WPS 表格中，单元格区域 D2:E4 所包含的单元格个数是（　　）。
　　A. 5　　　　　　B. 6　　　　　　C. 7　　　　　　D. 8

64. 在 WPS 表格中，输入数字字符串 091201，且输入完毕后在单元格内仍显示为
091201，正确的输入方式是（　　）。
　　A. 091201　　　B. '091201　　　C. = 091201　　　D. "091201"

65. 若数值型数据所在的单元格中出现一连串的"###"符号，希望正常显示则需要（　　）。
　　A. 重新输入数据　　　　　　　　B. 调整单元格的宽度
　　C. 删除这些符号　　　　　　　　D. 删除该单元格

66. 下列 WPS 表格中的单元格地址表示正确的是（　　）。
　　A. 22E　　　　　B. 2E2　　　　　C. E22　　　　　D. AE

67. 选中第一个工作表标签后，按住 Shift 键后再单击第 5 个工作表标签，则选中（　　）
个工作表。
　　A. 0　　　　　　B. 1　　　　　　C. 2　　　　　　D. 5

68．选中第一张工作表标签后，按住 Ctrl 键后再单击第 5 张工作表标签，则选中（　　）张工作表。

  A．0　　　　　　B．1　　　　　　C．2　　　　　　D．5

69．选择不相邻的多个区域时使用的是（　　）键。

  A．Shift　　　　B．Alt　　　　C．Ctrl　　　　D．Enter

70．将 B2 单元格中的公式"=A1+A2-C1"复制到 C3 单元格中后，公式为（　　）。

  A．=A1+A2+C6　　　　　　　　　B．=B2+B3-D2

  C．=D1+D2+F6　　　　　　　　　D．=D1*D2*F6

71．工作表 D7 单元格中的公式为"=A7+$B$4"，删除第 5 行后 D6 单元格中的公式为（　　）。

  A．=A6+$B$4　　B．=A5+$B$4　　C．=A7+$B$4　　D．=A7+$B$3

72．若 A1 单元格中为数值 10，B1 单元格中为¥34.5，在 C1 单元格中输入公式"=A1+B1"，则 C1 单元格中显示的结果为（　　）。

  A．44.50　　　B．¥44.50　　　C．0　　　　　D．#VALUE

73．在 A1 单元格中输入公式"=IF(1+2*4>5+2,"对","错")"，确认后 A1 单元格中的结果为（　　）。

  A．错　　　　　B．对　　　　　C．#VALUE　　　D．#REF!

74．在 A1 单元格中输入公式"=MOD(16,6)"，确认后 A1 单元格中的结果为（　　）。

  A．4　　　　　B．-4　　　　　C．2　　　　　D．-2

75．在进行自动汇总前必须对数据清单进行（　　）。

  A．筛选　　　　B．排序　　　　C．建立数据库　　D．有效计算

76．Sheet2 的 C1 单元格需要引用 Sheet1 的 A2 单元格中的数据，正确的引用为（　　）。

  A．Sheet1! A2　　　　　　　　　B．Sheet1!(A2)

  C．(Sheet1)! A2　　　　　　　　D．(Sheet1)(A2)

77．改变 WPS 表格中图表的大小可以通过拖动图表（　　）来完成。

  A．边线　　　　B．控点　　　　C．中间　　　　D．上部

78．若要改变图表的类型，可以使用（　　）选项卡中的命令。

  A．工具　　　　B．图表工具　　C．格式　　　　D．窗口

79．在分类汇总前，数据清单的第一行中必须有（　　）。

  A．标题　　　　B．列表　　　　C．记录　　　　D．空格

80．在工作表的单元格中输入公式时，使用单元格地址 D$2 引用 D 列 2 行单元格，该单元格的引用称为（　　）。

  A．交叉地址引用　　　　　　　　B．混合地址引用

  C．相对地址引用　　　　　　　　D．绝对地址引用

81．为了区别"数字"与"数字字符串"数据，WPS 表格要求在输入项前添加（　　）符号来确认。

  A．"　　　　　B．'　　　　　C．#　　　　　D．@

82. 在 WPS 表格中生成图表时，（ ）。

    A. 不能从当前工作表产生图表

    B. 图表只能嵌入在当前的工作表中，不能作为新工作表保存

    C. 图表不能嵌入在当前的工作表中，只能作为新工作表保存

    D. 图表既能嵌入在当前的工作表中，也能作为新工作表保存

83. 在 WPS 表格的图表中，能反映出数据变化趋势的图表类型是（ ）。

    A. 柱形图　　　　　B. 折线图　　　　　C. 饼图　　　　　D. 气泡图

84. 在 WPS 表格的图表中，水平 x 轴通常用来作为（ ）。

    A. 排序轴　　　　　B. 分类轴　　　　　C. 数值轴　　　　　D. 时间轴

85. 在 WPS 演示文稿中，不可以对某一张幻灯片单独进行（ ）操作。

    A. 删除　　　　　B. 复制　　　　　C. 移动　　　　　D. 保存

86. 在 WPS 演示文稿中，（ ）视图方式下能实现一屏显示多张幻灯片。

    A. 幻灯片　　　　B. 普通　　　　C. 幻灯片浏览　　　　D. 备注

87. 下列关于幻灯片的叙述中，错误的是（ ）。

    A. 幻灯片切换时的换片方式只能是单击鼠标

    B. 可以设置幻灯片的方向为纵向

    C. 可以在幻灯片中插入页眉

    D. 可以改变幻灯片的背景

88. 在幻灯片中可以插入的内容包括（ ）。

    A. 文字、图表、图像　　　　　　B. 声音、视频剪辑

    C. 超链接　　　　　　　　　　　D. 以上都可以

89. 在 WPS 中打开演示文稿文件，下列叙述正确的是（ ）。

    A. 只能打开一个文件　　　　　　B. 不能同时打开多个文件

    C. 可以同时打开多个文件　　　　D. 最多能打开 4 个文件

90. 在演示文稿中，为了在切换幻灯片时添加声音，可以在（ ）选项卡中进行设置。

    A. 切换　　　　　B. 工具　　　　　C. 插入　　　　　D. 放映

91. 在空白幻灯片中不可以直接插入（ ）。

    A. 文字　　　　　B. 文本框　　　　　C. 艺术字　　　　　D. 图片

92. 按（ ）键可以启动幻灯片放映。

    A. Enter　　　　　B. F5　　　　　C. F6　　　　　D. Space

93. 在幻灯片放映时，用户可以利用绘图笔在幻灯片上写字或画画，这些内容（ ）。

    A. 自动保存在演示文稿中　　　　B. 可以保存在演示文稿中

    C. 不可以保存在演示文稿中　　　D. 在本次演示中不可以擦除

94. 演示文稿中的每一张演示的单页称为（ ），它是演示文稿的核心。

    A. 版式　　　　　B. 模板　　　　　C. 母版　　　　　D. 幻灯片

95. 在（ ）视图方式下，显示的是幻灯片的缩图，适用于对幻灯片进行组织和排序、添加切换功能和设置放映时间。

    A. 幻灯片　　　　B. 大纲　　　　C. 幻灯片浏览　　　D. 备注页

96. 只能以图标形式插入幻灯片上的多媒体信息是（　　）。
    A. 图片　　　　　B. 声音　　　　　C. 视频图像　　　D. 图表

97. 要将幻灯片的方向改为纵向，可通过（　　）选项卡中的"页面设置"命令。
    A. 设计　　　　　B. 开始　　　　　C. 审阅　　　　　D. 视图

98. 不属于文本占位符的是（　　）。
    A. 标题　　　　　B. 副标题　　　　C. 图表　　　　　D. 普通文本

99. 要实现幻灯片之间的跳转，不可以采用的方法有（　　）。
    A. 动作设置　　　B. 超链接　　　　C. 幻灯片切换　　D. 自定义动画

100. 在演示文稿中，下列关于删除幻灯片的说法中错误的是（　　）。
    A. 在幻灯片视图下，选择幻灯片，然后按 Delete 键
    B. 如果要删除多张幻灯片，应切换到幻灯片浏览视图，按住 Ctrl 键并单击各张幻灯片，然后按 Delete 键
    C. 如果要删除多张不连续幻灯片，应切换到幻灯片浏览视图，按住 Shift 键并单击各张幻灯片，然后按 Delete 键
    D. 在大纲视图下，单击选择幻灯片，然后按 Delete 键

101. 在幻灯片浏览视图下，按 Ctrl 键并拖动某幻灯片，可以完成（　　）操作。
    A. 移动幻灯片　　B. 复制幻灯片　　C. 删除幻灯片　　D. 选择幻灯片

102. 从当前幻灯片开始放映幻灯片的组合键是（　　）。
    A. Shift+F5　　　B. Shift+F4　　　C. Shift+F3　　　D. Shift+F2

103. 在演示文稿中，下列关于修改图片的说法错误的是（　　）。
    A. 裁剪图片可以将不希望显示的部分隐藏起来
    B. 当需要重新显示被隐藏的部分时，还可以通过"裁剪"工具进行恢复
    C. 如果要裁剪图片，先选择图片，再选择"图片工具"→"裁剪"选项
    D. 选中图片后，按住鼠标左键拖动图片周围的控制点，可以隐藏图片的部分区域

104. 下列（　　）不能在绘制的形状上添加文本。
    A. 在该形状上单击
    B. 选择"插入"→"文本框"选项
    C. 在形状上右击，在弹出的快捷菜单中选择"编辑文字"选项
    D. 单击该形状，然后按 Enter 键

105. 要为幻灯片上的文本和对象设置动画效果，下列步骤中错误的是（　　）。
    A. 在幻灯片视图中，单击要设置动画效果的幻灯片
    B. 选择"放映"→"放映设置"下拉列表中的相应选项
    C. 选择要动态显示的文本或对象，选择"动画"→"动画"选项组中的效果
    D. 要设置动画效果，单击"动画属性"按钮

106. 设置幻灯片切换效果，下列步骤中错误的是（　　）。
    A. 单击"视图"→"幻灯片浏览"按钮，切换到浏览视图中
    B. 选择要添加切换效果的幻灯片
    C. 选择"放映"→"幻灯片切换"选项
    D. 单击"切换"→"应用到全部"按钮，可设置所有幻灯片为所选切换效果

107．下列有关排练计时的说法中，错误的是（ ）。

    A．首先放映演示文稿，进行相应的演示操作，同时记录幻灯片之间切换的时间间隔

    B．要使用排练计时，单击"放映"→"排练计时"按钮

    C．系统以窗口方式播放

    D．如果对当前幻灯片的播放时间不满意，可以单击"重复"按钮

108．幻灯片母版在插入多幅图形后，为了同时调整和效果展示，可以对这些对象进行图形的（ ）功能操作。

    A．组合   B．自选图形为默认公式

    C．转换为图形对象   D．设置图片的更正格式

109．为了使所有幻灯片有统一的、特有的外观风格，可通过设置（ ）操作实现。

    A．幻灯片版式   B．配色方案   C．幻灯片切换   D．母版

110．新插入的图片遮挡住原来的对象时，下列说法不正确的是（ ）。

    A．可以调整图片的大小

    B．可以调整图片的位置

    C．只能删除这张图片，更换大小合适的图片

    D．调整图片的叠放次序，将被遮挡的对象置于上一层

111．演示文稿的打印内容不可以是（ ）。

    A．幻灯片   B．讲义   C．母版   D．备注

112．若要在幻灯片放映视图中结束幻灯片放映，应执行下列（ ）操作。

    A．按键盘上的 Esc 键

    B．右击，在弹出的快捷菜单中选择"结束放映"选项

    C．继续按键盘上的→键，直至放映结束

    D．以上说法都正确

113．如果一组幻灯片中的几张幻灯片暂时不想让观众看见，最好使用（ ）方法。

    A．隐藏这些幻灯片

    B．删除这些幻灯片

    C．新建一组不含这些幻灯片的演示文稿

    D．自定义放映方式时，取消这些幻灯片

114．某一文字对象设置了超链接后，下列说法不正确的是（ ）。

    A．在演示该页幻灯片时，当鼠标指针移到文字对象上时会变成手形

    B．在幻灯片视图窗格中，当鼠标指针移到文字对象上时会变成手形

    C．该文字对象的颜色会以默认的主题效果显示

    D．可以改变文字的超链接颜色

二、填空题

1．将文档中出现多次的某个字的字体统一修改为其他的字体，使用_____是最快捷的操作方法。

2．执行错误操作之后，可以单击_____按钮撤销当前操作，或使用_____组合键。

3．创建多级列表后，要通过"段落"选项组中的_____按钮和_____按钮来实现层次关系。

4．为页面设置页面颜色和水印，其中_____是不能打印出来的。

5．自动生成目录后，按住_____键，单击目录标题就会跳转到相应的正文位置。

6．在 WPS 文字的文本编辑区中有一个不断闪动的竖线，它表示_____。

7．在 WPS 文字中，实现文档重命名的方法是选择"文件"菜单中的_____选项。

8．在文档编辑中，可以使用_____组合键在文档的指定位置强行分页。

9．在文档编辑中，使用_____可方便地进行文档内容的删除、复制、移动等操作。

10．在文档编辑中，单击"插入"选项卡中的_____按钮来插入日期和时间。

11．WPS 表格文件默认的文件扩展名是_____。

12．新建的 WPS 表格的工作簿窗口中包含_____个工作表。

13．选中一个单元格后，在该单元格的右下角有一个黑色小方块，称为_____。

14．当输入的数据位数太长，一个单元格放不下时，数据将自动改为_____。

15．在工作表中输入的数据分为_____和_____。

16．在 WPS 表格中，单元格的引用有_____、_____和_____。

17．WPS 表格提供了筛选和_____两种数据筛选方式。

18．WPS 表格中输入数字默认的对齐方式是_____，输入文本默认的对齐方式是_____。

19．在 WPS 表格中输入公式，必须在公式前加_____。

20．WPS 表格中，如果 A1:A5 包含数字 9、21、6、7 和 4，MIN(A1:A5)=_____。

21．WPS 演示文稿默认的文件扩展名是_____。

22．在 WPS 演示文稿中，用户可以选中"页眉和页脚"对话框中的_____复选框，在幻灯片中显示页码。

23．在移动多张幻灯片时，选择第 1 张幻灯片后，按住_____键，再分别选择其他的幻灯片。

24．WPS 演示文稿中的_____是一种带有虚线边缘的框，在该框内可以放置标题及正文，或者图表和图片等对象。

25．WPS 演示文稿中的每张幻灯片都是基于某种_____创建的，它预定义了新建幻灯片的各种占位符布局情况。

26．在 WPS 演示文稿中，为了看到已经设置好的动画效果，可以切换到_____。

27．如果要在播放演示文稿时查看备注信息，可以右击，在弹出的快捷菜单中选择_____选项。

28．在 WPS 演示文稿中，"动画"选项卡中的动画效果有_____、_____、退出、动作路径 4 种。

29．在 WPS 演示文稿中设置配色方案时，可以通过"设计"选项卡中的_____按钮进行设置。

30．为了在复制演示文稿时不遗漏任何素材和链接，可以在"文件"菜单中选择_____选项，将演示文档打包成文件夹或压缩文件。

三、判断题

1. 插入的分页符不可以删除。　　　　　　　　　　　　　　　　（　　）
2. 在复制文档时，"粘贴"命令只能使用一次。　　　　　　　　　（　　）
3. 在页眉、页脚中只能输入文字和页码。　　　　　　　　　　　　（　　）
4. 插入文档中的页码都是从第 1 页开始的。　　　　　　　　　　　（　　）
5. 从状态栏可以知道正在编辑的文档的页数。　　　　　　　　　　（　　）
6. 利用格式刷功能，可以对文档的格式进行快速复制。　　　　　　（　　）
7. 表格和文本之间不可以相互转换。　　　　　　　　　　　　　　（　　）
8. 样式是系统内置的，用户不可以改变。　　　　　　　　　　　　（　　）
9. 动态文字效果不仅用于屏幕观察，也可以打印出来。　　　　　　（　　）
10. 利用替换功能也可以查找和替换排版格式。　　　　　　　　　　（　　）
11. WPS 表格的工作簿文件默认扩展名为.xlsx。　　　　　　　　　（　　）
12. 在 WPS 表格中输入文字时，默认对齐方式是单元格内靠左对齐。（　　）
13. 在 WPS 表格中，自动填充是根据初始值决定以后的填充内容。　（　　）
14. 在 WPS 表格中，只能复制单元格中的数据，不能复制单元格中数据的数据格式。

　　　　　　　　　　　　　　　　　　　　　　　　　　　　　（　　）
15. 在 WPS 表格的工作表中，每一行、列交汇的位置称为单元格。（　　）
16. WPS 表格图表中的数据类型可以在图表中直接修改。　　　　　（　　）
17. 在 WPS 表格中，同一工作簿中的不同工作表可以有相同的名称。（　　）
18. 在 WPS 表格中，复制公式时相对单元格地址会发生变化。　　（　　）
19. 执行一次排序时，最多只能设置两个排序关键字段。　　　　　（　　）
20. 在 WPS 表格中，对数据进行分类汇总时，只能对一个数据项进行统计。

　　　　　　　　　　　　　　　　　　　　　　　　　　　　　（　　）
21. 幻灯片上可以插入多种对象，除了可以插入图形、图表，还可以插入公式、声音和视频等。　　　　　　　　　　　　　　　　　　　　　　　　　（　　）
22. 在 WPS 演示文稿中，要取消已设置的超链接，可将鼠标指针移动到设置了超链接的对象，右击，在弹出的快捷菜单中选择"取消超链接"选项。　　（　　）
23. 在幻灯片浏览视图中，能够进行幻灯片内容的编辑，幻灯片的移动、复制、删除、添加等操作，以及设置动画效果。　　　　　　　　　　　　　　　（　　）
24. 在幻灯片普通视图中，任一时刻，主窗口中只能查看或编辑一张幻灯片。

　　　　　　　　　　　　　　　　　　　　　　　　　　　　　（　　）
25. 可以改变单个幻灯片背景的图案和字体。　　　　　　　　　　（　　）
26. 在 WPS 演示文稿中，可以对文字设置超链接，但对于其他对象就不可以。

　　　　　　　　　　　　　　　　　　　　　　　　　　　　　（　　）
27. 在 WPS 演示文稿中插入超链接时，所链接的目标可以是幻灯片中的某一个对象。

　　　　　　　　　　　　　　　　　　　　　　　　　　　　　（　　）
28. WPS 演示文稿的背景色最好采用统一的颜色。　　　　　　　　（　　）
29. 若要使幻灯片按规定的时间实现连续自动播放，则应进行排练计时。（　　）
30. 在 WPS 演示文稿中，插入的声音文件图标可以在放映时隐藏起来。（　　）

4.3 习 题 答 案

一、选择题

1．C	2．B	3．C	4．C	5．B	6．B	7．B	8．B	9．C	10．D
11．D	12．B	13．A	14．B	15．D	16．D	17．C	18．C	19．A	20．A
21．A	22．A	23．D	24．B	25．C	26．A	27．B	28．D	29．A	30．D
31．C	32．D	33．B	34．A	35．C	36．B	37．B	38．C	39．C	40．B
41．B	42．C	43．C	44．C	45．B	46．C	47．D	48．C	49．C	50．D
51．B	52．D	53．D	54．D	55．A	56．C	57．A	58．D	59．C	60．C
61．C	62．C	63．B	64．B	65．B	66．C	67．D	68．C	69．C	70．B
71．A	72．A	73．B	74．A	75．C	76．A	77．B	78．B	79．A	80．B
81．B	82．D	83．B	84．B	85．D	86．C	87．A	88．C	89．C	90．A
91．A	92．B	93．B	94．D	95．C	96．B	97．A	98．C	99．D	100．C
101．B	102．A	103．D	104．A	105．B	106．C	107．C	108．A	109．D	110．C
111．C	112．D	113．A	114．B						

二、填空题

1．替换

2．撤销，Ctrl+Z

3．减少缩进量，增加缩进量

4．页面颜色

5．Ctrl

6．插入点

7．另存为

8．Ctrl+Enter

9．剪贴板

10．日期

11．.et

12．1

13．填充柄

14．科学计数

15．常量，公式

16．绝对引用，相对引用，混合引用

17．高级筛选

18．右对齐，左对齐

19．=

20．4

21．.dps

22．幻灯片编号

23．Ctrl

24．占位符

25．版式

26．幻灯片放映

27．演讲备注

28．进入，强调

29．配色方案

30．文件打包

三、判断题

1．×　　2．×　　3．×　　4．×　　5．√　　6．√　　7．×　　8．×　　9．×

10．√　11．×　12．√　13．√　14．×　15．√　16．×　17．×　18．√

19．×　20．×　21．√　22．√　23．×　24．√　25．√　26．×　27．×

28．√　29．√　30．√

第5章 计算机网络基础与网络安全

5.1 学习指导

一、学习目标

了解计算机网络的概念，了解计算机网络的形成和发展；掌握网络按规模分类的方法；掌握计算机网络的功能；掌握计算机网络的拓扑结构；了解 Internet 基础知识、计算机网络安全的概念、计算机网络存在的安全问题，以及常见的计算机网络安全技术。

二、学习要点

1．计算机网络的定义

利用通信设备和线路将不同地理位置的、具有独立功能的多个计算机系统相互连接起来，在功能完善的网络软件（即网络通信协议、信息交换方式及网络操作系统等）运行支持下，实现数据通信，进而达到网络资源共享的系统称为计算机网络。

2．计算机网络的分类

1）按网络的规模分类，计算机网络可分为局域网（local area network，LAN）、广域网（wide area network，WAN）和城域网（metropolitan area network，MAN）。

2）按网络拓扑结构分类，计算机网络可分为星形网络、树形网络、总线型网络、环形网络和网状网络。

3）按数据交换方式分类，计算机网络可分为线路交换网络、报文交换网络和分组交换网络。

4）按网络使用的传输技术分类，计算机网络可分为广播式传输网络和点对点传输网络。

5）按网络的频带分类，计算机网络可分为基带网和宽带网。

6）按网络的使用范围分类，计算机网络可分为公用网和专用网。

3．计算机网络的功能

计算机网络的功能包括数据通信、资源共享、远程传输、集中管理、提供分布式处理。

4．计算机网络的组成

1）构成计算机网络中的主要硬件包括服务器、工作站、网卡、调制解调器、中继器、集线器、网桥、路由器和网关。

2）构成计算机网络中的主要软件包括网络操作系统、网络协议、网络通信软件、网络应用软件。

5．计算机网络的拓扑结构

计算机网络的拓扑结构包括总线型拓扑、星形拓扑、环形拓扑、树形拓扑、网状拓扑。

6．计算机网络的体系结构

1982 年国际标准化组织（International Organization for Standardization，ISO）公布了一个网络体系结构——开放系统互连参考模型（open systems interconnection/reference model，OSI/RM）。OSI/RM 模型将网络协议分成了 7 个层次：物理层、数据链路层、网络层、运输层、会话层、表示层、应用层。

7．Internet 基础知识

1）Internet 的形成。
2）传输控制协议/互联网协议（transmission control protocol/internet protocol，TCP/IP）：是 Internet 上不同子网间的主机进行数据交换所遵守的网络通信协议。
3）IP 地址和域名，IPv4 与 IPv6 地址规则。

8．Internet 上的服务

Internet 上的服务包括万维网（world wide web，WWW）浏览服务、信息检索服务、电子邮件服务、远程登录服务、文件传输服务、电子公告板（bulletin board system，BBS）服务。

9．计算机网络安全

计算机网络安全的定义，计算机网络中存在的安全问题，计算机网络的安全防范技术。

三、学习方法

根据教学内容与要求，重点掌握计算机网络的概念、计算机网络的功能、Internet 基础知识、计算机安全与防范技术。配合计算机基础训练实验内容，加强对计算机网络概念的理解与应用能力。

5.2 习　　题

一、选择题

1．有关 Internet 互联网的概念，理解不正确的是（　　　）。
　　A．Internet 即国际互联网络
　　B．Internet 具有网络资源共享的特征
　　C．Internet 具有数据传输的功能
　　D．Internet 采用的是 ISO 的 OSI 模型

2．目前，Internet 的缺点是（　　　）。

 A．安全性较差   B．不能传送声音

 C．不能实现现场对话   D．不能传输文件

3．在一个局域网中，不能共享的设备是（　　　）。

 A．打印机 B．软盘驱动器 C．网络适配器 D．CD-ROM

4．计算机网络突出的优点是（　　　）。

 A．共享资源和数据传输   B．运算速度快

 C．存储容量大   D．精度高

5．联网的计算机能够共享的资源包括（　　　）。

 A．硬件资源 B．软件资源 C．数据与信息 D．以上都是

6．计算机网络 LAN 是指（　　　）。

 A．局域网 B．广域网 C．城域网 D．以太网

7．计算机网络 WAN 是指（　　　）。

 A．互联网 B．光纤网 C．局域网 D．广域网

8．下列（　　　）为组建局域网必不可少的一项。

 A．光驱 B．网卡 C．电话线 D．硬盘

9．将网络按地理覆盖范围进行分类，可分为（　　　）。

 A．局域网、广域网和万维网   B．局域网、广域网和国际互联网

 C．局域网、城域网和广域网   D．广域网、因特网和万维网

10．调制解调器的功能是实现（　　　）。

 A．数字信号的编码   B．数字信号的整形

 C．模拟信号的放大   D．模拟信号与数字信号的转换

11．在国际标准化组织制定的 OSI 模型中，最上层的是（　　　）。

 A．应用层 B．会话层 C．物理层 D．传输层

12．在 OSI 模型的 7 层协议中，最底层的是（　　　）。

 A．应用层 B．会话层 C．物理层 D．网络层

13．下列属于网络拓扑结构的是（　　　）。

 A．总线型拓扑 B．星形拓扑 C．环形拓扑 D．以上都是

14．星形拓扑结构网络的特点是（　　　）。

 A．所有节点都通过独立的线路连接到同一条线路上

 B．所有节点都通过独立的线路连接到一个中心交汇的节点上

 C．其连接线构成星形形状

 D．每一台计算机都直接连通

15．在计算机网络分类中，按地理位置可以分为广域网、城域网和（　　　）。

 A．电话网 B．Internet 网 C．局域网 D．中国教育网

16．下列不属于计算机局域网的是（　　　）。

 A．校园网 B．企业网 C．网吧 D．Internet 网

17．计算机连入网络以后，增加的功能是（　　　）。

 A．共享资源与分担负荷   B．实现实时管理

 C．可以使用他人资源   D．以上说法都对

18．在计算机多媒体技术中，下列被定义为传输媒体的是（　　）。

    A．电话　　　　　　B．双绞线　　　　　C．调制解调器　　　D．磁盘

19．传输速率的单位 b/s 的含义是（　　）。

    A．每秒可以传输的比特数，即位/秒

    B．每秒可以传输的字节数，即位/秒

    C．每秒可以传输的字节数，即字节/秒

    D．每秒可以传输的兆字节数，即兆字节/秒

20．在 Internet 域名系统中，org 表示（　　）。

    A．公司或商务组织　　　　　　　　B．教育机构

    C．政府机构　　　　　　　　　　　D．非营利组织

21．FTP 的含义是（　　）。

    A．电子邮件　　　B．万维网服务　　C．远程登录　　　D．文件传输协议

22．Internet 中发展最早、使用人数最多的一项服务是（　　）。

    A．新闻与公告　　B．远程登录　　　C．电子邮件　　　D．文件传输

23．计算机拨号上网后，该计算机（　　）。

    A．可以拥有多个 IP 地址　　　　　B．拥有一个固定的 IP 地址

    C．拥有一个独立的 IP 地址　　　　D．没有自己的 IP 地址

24．统一资源定位器 URL 的格式是（　　）。

    A．协议://IP 地址或域名/路径/文件名

    B．协议://路径/文件名

    C．TCP/IP

    D．http

25．下列各项中，非法的 IP 地址是（　　）。

    A．126.96.2.6　　　　　　　　　　B．190.256.38.8

    C．203.113.7.15　　　　　　　　　D．203.226.1.68

26．Internet 实现了分布在世界各地的各类网络的互联，其最基础和核心的协议是（　　）。

    A．TCP/IP　　　　B．FTP　　　　　C．HTML　　　　D．HTTP

27．通常一台计算机要接入互联网，应该安装的设备是（　　）。

    A．网络操作系统　　　　　　　　　B．调制解调器或网卡

    C．网络查询工具　　　　　　　　　D．浏览器

28．（　　）是实现两个同种网络互联的设备。

    A．网桥　　　　　B．网关　　　　　C．集线器　　　　D．路由器

29．（　　）是传输层以上实现两个异构系统互联的设备。

    A．网桥　　　　　B．网关　　　　　C．集线器　　　　D．路由器

30．根据域名代码规定，域名为 katong.com.cn 表示的网站类别应是（　　）。

    A．教育机构　　　B．军事部门　　　C．商业组织　　　D．国际组织

31．下列不属于网络拓扑结构形式的是（　　）。

    A．星形　　　　　B．环形　　　　　C．总线型　　　　D．分支形

32. Internet 上的服务都是基于某一种协议的，Web 服务是基于（　　）协议。
    A. SNMP　　　　B. SMTP　　　　C. HTTP　　　　D. TELNET
33. 接入 Internet 的每一台主机都有一个唯一的可识别地址，称为（　　）。
    A. URL　　　　B. TCP 地址　　　C. IP 地址　　　D. 域名
34. 网络适配器是一块插件板，通常插在 PC 的扩展插槽中，故又称（　　）。
    A. 网卡　　　　B. 调制解调器　C. 网桥　　　　D. 网关
35. 下列传输介质中，抗干扰能力最强的是（　　）。
    A. 微波　　　　B. 光纤　　　　C. 同轴电缆　　D. 双绞线
36. 一座大楼内各室中的微型计算机进行联网，这个网络属于（　　）。
    A. WAN　　　　B. LAN　　　　C. MAN　　　　D. GAN
37. 局域网的网络软件主要包括（　　）。
    A. 网络操作系统、网络数据库管理系统和网络应用软件
    B. 服务器操作系统、网络数据库管理系统和网络应用软件
    C. 网络数据库管理系统和工作站软件
    D. 网络传输协议和网络应用软件
38. 国际标准化组织提出的 OSI 模型是计算机网络通信的基本协议，分为（　　）层。
    A. 5　　　　　B. 6　　　　　C. 7　　　　　D. 8
39. WWW 使用 Client/Server 模型，用户通过（　　）端浏览器访问 WWW。
    A. 客户机　　　B. 服务器　　　C. 浏览器　　　D. 局域网
40. HTTP 是一种（　　）。
    A. 高级程序设计语言　　　　　B. 域名
    C. 超文本传输协议　　　　　　D. 网址
41. 只要知道（　　），就能够在 Internet 上浏览网页。
    A. 网页制作的过程　　　　　　B. 网页的地址
    C. 网页的设计原则　　　　　　D. 网页的作者
42. 域名在整个 Internet 中是（　　）的。
    A. 唯一
    B. 共享
    C. 高级子域名相同时，低级子域名允许重复
    D. 高级子域名和低级子域名相同
43. 用户要想在网上查询 WWW 信息，必须安装并运行一个称为（　　）的软件。
    A. http　　　　B. Yahoo　　　C. 浏览器　　　D. 万维网
44. 在 Internet 上帮助筛选、查找所需的网页地址或其他资源的工具通常称为（　　）。
    A. 网络导航　　B. 搜索引擎　　C. 推技术　　　D. 检索工具
45. 在电子邮件中，用户（　　）。
    A. 只可以传送文本信息　　　　B. 可以传送任意大小的多媒体文件
    C. 可以同时传送文本和多媒体信息　　D. 不能附加任何文件

46．在给他人发送电子邮件时，（　　）不能为空。

　　A．收件人地址　　　B．抄送人地址　　　C．密件　　　　　D．附件

47．下列关于电子邮件的说法中，不正确的是（　　）。

　　A．电子邮件是用户或用户组之间通过计算机网络收发信息的服务

　　B．向对方发送电子邮件时，对方不一定要开机

　　C．电子邮件由邮件头和邮件体两部分组成

　　D．发送电子邮件时，一次只能发给一个接收者

48．下列各功能中，Internet 没有提供的是（　　）。

　　A．电子邮件　　　B．文件传输　　　C．远程登录　　　　D．调制解调

49．下列叙述中正确的是（　　）。

　　A．将数字信号变换为便于在模拟通信线路中传输的信号称为调制

　　B．以原封不动的形式将来自终端的信息送入通信线路称为调制解调

　　C．在计算机网络中，一种传输介质不能传送多路信号

　　D．在计算机局域网中，只能共享软件资源，不能共享硬件资源

50．各种网络传输介质（　　）。

　　A．具有相同的传输速率和相同的传输距离

　　B．具有不同的传输速率和不同的传输距离

　　C．具有相同的传输速率和不同的传输距离

　　D．具有不同的传输速率和相同的传输距离

51．中继器的作用就是将信号（　　），使其传播得更远。

　　A．缩小　　　　　B．滤波　　　　C．放大　　　　D．整形

52．在 Internet 中电子公告板的缩写是（　　）。

　　A．FTP　　　　　B．WWW　　　　C．BBS　　　　D．E-mail

53．下列电子邮件地址中正确的是（其中□表示空格）（　　）。

　　A．Malin&ns.cnc.ac.cn　　　　　　　B．malin@ns.cac.ac.cn

　　C．Lin□Ma&ns.cnc.ac.cn　　　　　　D．Lin□Ma@ns.cnc.ac.cn

54．万维网的网址以 http 为前导，表示遵从（　　）协议。

　　A．超文本传输　　　B．纯文本　　　C．TCP/IP　　　D．POP

55．下列说法中不正确的是（　　）。

　　A．调制解调器是局域网络设备

　　B．集线器是局域网络设备

　　C．网卡是局域网络设备

　　D．中继器是局域网络设备

56．下列能接收电子邮件的软件为（　　）。

　　A．Word　　　　B．Access　　　C．Excel　　　D．OutLook

57．TCP/IP 的含义是（　　　）。

　　A．局域网传输协议　　　　　　　　B．拨号入网传输协议

　　C．传输控制协议和互联网协议　　　D．OSI 协议集

58．下列域名中，表示教育机构的是（　　　）。

　　A．ftp.bta.net.cn　　B．ftp.cnc.ac.cn　　C．www.ioa.ac.cn　　D．www.buaa.edu.cn

59．Internet 上的 WWW 服务器使用的主要协议是（　　　）。

　　A．FTP　　　　　　B．HTTP　　　　　　C．SMTP　　　　　　D．TelNet

60．浏览网页是属于 Internet 所提供的（　　　）服务。

　　A．FTP　　　　　　B．E-mail　　　　　　C．Telnet　　　　　　D．WWW

61．将网页上传到 Web 服务器的过程中，使用的是 Internet 提供的（　　　）服务。

　　A．FTP　　　　　　B．HTTP　　　　　　C．SMTP　　　　　　D．Telnet

62．向有限的空间输入超长的字符串是（　　　）攻击手段。

　　A．缓冲区溢出　　　B．网络监听　　　　C．端口扫描　　　　D．IP 欺骗

63．为了防御网络监听，最常用的方法是（　　　）。

　　A．采用物理传输（非网络）　　　　B．信息加密

　　C．无线网　　　　　　　　　　　　D．使用专线传输

64．不属于被动攻击的是（　　　）。

　　A．缓冲区溢出　　　　　　　　　　B．运行恶意软件

　　C．浏览恶意代码网页　　　　　　　D．打开病毒附件

65．结束使用计算机时，断开终端的连接属于（　　　）。

　　A．外部终端的物理安全　　　　　　B．通信线的物理安全

　　C．窃听数据　　　　　　　　　　　D．网络地址欺骗

66．不属于 Web 服务器安全措施的是（　　　）。

　　A．保证注册账户的时效性　　　　　B．删除死账户

　　C．强制用户使用不易被破解的密码　D．所有用户使用一次性密码

67．下列不属于计算机病毒特征的是（　　　）。

　　A．潜伏性　　　　　B．隐蔽性　　　　　C．寄生性　　　　　D．免疫性

68．（　　　）协议主要用于加密机制。

　　A．HTTP　　　　　　B．FTP　　　　　　C．Telnet　　　　　　D．SSL

69．不属于常见的危险密码是（　　　）。

　　A．与用户名相同的密码　　　　　　B．使用生日作为密码

　　C．只有 4 位数的密码　　　　　　　D．10 位的综合型密码

70．网络攻击的有效载体是（　　　）。

　　A．黑客　　　　　　B．网络　　　　　　C．病毒　　　　　　D．蠕虫

71．下列属于对称加密方法的是（　　　）。

　　A．AES　　　　　　B．RSA 算法　　　　C．DSA　　　　　　D．Hash 算法

72. 下列关于防火墙的描述，说法错误的是（　　）。

    A．可保护内部网免受非法用户的侵入

    B．是一种能有效查杀病毒，保护计算机安全的杀毒软件

    C．是一个安全策略的检查站，所有进出信息都必须经过防火墙

    D．能有效地记录互联网上的活动

73. 信息安全领域内最关键和最薄弱的环节是（　　）。

    A．技术   B．策略   C．管理制度   D．人

74. 计算机系统中的信息资源只能被授予权限的用户修改，这是网络安全的（　　）。

    A．保密性   B．数据完整性   C．可利用性   D．可靠性

75. 信息安全的基本属性是（　　）。

    A．机密性   B．可用性   C．完整性   D．以上都是

76. 下列不属于计算机安全防范技术的是（　　）。

    A．使用网络防火墙   B．使用反病毒软件

    C．对重要数据进行加密   D．经常更改计算机的 IP 地址

二、填空题

1. WWW 网是_____的简称。

2. 在计算机网络分类中，按地理位置可以分为_____、_____和_____。

3. Internet 起源于_____（填写国家名）。

4. _____是 Internet 上不同的复杂网络和不同类型计算机赖以互相通信的基础。

5. 计算机网络的主要特点是_____。

6. 调制解调器是一种通过_____实现计算机通信的设备。

7. 在 Internet 的基本服务功能中，远程登录所使用的命令是_____。

8. 计算机病毒是可以造成机器故障的一种_____。

9. 在网络上私闯他人计算机系统的人称为_____。

10. 把没有加密的原始数据称为_____，将加密以后的数据称为_____。

三、判断题

1. 若使计算机连接到网络中，则必须在计算机中加上路由器。   （　　）

2. 域名和 IP 地址之间不是一一对应的关系。   （　　）

3. 在 IP 地址方案中，192.168.0.1 是一个 C 类地址。   （　　）

4. 广域网的英文缩写为 WLAN。   （　　）

5. HTTP 的全称是超文本标记语言。   （　　）

6. 电子邮件使用的通信协议是 FTP。   （　　）

7. Internet 中的第一级域名 edu 表示大学和其他教育机构。   （　　）

8. 在我国，ChinaNet 指的是中国公用计算机信息互联网。   （　　）

9. 利用互联网传播已经成为计算机病毒传播的一个发展趋势。   （　　）

10. 为了防止计算机病毒的传染，应做到不要利用网络进行信息交流。   （　　）

5.3　习　题　答　案

一、选择题

1. D	2. A	3. C	4. A	5. D	6. A	7. D	8. B	9. C	10. D
11. A	12. C	13. D	14. B	15. C	16. D	17. D	18. B	19. A	20. D
21. D	22. D	23. C	24. A	25. B	26. A	27. B	28. A	29. B	30. C
31. D	32. C	33. C	34. A	35. B	36. B	37. A	38. C	39. A	40. C
41. B	42. A	43. C	44. B	45. C	46. A	47. D	48. D	49. A	50. B
51. C	52. C	53. B	54. A	55. A	56. D	57. C	58. D	59. B	60. D
61. A	62. A	63. B	64. A	65. A	66. D	67. D	68. D	69. D	70. C
71. A	72. B	73. D	74. B	75. D	76. D				

二、填空题

1. 万维网
2. 广域网，城域网，局域网
3. 美国
4. TCP/IP
5. 资源共享
6. 电话线
7. Telnet
8. 计算机程序
9. 黑客
10. 明文，密文

三、判断题

1. ×　　2. ×　　3. √　　4. ×　　5. ×　　6. ×　　7. √　　8. √

9. √　　10. ×

第6章 算法与数据结构

6.1 学 习 指 导

一、学习目标

掌握算法的定义，了解几种常用的算法，了解算法时间复杂度和空间复杂度的概念；掌握数据结构的相关概念；了解数据的逻辑结构、存储结构及数据运算的基本概念及相互关系。

掌握线性表的定义及逻辑结构的特点；掌握线性表的两种存储结构，以及在这两种存储结构下线性表基本运算的实现算法，对比两种存储结构的优缺点及适用场合；了解循环列表和双向链表的特点。

掌握栈和队列的定义、特点、存储方法及基本运算。

掌握树的递归定义及相关概念，树的表示和特质；掌握二叉树的定义、性质，满二叉树和完全二叉树的定义，二叉树的顺序存储结构和链式存储结构，二叉树的遍历算法。

掌握查找的定义及相关概念；掌握线性表查找的算法。

掌握排序的定义及相关概念；掌握常见的排序算法。

二、学习要点

算法是对解题方案准确而完整的描述，是一系列解决问题的清晰指令。数据结构主要研究数据的各种组织形式，以及建立在这些结构之上的各种运算算法的实现方法。程序是算法的计算机实现，程序=算法+数据结构。数据结构是算法实现的基础，算法依赖于特定的数据结构来实现，二者相辅相成。

1. 算法的定义、特征和表示方法

1）算法是解决问题的步骤和方法。算法的重要特征包括有穷性、确定性、可行性、有0个或多个输入、有1个或多个输出。

2）算法的表示是将求解问题的思路和方法使用规范、可读性强、便于交流和共享的方式描述出来。算法常用的表示方法有自然语言、计算机语言和图形化工具等。

2. 常用算法

常用算法有穷举法、递推法、递归法、分治法、贪心法、回溯法、动态规划法和模拟法等。

3．算法的时间复杂度和空间复杂度

算法复杂度是指算法编写成可执行程序后，运行时所需要的资源，资源包括时间资源和空间资源。简单来讲，时间复杂度是指执行一个算法所需要的时间；空间复杂度是指执行一个算法所需要的存储空间。

4．数据结构的相关概念

1）数据结构相关的基本概念。

① 数据是人们利用文字符号、数字符号及其他规定的符号对现实世界的事物及其活动所做的抽象描述。

② 数据元素是数据集合中的一个具体的"个体"，是构成数据的基本单位。

③ 数据项是数据的最小单位，数据元素可由若干个数据项组成，数据项是具有独立含义且不可分割的最小单位，也称字段或域。

④ 数据结构是指数据及数据相互之间的联系，可以把数据看作是具有结构的数据集合。

2）数据的逻辑结构、存储结构和数据运算的基本概念。

数据的逻辑结构是从数据元素之间的逻辑关系描述数据的，与数据的存储无关，独立于计算机，可以看作是从具体问题抽象出的数学模型。根据数据元素之间逻辑关系的不同数学特性，数据结构分为两种：线性结构和非线性结构，其中树和图属于非线性结构。

数据的存储结构是数据元素及其关系在计算机中的存储表示或实现，数据的存储结构是逻辑结构在计算机内存中的实现，它是依赖于计算机的。数据存储结构的基本形式有顺序存储结构、链式存储结构、索引存储结构和哈希（或散列）存储结构。

数据运算定义在数据的逻辑结构之上，每种逻辑结构都有一组相应的运算，如数据的插入、删除、查找、排序、遍历等。

5．线性表与线性链表

1）线性表的顺序存储结构、链式存储结构。顺序表是一种随机存储结构，可借助数组来表示。给定数组的下标，便可以存取相应的元素。线性表的链式存储结构也是一种顺序存储结构，链表节点的存取都要从头指针开始，顺链而行。

2）掌握顺序表和链表的查找、插入和删除及链表的创建、插入等基本操作，并能够设计线性表应用的常用算法。

3）了解不同形式的链表，如循环链表和双向链表的特点，以及插入和删除等基本操作的实现及应用场景。

6．栈和队列

1）栈的顺序栈和链栈的进栈和出栈算法。栈是一种只能在一端进行插入或删除操作的线性表，栈的主要特点是"后进先出"，即后进栈的元素先出栈。允许进行插入、删除操作的一端称为栈顶。栈顶的当前位置是动态的，栈顶的当前位置由一个称为栈顶指针的位置指示器来指示。表的另一端称为栈底。当栈中没有数据元素时，称为空栈。栈的插入操作通常称为进栈或入栈，栈的删除操作通常称为退栈或出栈。栈有两种主要的存储结构，即顺序栈和链栈。前者采用顺序存储结构表示栈，后者采用链式存储结构表示栈。

2）队列的定义、队列的特点、队列和线性表的异同，顺序队和链队的组织方法，队满、队空的判断及其描述。队列是一种运算受限的线性表，其限制仅允许在表的一端进行插入，而在表的另一端进行删除。队列的主要特点是"先进先出"，即先进队的元素先出队。通常把进行插入操作的一端称为队尾，进行删除操作的一端称为队首或队头。向队列中插入新元素的操作称为进队或入队，新元素进队后就成为新的队尾元素；从队列中删除元素的操作称为出队或离队，元素出队后，其后继元素就成为队首元素。队列有两种主要的存储结构，即顺序队和链队。

7. 树与二叉树

1）树的递归定义。树是 n（$n \geqslant 0$）个节点的有限集合，当 $n=0$ 时称为空树。在任意一个非空树（$n>0$）中，有且仅有一个称为根的节点；其余节点可分为 m（$m \geqslant 0$）个互不相交的有限子集 T_1、T_2、$\cdots$、T_m，其中每个 T_i 又都是一棵树，并且称为根节点的子树。

2）树的表示方法。树的几种常见的逻辑表示方法有树形表示法、文氏图表示法、凹入表示法和括号表示法等。

3）树的相关概念，如节点的度与树的度、分支节点与叶子节点、路径与路径长度、孩子节点、双亲节点和兄弟节点、节点的层次和树的高度、有序树和无序树、满二叉树及完全二叉树。

4）二叉树的定义及基本性质。

① 二叉树的第 i 层上至多有 2^{i-1}（$i \geqslant 1$）个节点。

② 深度为 h 的二叉树中至多含有 $2^h - 1$ 个节点。

③ 若在任意一棵二叉树中，有 n_0 个叶子节点，有 n_2 个度为 2 的节点，则必有 $n_0 = n_2 + 1$。

④ 具有 n 个节点的完全二叉树深为 $\log_2 x + 1$（其中 x 表示不大于 n 的最大整数）。

5）二叉树的顺序存储结构和链式存储结构，以及两种存储结构的优缺点。

① 二叉树的顺序存储结构是指用一组地址连续的存储单元来存放二叉树的数据元素。

② 二叉树的链式存储结构是指用一个链表来存储一棵二叉树，二叉树中的每一个节点用链表中的一个链节点来存储。

6）树的遍历运算是指按某种方式访问树中的每一个节点且每个节点只被访问一次，掌握树的先序、中序及后序遍历算法。

① 先序遍历：访问根节点；遍历左子树；遍历右子树。

② 中序遍历：遍历左子树；访问根节点；遍历右子树。

③ 后序遍历：遍历左子树；遍历右子树；访问根节点。

8. 查找

1）查找的基本概念。被查找的对象是由一组记录组成的表或文件，每个记录由若干个数据项组成，并假设每个记录都有一个能唯一标识该记录的关键字。查找的定义是给定一

个值 k，在含有 n 个记录的表中找出关键字等于 k 的记录。若找到，则查找成功，返回该记录的信息或该记录在表中的位置；否则查找失败，返回相关的指示信息。查找算法依赖于数据结构，不同的数据结构需要采用不同的查找算法。

2）线性表查找的 3 种算法及优缺点。线性表的查找主要包括顺序查找、二分法查找和分块查找。顺序查找既适用于线性表的顺序存储结构，又适用于线性表的链式存储结构，效率较低；二分法查找只能用于有序的顺序表，效率较高；分块查找综合了上述两者的优点，不仅效率较高，而且能适用于动态变化的要求。

9．排序

1）排序的定义及相关概念。排序是指将数据元素按照指定关键字值的大小递增（或递减）次序重新排列。

① 稳定算法：如果 a 原本在 b 的前面，而 $a=b$，排序之后 a 仍然在 b 的前面。

② 不稳定算法：如果 a 原本在 b 的前面，且 $a=b$，排序之后 a 可能会出现在 b 的后面。

2）常见的排序算法及性能分析。

① 插入排序：其工作原理是通过构建有序序列，在已排序序列中从后向前扫描，找到相应位置并插入未排序数据。

② 希尔排序：实际上是一种分组插入算法，是第一个突破 $O(n^2)$ 的排序算法，是直接插入排序的改进版。与直接插入排序的不同之处在于，它会优先比较距离较远的元素。

③ 冒泡排序：其工作原理是重复地走访要排序的数列，一次比较两个元素，如果它们的顺序错误就把它们交换过来。走访数列的工作是重复地进行直到不需要交换数据，也就是说该数列已经排序完成。这个算法的名称由来是越小的元素会经由交换慢慢"浮"到数列的顶端。

④ 快速排序：快速排序由冒泡排序改进而得，其工作原理是通过一次排序将待排记录分隔成独立的两部分，其中一部分记录的关键字均比另一部分记录的关键字小，则可分别对这两部分记录继续进行排序，以达到整个序列有序。

⑤ 选择排序：选择排序是一种简单直观的排序算法。它的工作原理是，首先在未排序序列中找到最小（大）元素，存放到排序序列的起始位置，然后从剩余未排序元素中继续寻找最小（大）元素，放到已排序序列的末尾。以此类推，直到所有元素均排序完毕。

三、学习方法

算法是对事物本质的数学抽象，是一种求解问题的思维方式，无论是日常生活还是工作学习，我们都需要建立逻辑清晰的算法思维。数据结构是一门理论与实践并重的课程，需要结合练习题掌握基本概念，通过上机实验将理论知识与实际应用相结合，熟练掌握常用数据结构的基本概念及应用场景，逐步提高数据抽象能力和算法设计能力。

6.2 习　　题

一、选择题

1. 下列关于算法的叙述中，不正确的是（　　　）。

    A．算法是解决问题的有序步骤

    B．算法具有确定性、可行性、有限性等基本特征

    C．常见的算法表示方法有自然语言、计算机语言、图形化工具等

    D．一个问题的算法都只有一种

2. 下列关于算法的叙述中，正确的是（　　　）。

    A．一个完整的算法至少有一个输入

    B．一个算法的执行步骤可以是无限的

    C．一个完整的算法必须有输出

    D．算法只能用流程图表示

3. 下列有关使用计算机解题的步骤描述中，正确的是（　　　）。

    A．正确理解题意→寻找解题方法→设计正确算法→调试运行→编写程序

    B．正确理解题意→寻找解题方法→设计正确算法→编写程序→调试运行

    C．正确理解题意→设计正确算法→寻找解题方法→编写程序→调试运行

    D．正确理解题意→设计正确算法→寻找解题方法→调试运行→编写程序

4. 算法的特征是有穷性、（　　　）、可行性、有 0 个或多个输入、有 1 个或多个输出。

    A．稳定性　　　　　　B．正常性　　　　　　C．确定性　　　　　　D．快速性

5. 使用计算机无法解决"打印所有素数"的问题，其原因是解决该问题的算法违背了算法特征中的（　　　）。

    A．有 0 个或多个输入　　　　　　　　B．唯一性

    C．有穷性　　　　　　　　　　　　　D．有输出

6. 下列关于算法的叙述中，正确的是（　　　）。

    A．对于给定的一个问题，其算法不一定是唯一的

    B．算法的步骤可以无限地执行下去，不停止

    C．算法就是某一个问题的解题方法

    D．一个算法可以不产生确定的结果

7. 使用枚举法解决问题时，在列举问题可能解的过程中，（　　　）。

    A．不能遗漏，但可以重复　　　　　　B．可以遗漏，但不应重复

    C．不能遗漏，也不应重复　　　　　　D．可以遗漏，也可以重复

8. 在给定的正整数区间 $[m,n]$（$m<n$）中寻找被 3 除余 1、被 7 除余 2 的正整数个数的算法是（　　　）。

    A．枚举算法　　　　B．选择排序　　　　C．递归算法　　　　D．冒泡排序

9. 采用盲目的搜索方法，在搜索结果的过程中，把各种可能的情况都考虑到，并对所得的结果逐一进行判断，过滤掉那些不合要求的结果，保留那些合乎要求的结果，这种方法称为（　　）。

　　A．选择法　　　　B．枚举法　　　　C．递推法　　　　D．贪心法

10.（　　）是序列计算中的一种常用方法，它按照一定的规律计算序列中的每一项，通常是通过计算前面的一些项来得出序列中的指定项的值。

　　A．枚举法　　　　B．递推法　　　　C．解析法　　　　D．选择法

11. 从头开始一步一步地推出问题最终结果的方法，就是（　　）。

　　A．解析法　　　　B．递推法　　　　C．枚举法　　　　D．选择法

12. 有 5 名学生的成绩依次为 80、83、89、92、99，使用二分法查找数据 99，需要查找的次数为（　　）。

　　A．2　　　　　　B．4　　　　　　C．1　　　　　　D．3

13. 学生打靶的成绩（单位为环）依次是 85、90、92、95、99，使用二分法查找数据 85，需要查找的次数是（　　）。

　　A．4　　　　　　B．2　　　　　　C．3　　　　　　D．1

14. 报名参加冬季越野赛跑的某班 5 名学生的学号分别是 5、8、11、33、35，使用二分法查找学号为 33 的学生，查找的次数为（　　）。

　　A．4　　　　　　B．3　　　　　　C．2　　　　　　D．1

15. 报名参加计算机大赛的某班 5 名学生的学号分别是 5、8、11、33、35，使用二分法查找学号为 33 的学生，依次被访问到的学号是（　　）。

　　A．5、11、33　　　B．11、33　　　C．11、35、33　　　D．8、33

16. 做匀加速直线运动物体的即时速度计算公式是 $v_t = v_0 + at$，其中 v_0 是初速度，a 是加速度，t 是时间。计算步骤如下。

① 使用公式计算即时速度 $v_t = v_0 + at$。

② 输入初速度 v_0、加速度 a 和时间 t。

③ 结束。

④ 输出结果 v_t。

其正确的顺序是（　　）。

　　A．①②③④　　　B．④③②①　　　C．①④②③　　　D．②①④③

17. 求两个数中较大数的算法描述如下。

① 若 $a>b$，则 $m=a$，否则 $m=b$。

② 输入两个数 a 和 b。

③ 结束。

④ 输出变量 m。

其正确的顺序是（　　）。

　　A．①④②③　　　B．④②③①　　　C．②①④③　　　D．①②③④

18. 输入 3 个边的边长 a、b、c，计算三角形面积 area 的步骤如下。

① 使用公式计算面积 area=sqrt($s*(s-a)*(s-b)*(s-c)$)。

② 输出三角形面积 area。

③ 计算 $s=(a+b+c)/2$。

④ 输入边长 a、b、c。

其正确的顺序是（　　）。

    A．①②③④   B．④③①②   C．①③②④   D．④①③②

19. 求两个数 n、m 中较小数（结果保存到变量 min 中）的算法有如下步骤。

① 使用公式计算较小数 min=$(n+m-|n-m|)/2$。

② 输入两个数 n、m。

③ 结束。

④ 输出变量 min

其正确的顺序是（　　）。

    A．④②③①   B．①④②③   C．①②③④   D．②①④③

20. 某种气体在 0℃时的体积为 100L，温度 t 每升高 1℃，其体积 v 就增加 0.37L。已知气体的体积 v，计算温度 t 的步骤如下。

① 计算温度 $t=(v-100)/k$。

② $k=0.37$。

③ 输出温度 t。

④ 输入气体体积 v。

其正确的顺序是（　　）。

    A．④①②③   B．④②①③   C．③①②④   D．④①③②

21. 使用电解氧化铝方法制取金属铝，若有 x 摩尔电子发生转移，则计算理论上能得到金属铝质量的步骤如下。

① 输出金属铝的质量 m。

② 计算金属铝的质量 $m=x/3*Al$。

③ $Al=26.98$。

④ 输入发生电子转移的摩尔数 x。

其正确的顺序是（　　）。

    A．②④③①   B．③④①②   C．①②③④   D．④③②①

22. 在硅的冶炼中，通常使用氢气在高温下还原四氯化硅的方法制得单质硅。现需冶炼 x 千克的单质硅，计算至少需要消耗的氢气量（标准状况）的步骤如下。

① 输出需要消耗的氢气 p。

② $Si=28.09$。

③ 计算 $p=x*1000*2*22.4/Si$。

④ 输入单质硅的数据 x。

其正确的顺序是（　　）。

    A．①②③④   B．③④①②   C．④②③①   D．②③①④

23．"下雨在体育馆上体育课，不下雨则在操场上体育课"，使用算法描述这一问题，合适的算法结构是（　　）。

　　A．树形模式　　　　B．顺序模式　　　　C．循环模式　　　　D．选择模式

24．程序通常有 3 种不同的控制结构，即顺序结构、分支结构和循环结构，下列说法正确的是（　　）。

　　A．一个程序必须包含以上 3 种结构

　　B．一个程序最多可以包含两种结构

　　C．一个程序只能包含一种结构

　　D．一个程序可以包含以上 3 种结构的任意组合

25．依照《车辆驾驶人员血液、呼气酒精含量阈值与检验》（GB 19522—2014），车辆驾驶人员血液中酒精含量大于或等于 20mg/100mL，小于 80mg/100mL 的驾驶行为属于饮酒驾车；大于或等于 80mg/100mL 的驾驶行为属于醉酒驾车。如果要根据血液中的酒精含量确定属于饮酒驾车还是醉酒驾车，使用算法描述这一过程，合适的算法结构是（　　）。

　　A．树形模式　　　　B．循环模式　　　　C．选择模式　　　　D．顺序模式

26．有一个程序段，其功能是画一个圆。在编程时，如果用该程序段画 100 个圆，则适合使用的算法结构是（　　）。

　　A．树形模式　　　　B．选择模式　　　　C．循环模式　　　　D．顺序模式

27．小王同学星期天的计划是，"如果下雨，就在家复习；如果不下雨，就出去郊游"。使用算法描述这一计划，合适的算法结构是（　　）。

　　A．循环模式　　　　B．树形模式　　　　C．顺序模式　　　　D．选择模式

28．小王同学星期天的计划是，"8:00 起床、吃早餐，10:00～11:30 学习，12:30 看一部电影，14:30 打篮球"。使用算法描述这一计划，合适的算法结构是（　　）。

　　A．选择模式　　　　B．循环模式　　　　C．树形模式　　　　D．顺序模式

29．"高速公路上的某处有一测速抓拍系统，当车速超过规定时速时，启动照相机抓拍，否则不抓拍"。使用算法描述照相机的工作流程，合适的算法结构是（　　）。

　　A．树形模式　　　　B．顺序模式　　　　C．循环模式　　　　D．选择模式

30．某市固定电话的收费标准为，3 分钟之内（含 3 分钟）收费 0.20 元；超过 3 分钟，每分钟（不足一分钟，按一分钟计算）收费 0.10 元。使用算法描述这一收费标准，合适的算法结构是（　　）。

　　A．循环模式　　　　B．树形模式　　　　C．选择模式　　　　D．顺序模式

31．某公园规定：儿童身高在 1.2m 以下免票，1.2～1.4m 购半票，1.4m 以上购全票。使用算法描述这一购票问题，合适的算法结构是（　　）。

　　A．循环模式　　　　B．递归模式　　　　C．顺序模式　　　　D．选择模式

32．一种汽车部件必须在一条生产线上依次经过 10 道工序的加工，才能成为成品。使用算法描述该部件在生产线上所有工序加工过程，合适的算法结构是（　　）。

　　A．循环模式　　　　B．树形模式　　　　C．顺序模式　　　　D．选择模式

33.《铁路旅客运输规程》规定：旅客可免费携带 20kg 行李，携带品的长、宽、高之和不超过 160cm，对超过规定的携带品，应提前办理托运手续。使用算法描述行李能否托运的处理过程，合适的算法结构是（　　　　）。

    A．循环模式　　　　B．选择模式　　　　C．树形模式　　　　D．顺序模式

34．商品房契税征收规定：建筑面积在 90m^2 以内的，买房人按照总房价的 2%缴纳契税；建筑面积为 90～144m^2 的，按照总房价的 3%缴纳契税；建筑面积超过 144m^2 的，按照总房价的 5.5%缴纳契税。使用算法描述商品房契税征收问题，合适的算法结构是（　　　　）。

    A．循环模式　　　　B．树形模式　　　　C．顺序模式　　　　D．选择模式

35．为问题"输出 10000 以内所有偶数"设计一个算法，合适的算法结构是（　　　　）。

    A．循环模式　　　　B．选择模式　　　　C．顺序模式　　　　D．重复模式

36．研究数据结构就是研究（　　　　）。

    A．数据的逻辑结构

    B．数据的存储结构

    C．数据的逻辑结构和存储结构

    D．数据的逻辑结构、存储结构及其基本操作

37．数据的最小单位是（　　　　）。

    A．数据项　　　　B．数据类型　　　　C．数据元素　　　　D．数据变量

38．下列说法正确的是（　　　　）。

    A．数据项是数据的基本单位

    B．数据元素是数据的最小单位

    C．数据结构是带结构的数据项的集合

    D．一些表面上很不相同的数据可以有相同的逻辑结构

39．数据结构是指（　　　　）的集合及它们之间的关系。

    A．数据元素　　　　B．计算方法　　　　C．逻辑存储　　　　D．数据映像

40．在数据结构中，与所使用的计算机无关的是数据的（　　　　）结构。

    A．逻辑　　　　B．存储　　　　C．逻辑和存储　　　　D．物理

41．在计算机中存储数据时，通常不仅要存储各数据元素的值，还要存储（　　　　）。

    A．数据的处理方法　　　　　　　　B．数据元素的类型

    C．数据元素之间的关系　　　　　　D．数据的存储方法

42．数据结构在计算机内存中的表示是指（　　　　）。

    A．数据的存储结构　　　　　　　　B．数据结构

    C．数据的逻辑结构　　　　　　　　D．数据元素之间的关系

43．在决定选取何种存储结构时，一般不考虑（　　　　）。

    A．各节点的值如何　　　　　　　　B．节点个数的多少

    C．对数据有哪些运算　　　　　　　D．所用的编程语言实现这种结构是否方便

44．在数据结构中，从逻辑上可以把数据结构分为（　　　　）。

    A．动态结构和静态结构　　　　　　B．紧凑结构和非紧凑结构

    C．线性结构和非线性结构　　　　　D．内部结构和外部结构

45．下列数据结构中非线性结构是（　　　）。

　　A．队列　　　　　　B．栈　　　　　　C．线性表　　　　D．二叉树

46．数据在计算机的存储器中表示时，逻辑上相邻的两个元素对应的物理地址也是相邻的，这种存储结构称为（　　　）。

　　A．逻辑结构　　　B．顺序存储结构　　C．链式存储结构　　D．以上都对

47．下列关于线性表的叙述错误的是（　　　）。

　　A．线性表采用顺序存储必须占用一片连续的存储空间

　　B．线性表采用链式存储不必占用一片连续的存储空间

　　C．线性表采用链式存储便于插入和删除操作的实现

　　D．线性表采用顺序存储便于插入和删除操作的实现

48．数据采用链式存储结构时，要求（　　　）。

　　A．每个节点占用一片连续的存储区域

　　B．所有节点占用一片连续的存储区域

　　C．节点的最后一个数据域是指针类型

　　D．每个节点有多少个后继就设多少个指针域

49．若一个线性表中最常用的操作是取第 i 个元素和找第 i 个元素的前驱元素，则采用（　　　）存储方式最节省时间。

　　A．顺序表　　　　B．单链表　　　　C．双链表　　　　D．单循环链表

50．在一个长度为 n 的顺序表中，在第 i 个元素之前插入一个新元素时，需向后移动（　　　）个元素。

　　A．$n-i$　　　　　B．$n-i+1$　　　　C．$n-i-1$　　　　D．i

51．链表不具有的特点是（　　　）。

　　A．可随机访问任意一个元素　　　　　B．插入和删除元素时不需要移动元素

　　C．不必事先估计存储空间　　　　　　D．所需空间与线性表长度成正比

52．线性表采用链式存储时，节点的存储地址（　　　）。

　　A．必须是连续的　　　　　　　　　　B．必须是不连续的

　　C．连续与否均可　　　　　　　　　　D．和头节点的存储地址相连续

53．在一个长度为 n 的顺序表中删除第 i 个元素，需要向前移动（　　　）个元素。

　　A．$n-i$　　　　　B．$n-i+1$　　　　C．$n-i-1$　　　　D．$i+1$

54．从表中任一节点出发，都能扫描整个表的是（　　　）。

　　A．单链表　　　　B．顺序表　　　　C．循环链表　　　　D．静态链表

55．对于线性表 $L=(a_1,a_2,\cdots,a_n)$，下列说法正确的是（　　　）。

　　A．每个元素都有一个直接前驱和一个直接后继

　　B．线性表中至少要有一个元素

　　C．表中诸元素的排列顺序必须是由小到大或由大到小

　　D．除第一个和最后一个元素外，其余每个元素都由一个且仅有一个直接前驱和直接后继

56．一个栈的输入序列为 a、b、c、d、e，则此栈的不可能输出的序列是（　　　）。

　　A．a、b、c、d、e　　　　　　　　　B．d、e、c、b、a

　　C．d、c、e、a、b　　　　　　　　　D．e、d、c、b、a

57. 设输入序列为 1、2、3、4、5、6, 则通过栈的作用后可以得到的输出序列为 (   )。

    A. 5、3、4、6、1、2   B. 3、2、5、6、4、1

    C. 3、1、2、5、4、6   D. 1、5、4、6、2、3

58. 设计一个判别表达式中括号是否配对的算法, 采用 (   ) 数据结构最佳。

    A. 顺序表   B. 链表   C. 队列   D. 栈

59. 在队列 (   ) 进行插入操作。

    A. 队尾   B. 队头

    C. 队列任意位置   D. 队头元素后

60. 队列是一种 (   ) 的线性表。

    A. 先进先出   B. 先进后出   C. 只能插入   D. 只能删除

61. 使用链接方式存储的队列, 在进行插入运算时 (   )。

    A. 仅修改头指针   B. 头、尾指针都要修改

    C. 仅修改尾指针   D. 头、尾指针可能都要修改

62. 栈和队列的共同特点是 (   )。

    A. 只允许在端点处插入和删除元素   B. 都是先进后出

    C. 都是先进先出   D. 没有共同点

63. 下列叙述中, 正确的是 (   )。

    A. 线性表的顺序存储结构优于链表存储结构

    B. 二维数组是其数据元素为线性表的线性表

    C. 栈的操作方式是先进先出

    D. 队列的操作方式是先进后出

64. 树最适合用来表示 (   )。

    A. 有序数据元素

    B. 无序数据元素

    C. 元素之间具有分支层次关系的数据

    D. 元素之间无联系的数据

65. 设某数据结构的二元组形式表示为 $A=(D,R)$, $D=\{01,02,03,04,05,06,07,08,09\}$, $R=\{r\}$, $r=\{<01,02>,<01,03>,<01,04>,<02,05>,<02,06>,<03,07>,<03,08>,<03,09>\}$, 则数据结构 A 是 (   )。

    A. 线性结构   B. 树形结构   C. 物理结构   D. 图结构

66. 任何一棵二叉树的左叶子节点和右叶子节点在先序、中序和后序遍历序列中的相对次序 (   )。

    A. 不发生改变   B. 发生改变   C. 不能确定   D. 以上都不对

67. 按照二叉树的定义, 具有 3 个节点的二叉树有 (   ) 种。

    A. 3   B. 4   C. 5   D. 6

68. 设 a 和 b 为一棵二叉树上的两个节点, 在中序遍历时, a 在 b 前面的条件是 (   )。

    A. a 在 b 的右方   B. a 在 b 的左方

    C. a 是 b 的祖先   D. a 是 b 的子孙

69. 设一棵二叉树的中序遍历序列为 badce, 后序遍历序列为 bdeca, 则二叉树的先序遍历序列为 (   )。

    A. adbce   B. decab   C. debac   D. abcde

70．对某二叉树进行先序遍历的结果为 abdefc，中序遍历的结果为 dbfeac，则后序遍历的结果是（　　）。

  A．dbfeac   B．dfebca   C．bdfeca   D．bdefac

71．采用顺序查找方法查找长度为 n 的线性表时，成功查找时的平均查找长度为（　　）。

  A．n B．$n/2$ C．$(n+1)/2$ D．$(n-1)/2$

72．对线性表进行二分法查找时，要求线性表必须（　　）。

  A．以顺序方式存储

  B．以链接方式存储

  C．以顺序方式存储，且节点按关键字有序排序

  D．以链接方式存储，且节点按关键字有序排序

73．已知一个有序表为（11，22，33，44，55，66，77，88，99），则使用二分法查找值为 55 的节点需要比较（　　）次。

  A．1   B．2   C．3   D．4

74．有 n 个元素的数组，查找其中最大值的元素，一般需要（　　）次元素的比较。

  A．1   B．n C．$n+1$ D．$n-1$

75．若有序表的关键字序列为（b，c，d，e，f，g，q，r，s，t），则使用二分法查找关键字 b 的过程中，先后进行比较的关键字依次为（　　）。

  A．f，c，b B．f，d，b C．g，c，b D．g，d，b

76．一个有序表为（2，5，8，11，15，16，22，24，27，35，50），当使用二分法查找值为 24 的节点时，经过（　　）次比较后查找成功。

  A．1   B．2   C．3   D．4

77．从未排序序列中依次取出元素，与已排序序列中的元素进行比较，将其放入已排序序列的正确位置上的方法，称为（　　）。

  A．归并排序 B．冒泡排序 C．插入排序 D．选择排序

78．从未排序序列中挑选元素，并将其依次放入已排序序列（初始时为空）的一端的方法，称为（　　）。

  A．归并排序 B．冒泡排序 C．插入排序 D．选择排序

79．对若干个不同的关键字由小到大进行冒泡排序，在下列（　　）情况下比较的次数最多。

  A．关键字未排序前是从小到大排列的

  B．关键字未排序前是从大到小排列的

  C．元素无序

  D．元素基本有序

80．快速排序在下列（　　）情况下最易发挥其长处。

  A．被排序的数据中含有多个相同排序码

  B．被排序的数据已基本有序

  C．被排序的数据完全无序

  D．被排序的数据中的最大值和最小值相差悬殊

二、判断题

1. 数据元素是数据的最小单位。　　　　　　　　　　　　　　　　　　　（　　）
2. 数据对象就是一组任意数据元素的集合。　　　　　　　　　　　　　　（　　）
3. 任何数据结构都具备的 3 个基本运算是插入、删除和查找。　　　　　（　　）
4. 数据对象是由有限个类型相同的数据元素构成的。　　　　　　　　　　（　　）
5. 数据的逻辑结构与各数据元素在计算机中如何存储有关。　　　　　　　（　　）
6. 算法的优劣与算法描述语言无关，但与所用的计算机有关。　　　　　　（　　）
7. 算法可以用不同的语言描述，如果使用 C 语言或 Pascal 语言等高级语言来描述，则算法实际上就是程序了。　　　　　　　　　　　　　　　　　　　　　　　（　　）
8. 算法最终必须由计算机程序实现。　　　　　　　　　　　　　　　　　（　　）
9. 算法的可行性是指指令不能有二义性。　　　　　　　　　　　　　　　（　　）
10. 健壮的算法不会因非法输入数据而出现莫名其妙的状态。　　　　　　（　　）
11. 线性表就是顺序存储的表。　　　　　　　　　　　　　　　　　　　（　　）
12. 顺序存储方式在插入和删除时效率太低，因此它不如链式存储方式好。（　　）
13. 对于任何数据结构，链式存储结构一定优于顺序存储结构。　　　　　（　　）
14. 顺序存储方式只能用于存储线性结构。　　　　　　　　　　　　　　（　　）
15. 集合与线性表的区别在于是否按关键字排序。　　　　　　　　　　　（　　）
16. 线性表的逻辑顺序总是与其物理顺序一致。　　　　　　　　　　　　（　　）
17. 线性表的顺序存储优于链式存储。　　　　　　　　　　　　　　　　（　　）
18. 在长度为 n 的顺序表中，求第 i 个元素的直接前驱算法的时间复杂度为 $O(1)$。
　　　　　　　　　　　　　　　　　　　　　　　　　　　　　　　　　（　　）
19. 顺序查找法适用于存储结构为顺序或链接存储的线性表。　　　　　　（　　）
20. 线性表若采用链式存储表示，在删除时不需要移动元素。　　　　　　（　　）
21. 线性表若采用链式存储表示，其存储节点的地址可连续也可以不连续。（　　）
22. 线性表中每个元素都有一个直接前驱和一个直接后继。　　　　　　　（　　）
23. 在循环单链表中，从表中任一节点出发都可以通过前后移动操作遍历整个循环链表。　　　　　　　　　　　　　　　　　　　　　　　　　　　　　　　　　（　　）
24. 在单链表中，可以从头节点开始查找任何一个节点。　　　　　　　　（　　）
25. 在双链表中，可以从任一节点开始沿同一方向查找到任何其他节点。（　　）
26. 抽象数据类型与计算机内部的表示和实现无关。　　　　　　　　　　（　　）
27. 栈底元素是永远不能删除的元素。　　　　　　　　　　　　　　　　（　　）
28. 若让元素 1、2、3 依次进栈，则出栈次序 1、3、2 是不可能出现的情况。（　　）
29. 两个栈共享一片连续内存空间时，为了提高内存利用率，减少溢出机会，应把两个栈的栈底分别设在这片内存空间的两端。　　　　　　　　　　　　　　　　　（　　）
30. 链式栈与顺序栈相比，一个明显的优点是通常不会出现栈满的情况。（　　）
31. 栈和队列都是顺序存取的线性表，但它们对存取位置的限制不同。　（　　）
32. 队列是一种对进队、出队操作的次序做了限制的线性表。　　　　　（　　）
33. n 个元素进队列的顺序和出队列的顺序总是一致的。　　　　　　（　　）

34．顺序队中有多少元素，可以根据队首指针和队尾指针的值来计算。 （ ）

35．若用"队首指针的值和队尾指针的值相等"作为循环顺序队为空的标志，则在设置一个空队列时，只需给队首指针和队尾指针赋同一个值即可，不管什么值都可以。 （ ）

36．无论是顺序队还是链队，其进队、出队操作的时间复杂度都是 $O(1)$。 （ ）

37．树中元素之间是多对多的关系。 （ ）

38．树适合表示层次关系。 （ ）

39．树和二叉树是两种不同的树形结构。 （ ）

40．在一棵有 n 个节点的树中，其分支数为 n。 （ ）

41．对一棵树进行先序遍历和后序遍历时，其中叶子节点出现的相对次序是相同的。 （ ）

42．顺序查找方法只能在顺序存储结构上进行。 （ ）

43．若查找每个记录的概率均等，则在具有 n 个记录的连续顺序文件中采用顺序查找法查找一个记录，其平均查找长度为 $(n+1)/2$。 （ ）

44．使用二分法查找表的元素的速度比使用顺序查找法查找的速度快。 （ ）

45．具有 12 个关键字的有序表，二分法查找的平均查找长度为 3。 （ ）

6.3 习 题 答 案

一、选择题

1．D	2．C	3．B	4．C	5．C	6．A	7．C	8．A	9．B	10．B
11．B	12．D	13．B	14．C	15．B	16．D	17．C	18．B	19．D	20．B
21．D	22．C	23．D	24．D	25．C	26．C	27．D	28．D	29．D	30．C
31．D	32．C	33．B	34．D	35．A	36．D	37．A	38．D	39．A	40．A
41．C	42．A	43．A	44．C	45．D	46．B	47．D	48．A	49．B	50．B
51．A	52．C	53．A	54．C	55．D	56．C	57．B	58．D	59．A	60．A
61．D	62．A	63．B	64．C	65．B	66．A	67．C	68．B	69．D	70．B
71．C	72．C	73．A	74．D	75．A	76．D	77．C	78．D	79．B	80．C

二、判断题

1．×	2．×	3．×	4．√	5．×	6．×	7．×	8．×	9．×	10．√
11．×	12．×	13．×	14．×	15．×	16．×	17．×	18．√	19．√	20．√
21．√	22．×	23．×	24．√	25．×	26．√	27．×	28．×	29．√	30．√
31．√	32．√	33．√	34．√	35．√	36．√	37．√	38．√	39．√	40．×
41．√	42．×	43．√	44．×	45．×					

第7章　程序设计基础

7.1　学 习 指 导

一、学习目标

掌握软件工程的定义；了解软件的开发方法；了解软件生存周期；了解软件测试的方法；理解程序设计的概念；了解程序设计语言的发展历史；了解程序设计语言的分类；理解程序设计的基本过程；理解结构化程序设计和面向对象程序设计的概念，掌握算法验证工具软件 Raptor 的使用方法。

二、学习要点

1. 软件工程的定义

软件工程是一门研究软件开发与维护的普通原理和技术的工程学科。它涉及程序设计语言、数据库、软件开发工具、系统平台、标准和设计模式等方面的内容。

2. 软件开发方法

软件开发方法就是软件开发所遵循的方法和步骤，以保证所得到的运行系统和支持的文档满足质量要求。在软件开发实践中，有很多方法可供软件开发人员选择，如 Parnas 方法、结构化开发方法、模块化开发方法、面向对象开发方法和可视化开发方法。

3. 软件测试

软件测试是描述一种用来促进鉴定软件的正确性、完整性、安全性和质量的过程。在规定的条件下对程序进行操作，以发现程序错误，衡量软件质量，并对其是否能满足设计要求进行评估。

软件测试的内容包括验证和确认。软件测试的方法有白盒测试、黑盒测试和灰盒测试。

4. 程序设计的步骤

1）分析问题：对于接受的任务要进行认真的分析，研究给定的条件，分析最后应达到的目标，找出解决问题的规律，选择解题的方法，对技术可行性和经济可行性进行研究，以期完成实际问题。对于跨学科的任务，经常需要长时间的讨论和沟通。

2）设计算法：设计出解决问题的方法及其实现的具体步骤。

3）编写程序：选择适当的编程语言，将算法翻译成计算机程序设计语言，得到源程序，对源程序进行编译和连接，得到可执行程序。

4）测试程序：运行可执行程序，得到运行结果。对结果进行分析，以期找到并排除程序中的错误。

5）编写程序文档：向用户提供程序说明书，内容包括程序名称、程序功能、运行环境、程序的装入和启动、需要输入的数据，以及使用注意事项等。

5．结构化程序设计

结构化程序设计的基本思想是程序只使用 3 种基本结构来实现，分别是顺序结构、分支结构和循环结构。

6．面向对象程序设计

面向对象程序设计是一种计算机编程架构。对象是指"程序要处理的数据"，它与"处理数据的过程"被构建成了一个整体，而不是彼此独立。程序是由对象组合而成的。面向对象程序设计解决了软件工程的 3 个主要目标：重用性、灵活性和扩展性。

7．Raptor 编程基础

算法验证工具软件 Raptor 使用图形语言来描述算法，使初学者在不熟悉程序设计语言语法的情况下，也能写出较好的程序。Raptor 增强了学习的趣味性，打消了编程的神秘感，可为下一步深入学习编程奠定一个良好的基础。

三、学习方法

根据教学内容与要求，认真阅读教材，结合上机实践，掌握算法验证工具软件 Raptor 的使用方法。

7.2　习　　题

一、选择题

1．软件危机出现于 20 世纪 60 年代初，为了解决软件危机，人们提出了使用（　　）的原理来设计软件，这是软件工程诞生的基础。
　　A．运筹学　　　　　B．工程学　　　　　C．软件学　　　　　D．数学
2．开发软件所需的高成本和产品的低质量之间有着尖锐的矛盾，这种现象称为（　　）。
　　A．软件投机　　　B．软件危机　　　C．软件工程　　　D．软件产生
3．下列选项中，（　　）不是产生软件危机的原因。
　　A．软件开发过程未经审查
　　B．软件开发不分阶段，开发人员没有明确分工
　　C．所开发的软件，除程序清单外，没有其他文档
　　D．采用工程设计的方法开发软件，不符合软件本身的特点

4. 软件工程学是应用科学理论和工程上的技术来指导软件开发的学科，其目的是（　　）。

    A. 引入新技术，提高空间利用率　　B. 用较少的投资获得高质量的软件

    C. 缩短研制周期，扩大软件功能　　D. 硬软件结合使系统面向应用

5. 划分软件生存周期的阶段时所应遵循的基本原则是（　　）。

    A. 各阶段的任务尽可能相关　　　　B. 各阶段的任务尽可能相对独立

    C. 各阶段的任务在时间上连续　　　D. 各阶段的任务在时间上相对独立

6. 一个软件项目是否进行开发的结论是在（　　）文档中做出的。

    A. 软件开发计划　　　　　　　　　B. 可行性报告

    C. 需求分析说明书　　　　　　　　D. 测试报告

7. 使用结构化分析方法时，采用的基本手段是（　　）。

    A. 分解和抽象　　B. 分解和综合　　C. 归纳与推导　　D. 试探与回溯

8. 结构化程序所要求的基本结构不包括（　　）。

    A. 顺序结构　　　　　　　　　　　B. GOTO 跳转

    C. 选择（分支）结构　　　　　　　D. 重复（循环）结构

9. 结构化程序设计主要强调的是（　　）。

    A. 程序的规模　　　　　　　　　　B. 程序的易读性

    C. 程序的执行效率　　　　　　　　D. 程序的可移植性

10. 对建立良好的程序设计风格，下列描述正确的是（　　）。

    A. 程序应简单、清晰、可读性好　　B. 符号名的命名只要符合语法即可

    C. 充分考虑程序的执行效率　　　　D. 程序的注释可有可无

11. 下列选项不属于结构化程序设计原则的是（　　）。

    A. 可封装　　　　B. 自顶向下　　C. 模块化　　　D. 逐步求精

12. 下列描述中，不属于软件危机的是（　　）。

    A. 软件过程不规范　　　　　　　　B. 软件开发生产率低

    C. 软件质量难以控制　　　　　　　D. 软件成本不断提高

13. 软件生命周期中的活动不包括（　　）。

    A. 市场调研　　　B. 需求分析　　C. 软件测试　　D. 软件维护

14. 在软件开发中，需求分析阶段产生的主要文档是（　　）。

    A. 软件集成测试计划　　　　　　　B. 软件详细设计说明书

    C. 用户手册　　　　　　　　　　　D. 软件需求规格说明书

15. 为高质量地开发软件项目，在软件结构设计时，必须遵循（　　）原则。

    A. 信息隐蔽　　　B. 质量控制　　C. 程序优化　　D. 数据共享

16. 下列软件生存周期的活动中，要进行软件结构设计的是（　　）。

    A. 测试用例设计　　B. 概要设计　　C. 程序设计　　D. 详细设计

17. 在软件生存周期的各阶段中,跨越时间最长的阶段是(   )。

    A. 需求分析阶段　B. 设计阶段　　　C. 测试阶段　　　D. 维护阶段

18. 程序的 3 种基本控制结构是(   )。

    A. 过程、子过程和分程序　　　　　B. 顺序、选择和循环

    C. 递归、堆栈和队列　　　　　　　D. 调用、返回和转移

19. 需求分析中开发人员应从用户那里了解(   )。

    A. 软件要做什么　B. 用户使用界面　C. 输入的信息　　D. 软件的规模

20. 需求分析阶段的任务是(   )。

    A. 软件开发方法　　　　　　　　　B. 软件开发工具

    C. 软件开发费用　　　　　　　　　D. 软件系统功能

21. 软件测试的目的是(   )。

    A. 为了表明程序没有错误　　　　　B. 为了说明程序能正确地执行

    C. 为了发现程序中的错误　　　　　D. 为了评价程序的质量

22. 程序调试的任务是(   )。

    A. 设计测试用例　　　　　　　　　B. 验证程序的正确性

    C. 发现程序中的错误　　　　　　　D. 诊断和改正程序中的错误

23. 随着软硬件环境变化而修改软件的过程是(   )。

    A. 校正性维护　　B. 适应性维护　　C. 完善性维护　　D. 预防性维护

24. 软件开发过程来自用户方面的主要干扰是(   )。

    A. 功能变化　　　B. 经费减少　　　C. 设备损坏　　　D. 人员变化

25. 下列不属于软件测试实施步骤的是(   )。

    A. 集成测试　　　B. 回归测试　　　C. 确认测试　　　D. 单元测试

二、填空题

1. 软件是程序、数据和_____的集合。

2. 软件工程学作为一门新兴学科,主要解决的是_____问题。

3. 软件工程学将软件从开始研制到最终废弃的整个过程称为软件的_____。

4. 软件动态测试方法通常分为白盒测试方法和_____测试方法。

5. 软件的维护包括改正性维护、适应性维护、_____和预防性维护。

6. 诊断和改正程序中的错误的工作通常称为_____。

三、程序设计题

1. 比较大小。

题目说明:输入两个数 m、n,按先大后小的顺序排序后,输出 m、n 的值。

示例数据:输入 3 和 7。

输出:7>3。

2．判断整除问题。

题目说明：判断整数 n 能否被 3 和 5 同时整除，输出字符串 yes 或 no 表示判断结果。

示例数据：输入 20。

输出：no。

3．求圆的周长和面积。

题目说明：输入圆的半径，计算圆的周长和面积（圆周率取 3.1415）。

示例数据：输入 3。

输出：Lenth=18.849 和 area=28.2735。

4．求分段函数的值。

题目说明：输入 x，计算 y 值，$y = \begin{cases} x, & x \geq 0 \\ x^2 + 1, & x < 0 \end{cases}$

示例数据：输入 1。

输出 y is 1。

5．求和问题。

题目说明：输入一个整数 n，计算 $[1,n]$ 上所有整数之和。

示例数据：输入 100。

输出：sum is 5050。

6．求阶乘。

题目说明：输入正整数 n，计算 $n!$。

示例数据：输入 3。

输出：3!=6。

7．筛选数据。

题目说明：利用数组输入 5 个整数，然后找出其中最大的数输出。

示例数据：输入 10、9、18、27、6。

输出：the max number is 27。

8．求平均值。

题目说明：输入若干个整数，直到输入 –1 为止，最后输出除 –1 外所有数的平均值。

示例数据：输入 1、2、3、4、5、6、–1。

输出：average=3.5000。

9．小猴吃桃。

题目说明：小猴有桃子若干，当天吃掉一半，又多吃一个；第二天接着吃了剩下的桃子的一半，又多吃一个；以后每天都吃尚存桃子的一半，再多吃一个；到第 7 天早上只剩下一个桃子了，问小猴原有多少个桃子？

示例数据：输出 190。

10．成绩评价转换问题。

题目说明：输入一个百分制的成绩，输出等级 A、B、C、D、E。90 分及以上为 A；80～89 分为 B；70～79 分为 C；60～69 分为 D；59 分及以下为 E。

示例数据：输入 70。

输出：C。

11．求手续费。

题目说明：在某银行办理个人境外汇款手续时，银行要收取一定的手续费，其收费标准为，汇款额不超过 100 美元，收取 1.5 美元的手续费；超过 100 美元但不超过 2000 美元时，按汇款额的 15%收取；超过 2000 美元时，一律收取 300 美元的手续费。

需要解决的问题为，王先生向在美国读大学的儿子汇出 x 美元，计算他实际支付的手续费用。

示例数据：输入 2500。

输出：300。

12．数据筛选求和。

题目说明：计算 1～100 内所有可以被 3 整除、但不可以被 5 整除的所有整数的和 sum，并且统计输出符合条件的整数的个数 count。

示例数据：输出 sum=1368、count=27。

7.3 习 题 答 案

一、选择题

1．B	2．B	3．D	4．B	5．B	6．B	7．A	8．B	9．B	10．A
11．A	12．A	13．A	14．D	15．A	16．B	17．D	18．B	19．A	20．D
21．C	22．D	23．B	24．A	25．B					

二、填空题

1．文档

2．软件危机

3．生存周期

4．黑盒

5．完善性维护

6．程序调试

三、程序设计题

1.

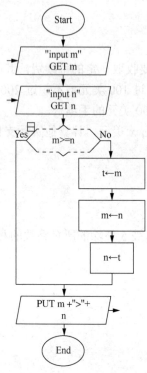

2.

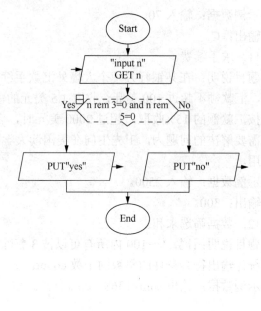

3.

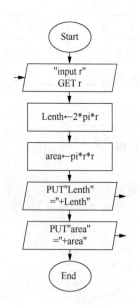

4.

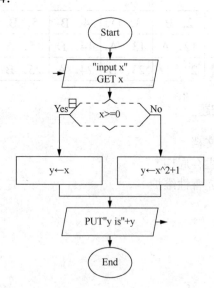

5.

6.

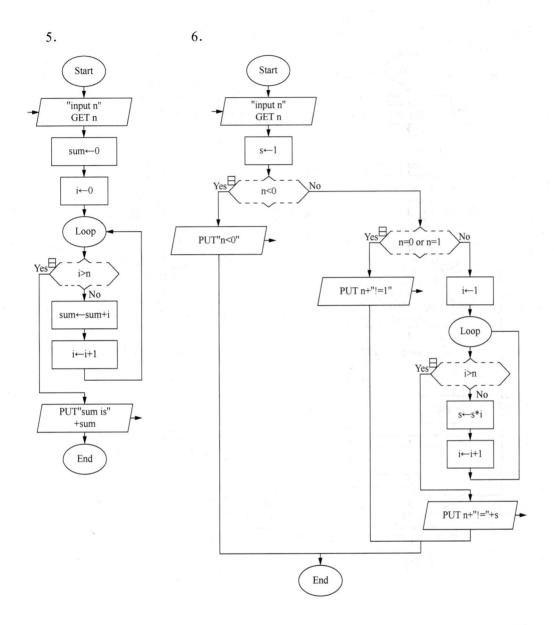

7.

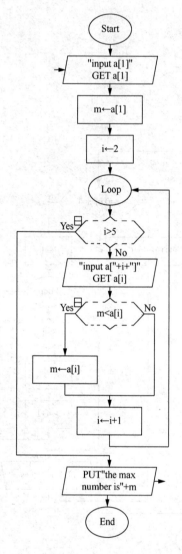

8.

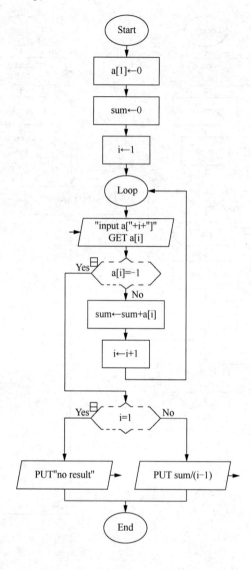

9.

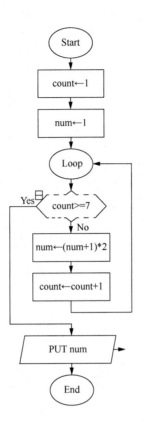

10.

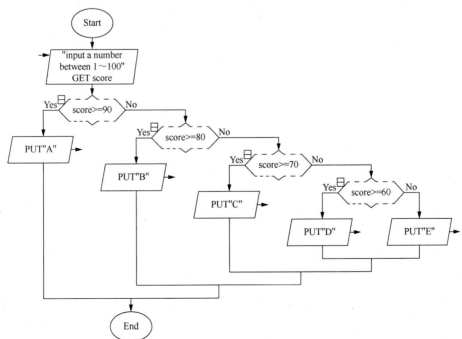

11.

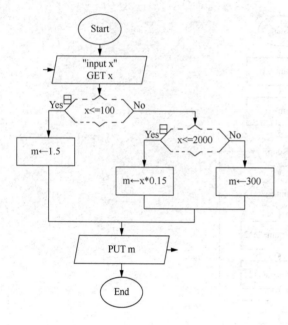

12.

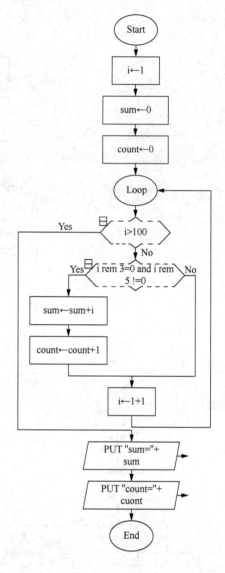

第8章 数据库技术基础

8.1 学 习 指 导

一、学习目标

本章主要介绍数据库基础知识，并对建立数据库、数据库系统的知识要点进行全面的阐述。掌握数据库的基本概念；掌握数据库的常用术语；了解常用的数据库管理系统；初步掌握数据库应用系统的开发过程。

二、学习要点

1. 数据库系统的基本概念

1）数据：描述现实世界事物的符号记录，包括文字、图形、图像、声音等，是用来描述事物特性的一种表现形式。

2）数据库：按照预先约定的数据的格式来组织、存储和管理数据的仓库。

3）数据库管理系统：一种操纵和管理数据库的大型软件，适用于建立、使用和维护数据库，简称 DBMS。

4）数据库系统：由数据库、数据库管理系统、应用系统、数据库管理员和用户组成的系统。

2. 数据库系统的三级模式结构

外模式也称用户模式，是数据库用户与数据库系统的接口，是数据库用户的数据视图，是与应用有关的数据的逻辑表示。

模式也称逻辑模式，是所有用户的公共数据视图，是数据库中全体数据的逻辑结构和特征的描述，是数据库系统模式的中间层。

内模式也称存储模式，是数据物理结构和存储方式的描述，是数据在数据库内部的表示。

3. 数据模型

数据模型从抽象层次上描述了数据库系统的静态特征、动态行为和约束条件。数据模型通常由数据结构、数据操作及数据约束 3 部分组成。

4. 关系模型

使用二维表结构来表示实体及实体之间联系的模型称为关系模型。

5. 关系代数

关系代数的运算对象是关系，运算结果也是关系。关系代数用到的运算符包括 4 类：集合运算符、专门的关系运算符、算术比较符和逻辑运算符。按关系代数运算符的不同，关系运算符还可分为传统的集合运算和专门的关系运算两类。

6. 数据库设计

数据库设计是指根据用户的需求，在某一具体的数据库管理系统上，设计数据库结构和建立数据库的过程，也是规划和结构化数据库中的数据对象及这些数据对象之间关系的过程。

数据库的设计过程分为 6 个步骤：需求分析、概念设计、逻辑设计、物理设计、实施设计、运行与维护设计。

7. 常用数据库管理软件

常用的数据库管理软件有 MySQL、SQL Server、Oracle、Sybase、DB2、Microsoft Access、Informix 等。

三、学习方法

认真研读教材，加强上机实践操作，熟练掌握数据库的基本知识和一种数据库管理软件的操作方法。

8.2 习　　题

一、选择题

1. 数据库设计的根本目标是要解决（　　）。
   A. 数据共享问题
   B. 数据安全问题
   C. 大量数据存储问题
   D. 简化数据维护
2. 在数据库中能够唯一地标识一个元组的属性或属性的组合称为（　　）。
   A. 记录
   B. 字段
   C. 域
   D. 关键字
3. 在日期/时间数据类型中，每个字段需要（　　）B 的存储空间。
   A. 4
   B. 8
   C. 12
   D. 16
4. C/S 结构表示（　　）。
   A. 客户端/服务器系统结构
   B. 与 B/S 结构相同，都是客户端服务器结构
   C. 物理上分布、逻辑上集中的分布式数据库结构
   D. 面向对象的数据库系统

5．下列关于数据库系统的叙述中，正确的是（　　）。

　　A．数据库中只存在数据项之间的联系

　　B．数据库的数据之间和记录之间都存在联系

　　C．数据库的数据项之间无联系，记录之间存在联系

　　D．数据库的数据项之间和记录之间都不存在联系

6．（　　）的存取路径对用户透明，从而具有更高的数据独立性、更好的安全保密性，也简化了程序员的工作和数据库开发建立的工作。

　　A．网状模型　　　　B．关系模型　　　　C．层次模型　　　　D．以上都是

7．关系数据模型是目前最重要的一种数据模型，它的 3 个要素分别是（　　）。

　　A．实体完整性、参照完整性、用户自定义完整性

　　B．数据结构、关系操作、完整性约束

　　C．数据增加、数据修改、数据查询

　　D．外模式、模式、内模式

8．要保证数据库的数据独立性，需要修改的是（　　）。

　　A．模式与外模式　　　　　　　　B．模式与内模式

　　C．三级模式之间的两层映射　　　D．三层模式

9．下列叙述正确的是（　　）。

　　A．DBS 包括 DB 和 DBMS　　　　B．DB 包括 DBS 和 DBMS

　　C．DBMS 包括 DB 和 DBS　　　　D．DBS 包括 DB，但不包括 DBMS

10．数据库管理系统位于（　　）。

　　A．硬件与操作系统之间　　　　　B．用户与操作系统之间

　　C．用户与硬件之间　　　　　　　D．操作系统与应用程序之间

11．在关系数据库中，用来表示实体及实体之间关系的是（　　）。

　　A．二维表　　　　B．关键字　　　　C．记录　　　　D．字段

12．在数据库系统中，数据的最小访问单位是（　　）。

　　A．字节　　　　B．字段　　　　C．记录　　　　D．表

13．两个实体之间的联系有（　　）种。

　　A．1　　　　B．2　　　　C．3　　　　D．4

14．关系数据库管理系统中所谓的关系是指（　　）。

　　A．各条记录中的数据彼此有一定关系

　　B．一个数据库文件与另一个数据库文件之间有一定的关系

　　C．数据模型符合满足一定条件的二维表格式

　　D．数据库中各字段之间彼此有一定的关系

15．在数据库系统中，最早出现的数据库模型是（　　）。

　　A．语义网络　　　　B．层次模型　　　　C．网状模型　　　　D．关系模型

16. 下列说法错误的是（　　）。

    A．Access 软件所采用的数据模型是应用最普遍的层次数据模型

    B．层次数据模型是最早出现的数据库模型

    C．关系型数据模型的表是由记录中的行和数据列组成的

    D．查询是数据库的重要功能之一，且可以建立不同的查询条件

17. 数据库系统的核心是（　　）。

    A．数据模型   B．数据库管理系统

    C．数据库   D．数据库管理员

18. 如果仅有一个相关字段是主键或具有唯一索引，则创建（　　）。

    A．一对多关系   B．一对一关系   C．多对多关系   D．无法确定

19. 下列说法错误的是（　　）。

    A．设置为主键字段的数据，必须是唯一的、不可以重复的数据

    B．排序方式有升序和降序两种，升序是指数据由大到小排列，而降序是指数据由小到大排列

    C．若发现字段的顺序不恰当，则可以自行调整字段的顺序

    D．有些字段暂时不需要输入数据时，可以将字段隐藏起来

20. 在数据管理技术的发展过程中，经历了人工管理阶段、文件管理阶段和数据库系统管理阶段。在这几个阶段中，数据独立性最高的是（　　）阶段。

    A．数据库系统管理   B．文件管理

    C．人工管理   D．数据项管理

21. 数据库的概念模型独立于（　　）。

    A．具体的机器和 DBMS   B．E-R 图

    C．信息世界   D．现实世界

22. 数据库三级模式之间存在的映像关系正确的是（　　）。

    A．外模式/内模式   B．外模式/模式

    C．外模式/外模式   D．模式/模式

23. 在关系数据库设计中，关系模式是用来记录用户数据的（　　）。

    A．实体   B．视图   C．属性   D．二维表

24. 在关系模型中，用来表示实体关系的是（　　）。

    A．字段   B．记录   C．表   D．指针

25. 关系数据库中的任何检索操作都是由 3 种基本运算组合而成的，这 3 种基本运算不包括（　　）。

    A．连接   B．投影   C．选择   D．合并

26. 层次模式、网状模型和关系模型的划分原则是（　　）。

    A．记录长度   B．文件的大小

    C．联系的复杂程度   D．数据之间的联系

27. 应用数据库的主要目的是解决（　　）。

    A．保密问题   B．数据库完整性问题

    C．共享数据问题   D．数据最大的问题

28. 从关系模式中指定若干属性组成新的关系称为（　　）。

  A．选择   B．投影   C．连接   D．自然连接

29. 从关系中找出满足给定条件的元组，这种操作称为（　　）。

  A．选择   B．投影   C．连接   D．自然连接

30. 数据是指存储在某一种媒体上的（　　）。

  A．数学符号   B．物理符号   C．逻辑符号   D．概念符号

31. 数据表中的"行"称为（　　）。

  A．字段   B．数据   C．记录   D．数据视图

32. 在数据库中，产生数据不一致的根本原因是（　　）。

  A．数据存储量太大   B．没有严格保护数据

  C．未对数据进行完整性的控制 D．数据冗余

33. 在分析建立数据库的目的时，应该（　　）。

  A．将用户需求放在首位   B．确定数据库结构与组成

  C．确定数据库界面的形式   D．以上都正确

34. 在数据库中存储的是（　　）。

  A．数据模型   B．操作信息

  C．数据的操作   D．数据及数据之间的联系

35. 关系代数运算是以（　　）为基础的运算。

  A．关系运算   B．谓词演算

  C．集合运算   D．代数运算

36. 一个关系只有一个（　　）。

  A．候选码   B．外键   C．超码   D．主键

37. 下列对主关键字字段的叙述中，错误的是（　　）。

  A．数据库中的每个表都必须有一个主关键字字段

  B．主关键字字段值是唯一的

  C．主关键字可以是一个字段，也可以是一组字段

  D．主关键字字段中不允许有重复值和空值

38. 若 D1 = {A1, A2, A3}，D2 = {B1, B2, B3}，则 D1×D2 集合中共有元组（　　）个。

  A．6   B．8   C．9   D．12

39. 假定学生关系是 S（学号，姓名，性别），课程关系是 C（课程号，课程名，任课教师），学生选课关系是 SC（学号，课程号，成绩），要查找选修某一课程的女学生的姓名，将涉及关系（　　）。

  A．S   B．SC，C   C．S，SC   D．S，C，SC

40. 假定学生关系（学号，姓名，班级号，成绩），班级关系（班级号，班级名，班级人数，平均成绩），学号和班级号分别为学生关系和班级关系的主键，则外键是（　　）。

  A．学生关系的"学号"   B．班级关系的"班级号"

  C．学生关系的"班级号"   D．班级关系的"班级名"

41. 有一个关系：学生（学号，姓名，系别），规定学号的值域是 10 个数字组成的字符串，这一规则属于（   ）。

    A. 实体完整性约束   B. 参照完整性约束

    C. 用户自定义完整性约束   D. 关键字完整性约束

42. 在有关数据库的概念中，若干个记录的集合称为（   ）。

    A. 字段名   B. 文件   C. 数据项   D. 数据表

43. 使用关系运算对表进行操作，得到的结果是（   ）。

    A. 元组   B. 属性   C. 关系   D. 域

44. 在数据库的安全性控制中，授权的数据对象的（   ），授权子系统就越灵活。

    A. 范围越小   B. 约束越细致   C. 安全性   D. 约束范围大

45. SQL 语言的 GRANT 和 REVOKE 语句主要是用于维护数据库的（   ）。

    A. 完整性   B. 可靠性   C. 安全性   D. 一致性

46. 数据库应用系统中的核心问题是（   ）。

    A. 数据库设计   B. 数据库系统设计

    C. 数据库维护   D. 数据库管理员培训

47. 下列软件中，（   ）不是数据库管理系统。

    A. VB   B. Access   C. Sybase   D. Oracle

48. 数据库设计中，使用 E-R 图来描述信息结构但不涉及信息在计算机中的表示，它属于数据库设计的（   ）。

    A. 需求分析阶段   B. 逻辑设计阶段

    C. 概念设计阶段   D. 物理设计阶段

49. 表结构定义中最基本的要素不包括（   ）。

    A. 字段大小   B. 字段名   C. 字段值   D. 字段类型

50. 常见的数据模型有 3 种，它们是（   ）。

    A. 网状、关系和语义   B. 层次、关系和网状

    C. 环状、层次和关系   D. 字段名、字段类型和记录

二、填空题

1. 在关系数据库中，将数据表示成二维表，每一个二维表称为_____。

2. 二维表中的一行称为关系的_____。

3. 数据模型不仅表示反映事物本身的数据，还表示_____。

4. 从关系中选择部分满足条件的元组组成新关系，称为关系操作的_____。

5. 在数据库的三级模式体系结构中，外模式与模式之间的映像（外模式/模式），实现了数据库_____独立性。

6. 关系是通过两个表之间的_____字段建立起来的。一般情况下，由于一个表的主关键字是另外一个表的_____，形成了两个表之间一对多的关系。

7. _____是在输入或删除记录时，为了维持表之间已定义的关系而必须遵循的规则。

8. 数据库应用系统的设计应该具有数据设计和_____功能，对数据进行收集、存储、加工、抽取和传播等。

9. 3 个基本的关系运算是_____、_____和连接。

10. 能够唯一标识表中每条记录的字段称为_____。

11. 数据库系统的核心是_____。

12. 关系是具有相同性质的_____集合。

13. 数据管理技术的发展过程经过人工管理、文件管理和数据库系统管理 3 个阶段，其中数据独立性最高的阶段是_____。

14. 数据库模型有_____、_____和_____。

15. 记录是表的一行中的字段集合，表中的记录用_____来标识。

16. 查询的目的是让用户根据_____对_____或_____进行检索，筛选出符合条件的记录，构成一个新的数据集合，从而方便用户对数据库进行查看和分析。

17. 查询是指专门用来进行_____，以便于以后进行数据加工的一种重要的数据库对象。

18. 查询结果可以作为其他数据库对象的_____。

19. 查询也是一个表，是以_____为数据来源的再生表。

20. 查询的结果总是与数据源中的数据_____。

21. SQL 查询必须在_____的基础上创建。

22. 查询可作为数据的_____来源。

23. 创建查询的首要条件是要有_____。

24. 生成表查询可以使原有_____扩大并得到合理的改善。

25. 更新查询结果，可对数据源中的数据进行_____。

26. 查询是对数据库中表的数据进行查找，同时产生一个类似于_____的结果。

27. 查询的结果是一组数据记录，即_____。

28. 选择查询可以从一个或多个_____中获取数据并显示结果。

29. 交叉表查询是利用表中的_____来统计和计算的。

30. _____是利用相同的字段属性，建立表间的连接关系。

三、判断题

1. 对于二维表，表中允许出现相同的行。 （　　）

2. 使用数据库系统可以避免数据的冗余。 （　　）

3. 在已建立的数据表中，若在显示表中的内容时使某些字段不能移动显示位置，可以使用冻结的方法。 （　　）

4. 表是由字段和记录组成的，表中的每一列为一个字段，每一行为一个记录。
（　　）

5. 在每一个表中必须设定所需的数据属性，此属性称为字段。 （　　）

6. 表是用来存放数据库相关数据的文件，一个数据库只能有一个表。 （　　）

7. 在搜索数据时，利用索引字段可以提高数据检索的效率。 （　　）

8. 在新增数据时，自动编号是自动产生的，可以自行输入或修改编号字段的数据。
（　　）

9. 用于存放数据库数据的对象是表。 （　　）

8.3 习 题 答 案

一、选择题

1. A	2. D	3. B	4. A	5. B	6. B	7. B	8. C	9. A	10. B
11. A	12. B	13. C	14. C	15. B	16. A	17. B	18. A	19. B	20. A
21. A	22. B	23. D	24. C	25. D	26. D	27. C	28. B	29. A	30. B
31. C	32. D	33. A	34. D	35. C	36. D	37. A	38. C	39. D	40. C
41. C	42. D	43. C	44. A	45. C	46. A	47. A	48. C	49. C	50. B

二、填空题

1. 关系
2. 记录或元组
3. 相关事物的联系
4. 选择
5. 逻辑
6. 相同，外键
7. 参照完整性
8. 数据处理
9. 选择，投影
10. 主键或主码
11. 数据库管理系统或 DBMS
12. 元组
13. 数据库系统管理阶段
14. 网状模型，层次模型，关系模型
15. 记录号
16. 指定条件，表，其他查询
17. 数据检索
18. 数据来源
19. 表或查询
20. 保持同步
21. 选择查询
22. 窗体和报表
23. 数据来源
24. 数据资源
25. 物理更新
26. 表
27. 动态集
28. 表
29. 行和列
30. 数据表关系

三、判断题

1. ×　　2. ×　　3. √　　4. √　　5. √　　6. ×　　7. √　　8. ×　　9. √

第9章 IT新技术

9.1 学习指导

一、学习目标

了解物联网、云计算和大数据的基本概念、特点及应用；了解大数据、云计算和物联网三者之间的区别与联系。

二、学习要点

1. 物联网

物物相连的互联网，即物联网。随着信息技术的发展，物联网的应用领域不断扩大，如智能交通、智慧医疗、智能家居、环保监测、智能安防、智能物流、智能电网、智慧农业、智能工业等领域。

2. 云计算

云计算是一种基于互联网的超级计算模式，它将计算任务分布在大量计算机构成的资源池中，使各种应用系统能够根据需要获取计算力、存储空间和各种软件服务，这些应用或服务通常不是运行在自己的服务器上，而是由第三方提供。

3. 大数据

大数据是指所涉及的资料量规模巨大到无法通过目前主流软件工具，在合理时间内达到撷取、管理和处理的数据集合。大数据具有数据量大（volume）、数据类型多样（variety）、处理速度快（velocity）、价值密度低（value）、真实性（veracity）等特点，统称 5V。大数据在金融、汽车、零售、餐饮、电信、能源、政务、医疗、体育、娱乐等社会各行各业都得到了广泛的应用，并深刻地改变着人们的社会生产和日常生活。

4. 大数据、云计算、物联网的关系

物联网对应互联网的感觉和运动神经系统。云计算是互联网的核心硬件层和核心软件层的集合，也是互联网中枢神经系统的萌芽。大数据代表互联网的信息层（数据海洋），是互联网智慧和意识产生的基础。物联网、传统互联网、移动互联网在源源不断地向互联网大数据层汇聚数据和接收数据。云计算与物联网推动大数据的发展。

三、学习方法

认真研读教材，掌握物联网、云计算和大数据的基本概念，可以借助网络、图书馆等延伸阅读，了解我国 IT 新技术的最新动态。

9.2 习　　题

一、选择题

1. 云计算是对（　　）技术的发展与运用。

    A. 并行计算   B. 网格计算   C. 分布式计算   D. 以上都是

2. 从研究现状上看，下列不属于云计算特点的是（　　）。

    A. 超大规模   B. 虚拟化   C. 私有化   D. 高可靠性

3. 云计算的特性包括（　　）。

    A. 简便地访问   B. 高可信度

    C. 按需计算与效劳   D. 3 个选项都是

4. 未来云计算服务面向（　　）客户。

    A. 企业和个人   B. 教育   C. 政府   D. 以上都是

5. 目前，在国内已经提供公共云效劳器的商家有（　　）。

    A. 腾讯   B. 华为   C. 中国移动   D. 以上都是

6. （　　）是当前最大的云计算的使用者。

    A. Google   B. Microsoft   C. Giwell   D. Saleforce

7. 云计算包括 3 种类型，面向所有用户提供服务，只要是注册付费的用户都可以使用，这种云计算属于（　　）。

    A. 公有云   B. 私有云   C. 混合云   D. 独立云

8. 云计算包括 3 种类型，只为特定用户提供服务，如大型企业出于安全考虑自建的云环境，只为企业内部提供服务，这种云计算属于（　　）。

    A. 公有云   B. 私有云   C. 混合云   D. 独立云

9. 物联网的英文名称是（　　）。

    A. internet of matters   B. internet of things

    C. internet of theory   D. internet of clouds

10. 物联网分为感知、网络和（　　）3 个层次。

    A. 应用   B. 推广   C. 传输   D. 运营

11. 第三次信息技术革命指的是（　　）。

    A. 互联网   B. 物联网   C. 智慧地球   D. 感知中国

12. （　　）是负责对物联网收集到的信息进行处理、管理、决策的后台计算机处理平台。

    A. 感知层   B. 网络层   C. 云计算平台   D. 物理层

13. 物联网的主要特征是（　　）。

    A. 全面感知   B. 智能处理   C. 可靠传送   D. 以上都是

14. 三层结构类型的物联网不包括（　　）。

    A. 感知层   B. 网络层   C. 应用层   D. 会话层

15．利用 RFID、传感器、二维码等随时随地获取物体的信息，指的是（   ）。

    A．可靠传递   B．全面感知   C．智能处理   D．互联网

16．相比于传统的医院信息系统，医疗物联网的网络连接方式以（   ）为主。

    A．有线传输   B．移动传输   C．无线传输   D．路由传输

17．下列存储方式中，不是物联网数据的存储方式的是（   ）。

    A．集中式存储   B．异地存储   C．本地存储   D．分布式存储

18．在环境监测系统中，一般不常用到的传感器类型有（   ）。

    A．温度传感器   B．速度传感器   C．照度传感器   D．湿度传感器

19．目前无线传感器网络没有广泛应用的领域有（   ）。

    A．人员定位   B．智能交通   C．智能家居   D．书法绘画

20．射频识别系统中真正的数据载体是（   ）。

    A．读写器   B．电子标签   C．天线   D．中间件

21．物联网的发展最终导致人类社会数据量的第三次跃升，使数据产生方式进入（   ）。

    A．手工创建阶段   B．运营式系统阶段

    C．用户原创内容阶段   D．感知式系统阶段

22．下列叙述中，错误的是（   ）。

    A．大数据会带来机器智能   B．大数据不仅仅是指数据的体量大

    C．大数据的英文名称是 large data   D．大数据是一种思维方式

23．大数据起源于（   ）。

    A．金融   B．电信   C．互联网   D．公共管理

24．我们在使用智能手机进行导航来避开城市拥堵路段时，体现了大数据的（   ）思维方式。

    A．我为人人，人人为我   B．全样而非抽样

    C．效率而非精确   D．相关而非因果

25．下列不是大数据的特征的是（   ）。

    A．价值密度低   B．数据类型多样   C．访问时间短   D．处理速度快

26．智能健康手环的开发应用，体现了（   ）的数据采集技术的应用。

    A．统计报表   B．网络爬虫   C．传感器   D．API 接口

27．智慧城市的构建，不包括（   ）。

    A．数字城市   B．物联网   C．联网监控   D．云计算

28．在当前社会中，最突出的大数据环境是（   ）。

    A．物联网   B．综合国力   C．互联网   D．自然资源

29．大数据的本质是（   ）。

    A．挖掘层   B．联系   C．搜集   D．洞察

30．下列关于数据的叙述中，错误的是（   ）。

    A．数据的根本价值在于可为人们找出答案

    B．数据的价值会因为不断使用而削减

    C．数据的价值会因为不断重组而产生更大的价值

    D．在目前阶段，数据的产生不以人的意志为转移

31. 云计算的主要优点不包括（　　　）。

    A. 初期投入大，需要用户自己维护

    B. 初期零成本，瞬时可获得

    C. 后期免维护，使用成本低

    D. 在供应 IT 资源量方面"予取予求"

32. 信息科技为大数据时代提供技术支撑，主要体现在 3 个方面，下列（　　　）不属于这 3 个方面。

    A. 存储设备容量不断增加　　　　　　　B. CPU 处理能力大幅提升

    C. 量子计算机的全面普及　　　　　　　D. 网络带宽不断增加

33. 下列关于推进数据共享的描述中，错误的是（　　　）。

    A. 要改变政府职能部门"数据孤岛"现象，立足于数据资源的共享互换，设定相对明确的数据标准，实现部门之间的数据对接与共享

    B. 要使不同地区之间的数据实现对接与共享，解决数据"画地为牢"的问题，实现数据共享共用

    C. 在企业内部，破除"数据孤岛"，推进数据融合

    D. 在不同企业之间，为了保护各自商业利益，不宜实现数据共享

34. 下列关于大数据、云计算和物联网的区别，描述错误的是（　　　）。

    A. 大数据侧重于对海量数据的存储、处理与分析，从海量数据中发现价值，服务于生产和生活

    B. 云计算本质上旨在整合和优化各种 IT 资源并通过网络以服务的方式，廉价地提供给用户

    C. 云计算旨在从海量数据中发现价值，服务于生产和生活

    D. 物联网的发展目标是实现物物相连，应用创新是物联网发展的核心

35. 第三次信息化浪潮的标志是（　　　）。

    A. 个人计算机的普及

    B. 互联网的普及

    C. 云计算、大数据和物联网技术的普及

    D. 人工智能的普及

36. 小王自驾车到一座陌生的城市出差，对他来说可能最有用的是（　　　）。

    A. 停车诱导系统　　　　　　　　　　　B. 实时交通信息服务

    C. 智能交通管理系统　　　　　　　　　D. 车载网络

37. 下列选项中，（　　　）是物联网在个人用户的智能控制类应用。

    A. 精细农业　　　B. 智能交通　　　C. 医疗保险　　　D. 智能家居

38. 下列不属于物联网关键技术的是（　　　）。

    A. 全球定位系统　　B. 移动电话技术　　C. 视频车辆监测　　D. 有线网络

39. 不属于智能交通实际应用的是（　　　）。

    A. 不停车收费系统　　　　　　　　　　B. 先进的车辆控制系统

    C. 探测车辆和设备　　　　　　　　　　D. 先进的公共交通系统

40．物联网在物流领域的应用催生出许多智能物流方面的应用，下列（　　）不属于其在智能物流方面的应用。

　　A．智能海关　　　B．智能邮政　　　C．智能配送　　　D．智能交通

二、判断题

1．所谓云计算就是一种计算平台或应用模式。（　　）

2．云计算可以有效地进行资源整合，解决资源闲置问题，提高资源利用率。（　　）

3．互联网就是一个超大云。（　　）

4．随着云计算的发展和推动，云桌面一定会代替传统本地桌面。（　　）

5．云计算产业链中的"造云者"角色是云服务提供商。（　　）

6．物联网是指通过装置在物体上的各种信息传感设备，如 RFID 装置，赋予物体智能，并通过接口与互联网相连而形成一个物品与物品相连的巨大的分布式协同网络。（　　）

7．传感器不是感知延伸层获取数据的一种设备。（　　）

8．云计算不是物联网的一个组成部分。（　　）

9．物联网的价值在于物而不在于网。（　　）

10．传感器技术和射频识别技术共同构成物联网的核心技术。（　　）

11．当今世界四大趋势指的是经济全球化、全球城市化、全球信息化和信息智慧化。（　　）

12．大数据仅仅是指数据的体量大。（　　）

13．"互联网+"战略就是利用互联网的平台和信息通信技术，把互联网和包括传统行业在内的各行各业结合起来，在新的领域创造一种新的生态。（　　）

14．大数据实际上是指一种思维方式、一种抽象的概念。（　　）

15．高强度的计算越来越强调不是数据积累到一定程度再分析，而是在数据发生的过程中就把问题找出来。（　　）

9.3　习　题　答　案

一、选择题

1．D	2．C	3．D	4．D	5．D	6．A	7．A	8．B	9．B	10．A
11．B	12．C	13．D	14．D	15．B	16．C	17．B	18．B	19．D	20．B
21．D	22．C	23．C	24．A	25．C	26．C	27．C	28．C	29．D	30．B
31．A	32．C	33．D	34．C	35．C	36．B	37．D	38．D	39．C	40．D

二、判断题

1．×　　2．√　　3．√　　4．×　　5．×　　6．√　　7．×　　8．×　　9．×

10．×　　11．√　　12．×　　13．√　　14．√　　15．√

实　验　篇

实验 1　Windows 10 基础操作

一、实验目的

1）观察计算机主机和显示器的外观，熟悉计算机的外形特征。
2）掌握键盘和鼠标的规范操作。
3）掌握一种常用的输入法，提高文字的输入速度。
4）熟悉 Windows 10 的基本操作。
5）掌握 Windows 10 资源管理器对文件和文件夹的操作方法。
6）掌握 Windows 10 控制面板对常规项目的设置方法。
7）掌握 Windows 10 汉字输入法的安装及使用方法。
8）掌握 Windows 10 的附件中常用程序的使用方法。
9）了解 Windows 10 的画图工具和计算器工具的使用方法。

二、实验内容与操作步骤

1．观察计算机

观察上机实验所使用的计算机，注意主机和显示器所在的位置。在主机箱的面板上找到计算机启动按钮，观察其颜色和外观。如果计算机尚未启动，请按电源按钮启动计算机。

2．观察屏幕提示信息

观察计算机启动过程中屏幕显示的信息。在正常的情况下，稍等片刻计算机屏幕将显示 Windows 10 的桌面。

3．观察桌面

观察计算机操作系统桌面上出现的内容，指出"此电脑""回收站""网络"等图标及"开始"按钮和任务栏所在的位置。

4．鼠标的使用

鼠标操作有单击、双击、按住鼠标左键拖动、右击等操作。请尝试对桌面上的"此电脑"图标对象进行上述鼠标操作，注意观察计算机对不同鼠标操作产生的响应。

5．键盘打字练习

（1）正确的击键姿势
初学键盘输入时，首先必须注意击键姿势，如果击键姿势不当，就不能做到准确快速地输入，也容易疲劳。正确操作姿势如下。

1）身体应保持笔直，稍偏于键盘右方。

2）应将全身重量置于椅子上，椅子旋转到便于手指操作的高度，两脚平放。

3）两肘轻轻贴于腋边，手指轻放于基准键位上，手腕平直。人与键盘的距离，可通过移动椅子或键盘的位置来调节，以调节到人能保持正确的击键姿势为好。

（2）基准键位及其与手指的对应关系

1）基准键位于键盘的第二行，共有 8 个键，分别是 A、S、D、F、J、K、L 和分号键，如图 1.1 所示。

图 1.1　基准键位

在不打字和打字的间隙，应该让各手指都停在基准键上方。F 键和 J 键表面有凸起，方便用户定位这两个键。

2）各手指负责的键位如图 1.2 所示。

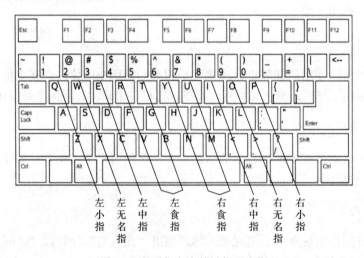

图 1.2　各手指负责的键位示意图

（3）空格与回车符的输入

使用右拇指输入空格符，使用右小指输入回车符。输入完毕后，相应的手指要返回到基准键位。

（4）键盘指法分区

键盘的指法分区如图 1.2 所示，凡斜线范围内的键位，都必须由相应的手指负责管理，这样便于操作和记忆。只要操作键盘的方法规范，加强练习，就能提高打字速度。

6．Windows 10 基本操作

1）掌握鼠标的操作方法。选中对象，右击或按住鼠标右键拖动都会弹出快捷菜单。按住鼠标右键拖动弹出的快捷菜单，如图 1.3 所示。

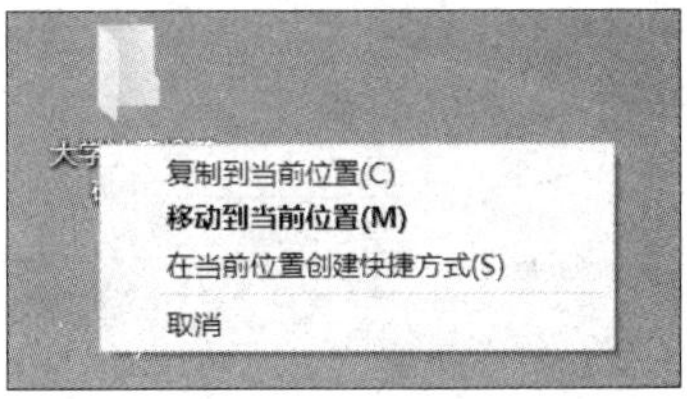

2）进行窗口操作。

① 移动窗口。利用鼠标拖动窗口标题栏移动窗口。

② 将鼠标指针移动到窗口的边界，指针变成双向箭头时拖动鼠标，适当调整窗口的大小，使滚动条出现，然后拖动滚动条查看窗口中的内容。

图 1.3　右键拖动弹出的快捷菜单

③ 分别单击"最小化"按钮 ﹣ 、"最大化"按钮 ▢ 、"关闭"按钮 × 将窗口最小化、最大化（还原）、关闭。

3）排列桌面图标。在桌面非任务栏的空白处右击，在弹出的快捷菜单中选择"查看"→"大图标"选项，观察设置结果。选择"排序方式"→"名称"选项，将所有图标按名称排列。

4）设置桌面背景和屏幕保护程序。

① 设置桌面背景。在桌面非任务栏的空白处右击，在弹出的快捷菜单中选择"个性化"选项，打开如图 1.4 所示的窗口。在这个窗口中，可以更改桌面的背景、颜色、锁屏界面、主题、字体，以及进行一些更高级的设置。

图 1.4　个性化设置

具体操作：在个性化窗口中，选择左侧的"背景"选项，用户可以利用系统自带的背景图片和自定义图片两种方法设置桌面背景。

② 屏幕保护程序的设置。在个性化窗口中，选择左侧的"锁屏界面"选项，单击窗口右下方的"屏幕保护程序设置"链接，打开"屏幕保护程序设置"对话框，如图 1.5 所示，用户可以利用系统自带的屏幕保护程序和自定义图片两种方法设置屏幕保护程序。

5）设置任务栏。在任务栏空白处右击，在弹出的快捷菜单中选择"任务栏"选项，打开任务栏设置窗口，如图 1.6 所示，练习自定义任务栏的操作。读者可自行修改并查看效果。

图 1.5　"屏幕保护程序设置"对话框

图 1.6　任务栏设置窗口

6）在桌面上创建启动"控制面板"的快捷方式图标。在桌面空白处右击，在弹出的快捷菜单中选择"个性化"选项，在打开的窗口中选择左侧的"主题"选项，单击窗口右下方的"桌面图标设置"链接，在打开的"桌面图标设置"对话框中选中"控制面板"复选框，如图 1.7 所示，然后单击"应用"按钮和"确定"按钮。

7）使用"帮助和支持"功能。在打开的应用程序中按 F1 键，如果该应用自身提供了帮助功能，则会将其打开。反之，Windows 10 会调用用户当前的默认浏览器打开 Bing 搜索页面，获取 Windows 10 帮助信息。任务栏左侧的搜索框可以快速搜索，如在搜索框中输入"快捷键"后按 Enter 键，则系统会给出所有与关键字"快捷键"有关的搜索结果。用户可以单击这些结果进一步查看内容。

8）设置语言栏。在任务栏右侧的语言栏上右击，在弹出的快捷菜单中选择"任务栏设置"选项，打开"设置"窗口，单击"高级键盘设置"→"语言栏选项"链接，在打开的如图 1.8 所示的"文本服务和输入语言"对话框可以对语言进行设置，然后单击"确定"按钮即可。

图 1.7　"桌面图标设置"对话框

图 1.8　设置语言栏

9）使用任务管理器。在任务栏上右击，在弹出的快捷菜单中选择"任务管理器"选项，或者按 Ctrl+Alt+Delete 组合键，在打开的界面中选择"任务管理器"选项，都可以打开"任务管理器"窗口，如图 1.9 所示。

启动一个画图程序，查看进程后，再终止此进程。具体操作如下。

① 选择"开始"→"Windows 附件"→"画图"选项，启动应用程序，再打开"任务管理器"窗口，查看并记录系统当前的进程数。

② 在"任务管理器"窗口的"进程"选项卡中的"应用"列表中选择"画图"程序，然后单击"结束任务"按钮，即可终止"画图"程序的运行。

图 1.9　"任务管理器"窗口

7. 文件资源管理器的使用

通过"此电脑"窗口可以组织和管理计算机的软硬件资源，包括查看系统信息、显示磁盘信息等。文件资源管理器和"此电脑"窗口的功能相同，但显示内容略有不同。为了更快地查看计算机上的文件和文件夹，可选择使用文件资源管理器。

在桌面的任务栏上单击文件资源管理器图标 ，或者右击"开始"按钮，在弹出的快捷菜单中选择"文件资源管理器"选项，打开"文件资源管理器"窗口，如图 1.10 所示，进行下列操作。

图 1.10　"文件资源管理器"窗口

1）观察资源管理器窗口的组成。

2）改变文件和文件夹的显示方式及排序方式，观察相应的变化（提示：选择"查看"选项卡，在其中选择合适的命令即可）。

3）查看文件和文件夹的属性。在文件资源管理器窗口左侧，打开 C 盘的树形结构，在名为"Program Files"文件夹上右击，然后在弹出的快捷菜单中选择"属性"选项，在打开的对话框中查看该文件夹的属性，如图 1.11 所示。

4）创建文件夹。单击文件资源管理器窗口左侧的 D 盘图标，在窗口右侧显示 D 盘中的内容，然后在窗口右侧空白处右击，在弹出的快捷菜单中选择"新建"→"文件夹"选项，如图 1.12 所示，并将新建的文件夹命名为 LX。然后参考上述步骤，在 LX 文件夹下建立名为 SUB 的子文件夹。

图 1.11　查看文件夹的属性

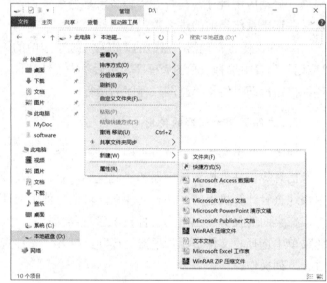

图 1.12　新建文件夹

5）创建文件。在文件资源管理器中打开 LX 文件夹，然后在窗口右侧的空白处右击，在弹出的快捷菜单中选择"新建"→"文本文档"选项，此时可以建立一个文件，将此文件名修改为"我的文件.txt"。注意：如果文件显示了扩展名，就不要删除其扩展名。

6）复制文件。具体操作：选中 C:\WINDOWS 文件夹中任意 4 个类型为"文本文件"的文件，右击，在弹出的快捷菜单中选择"复制"选项；然后在 D:\LX 文件夹的空白处右击，在弹出的快捷菜单中选择"粘贴"选项，即可完成文件的复制操作。

7）移动文件。将 D:\LX 文件夹中的一个文件移动到 SUB 子文件夹中。

具体操作：在 D:\LX 文件夹中选择一个文本文件，右击，在弹出的快捷菜单中选择"剪切"选项；然后在 D:\LX\SUB 文件夹的空白处右击，在弹出的快捷菜单中选择"粘贴"选项，即可完成文件的移动操作。

8）删除 SUB 子文件夹，然后将其恢复。

具体操作：选中 SUB 子文件夹，右击，在弹出的快捷菜单中选择"删除"选项，即可将该文件夹删除。

打开桌面上的回收站，找到刚才删除的文件夹，在其图标上右击，在弹出的快捷菜单中选择"还原"选项即可将其恢复。

9）重命名文件。将"我的文件.txt"文件名修改为"mydocument.txt"。

具体操作：在 D:\LX 文件夹中选中"我的文件.txt"文件，右击，在弹出的快捷菜单中选择"重命名"选项，然后将文件名修改为"mydocument.txt"即可。

8．控制面板的使用

1）设置日期和时间。

具体操作：双击桌面上的"控制面板"图标，打开"控制面板"窗口，单击"时钟和区域"→"设置时间和日期"链接，打开如图 1.13 所示的"日期和时间"对话框。选择相应的项目进行修改。更改完毕后，单击"确定"按钮即可。

2）设置鼠标。

具体操作：在"控制面板"窗口中，单击"外观和个性化"链接，在打开的窗口中单击"硬件和声音"→"鼠标"链接，打开"鼠标 属性"对话框，如图 1.14 所示。适当调整鼠标的双击速度，并按自己的喜好选择是否显示指针轨迹及调整指针形状，然后测试鼠标的双击速度，最后恢复初始设置。

图 1.13　"日期和时间"对话框

图 1.14　"鼠标 属性"对话框

3）查看系统属性。

具体操作：在"控制面板"窗口中，单击"系统和安全"链接，打开"系统和安全"窗口。单击窗口右侧的"系统"链接，在打开的"系统"窗口中可以看到当前计算机的基本信息，如图 1.15 所示。单击"更改设置"链接，打开"系统属性"对话框，如图 1.16 所示，单击"硬件"选项卡中的"设备管理器"按钮，可以查看所有硬件的信息。

注意：初学者不宜修改相关设置。

图 1.15　查看计算机的基本信息 　　　　图 1.16　"系统属性"对话框

9. 汉字输入法的安装及使用

汉字输入法是以拼音为基础的输入方法。这里以搜狗拼音输入法为例，介绍其使用方法。单击屏幕右下角的语言栏上的输入法图标，选择搜狗拼音输入法，如图 1.17 所示。

其中，图标从左到右分别代表中/英文、中/英文标点、表情、语音、输入方式、账户、皮肤盒子和工具箱。

下面介绍搜狗拼音输入法的一些使用方法。

1）全拼输入是拼音输入法中最基本的输入方法。按 Ctrl+Shift 组合键切换到搜狗拼音输入法，在输入窗口输入拼音即可输入，如图 1.18 所示。按 Enter 键，即可输入第一个词。

图 1.17　搜狗拼音输入法 　　　　　　图 1.18　搜狗全拼输入

2）简拼是输入声母或声母的首字母来进行输入的一种方法，有效地利用简拼，可以大幅提高输入的效率。搜狗拼音输入法支持声母简拼和声母的首字母简拼。例如，想要输入"此电脑"，只需要输入每个字的首字母"cdn"就可以输出"此电脑"。

3）中英文输入法切换：默认状态下，按 Shift 键就会切换到英文输入状态，再按 Shift 键就会返回中文输入状态。单击状态栏上的"中"字图标也可以进行中英文输入法的切换。

4）网址输入模式：特别为网络设计的便捷功能，使在中文输入状态下就可以输入大多数的网址。规则是，输入以 www、http:、ftp:、telnet:、mailto: 等开头的字母时，自动识别进入英文输入状态，后面可以输入如 www.sogou.com、ftp://sogou.com 类型的网址，如图 1.19 所示。

图 1.19　搜狗网址输入模式

5）生僻汉字的输入：拆分输入。

遇到类似于"叆""犇"这样的生僻汉字，看似简单但是又很复杂，知道组成这个文字的部分，却不知道这些文字的读音。

搜狗拼音输入法提供了便捷的拆分输入，化繁为简，使生僻的汉字可以轻松地输出：直接输入生僻字的组成部分的拼音即可，如图 1.20 和图 1.21 所示。

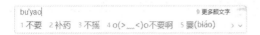

图 1.20 生僻汉字"㜮"的输入   图 1.21 生僻汉字"犇"的输入

6）快速输入表情及其他特殊符号 o（∩_∩）o。搜狗输入法提供了丰富的表情、特殊符号库及字符画，不仅在候选项上可以选择，还可以单击上方的"更多斗图表情"提示，如图 1.22 所示，进入表情&符号输入专用面板，随意选择喜欢的表情、符号、字符画。

图 1.22 快速输入表情

10．Windows 10 附件中的常用程序

（1）写字板

选择"开始"→"Windows 附件"→"写字板"选项，打开写字板程序，输入下列方框中的文字，以"LETTER"为文件名保存在"我的文档"中，并完成下列操作。

1）在信的末尾插入日期和时间。

2）在信的任意位置插入一幅图画（提示：利用"插入"→"图片"命令）。

3）将"王经理"3 个字改为宋体、三号红色粗体字。

4）将文件保存在"我的文档"文件夹中（提示：利用"文件"→"保存"命令）。

王经理：

附上文档，如有疑问，请来电。

开放式工作环境，可任意加挂软件。

虽然全能影像工作室细心地包含了不同功能的应用软件，但是你仍旧可以任意地加挂你惯用的特定软件，由于这些老朋友的加入，使您在使用全能影像工作室时可以立即上手，不必担心因为学习软件而影响您的工作效率，而开放式工作环境的概念也赋予全能影像工作室对未来的软件开发无限的包容能力。

（2）截图工具的使用

Windows 10 自带的截图工具用于帮助用户截取屏幕图像，还可以对截取的图像进行编辑。

1）新建截图。选择"开始"→"Windows 附件"→"截图工具"选项，打开如图 1.23 所示的"截图工具"窗口。

单击"新建"按钮，选择要截取图片的起始位置，然后按住鼠标不放，拖动选择要截取的图像区域，然后释放鼠标左键即可完成截图操作。

图 1.23 "截图工具"窗口

2）编辑截图。截图工具带有简单的图像编辑功能，如图 1.24 所示。单击"复制"按钮，可以复制图像；单击"笔"按钮，可以使用画笔功能绘制图形或书写文字；单击"荧光笔"按钮，可以绘制和书写具有荧光效果的图形和文字；单击"橡皮擦"按钮，可以擦除用笔和荧光笔绘制的图形。

图 1.24　编辑截图窗口

3）保存截图。将上述截取到的图片保存到计算机中，选择"文件"→"另存为"选项，在打开的"另存为"对话框中输入文件名即可。

（3）画图工具的使用

使用 Windows 的画图工具绘制一幅图。

操作：单击"开始"按钮，在打开的"开始"菜单中选择"Windows 附件"→"画图"选项，启动 Windows 画图程序绘制一幅图像，并通过"文件"→"保存"选项将该图像保存在本地硬盘中。

（4）使用计算器

计算器包含"标准""科学""程序员""日期计算"等模式，标准计算器可以完成日常工作中简单的算术运算，科学计算器可以完成较为复杂的科学运算，如函数运算等。

单击"开始"按钮，在打开的"开始"菜单中选择"计算器"选项，即可打开"计算器"窗口，系统默认为标准计算器。

选择"导航菜单"→"科学"选项，即可打开科学计算器窗口。科学计算器可以进行一些函数的运算，使用时要先确定运算的单位，在数字区输入数值，然后选择函数运算符，再单击"="按钮即可得到结果。

使用计算器可以进行四则运算、混合计算、立方运算、进制转换、统计运算及日期计算等。将下列运算结果记录下来，并写在上机实验报告纸上。

1）选择"导航菜单"→"科学"选项，打开科学计算器，如图 1.25 所示，然后进行以下计算。

四则运算：计算 $(56+42-21.4)\times13\div2.5$ 的值。

立方运算：计算 26^3 的值。

混合计算：计算 $35.6\times128.5+2\sin\dfrac{4\pi}{3}-\ln5$ 的值。

2）选择"导航菜单"→"程序员"选项，打开程序员计算器，如图 1.26 所示，然后进行二进制、八进制、十进制、十六进制之间的任意转换。例如，将十进制数 69 转换为二进制数，首先在计算器中输入 69，然后选择二进制选项，计算器就会输出对应的二进制数。

利用计算器对下列各数进行数制转换：

$(192)_{10}=($　　　$)_2=($　　　$)_8=($　　　$)_{16}$

$(AF4)_{16}=($　　　$)_2=($　　　$)_{10}$

$(11000101)_2=($　　　$)_{10}$

$(198106142)_{10}=($　　　$)_{16}$

$(725416)_8=($　　　$)_2$

3）日期计算。选择"导航菜单"→"日期计算"选项，打开日期计算器，如图 1.27 所示，然后进行以下计算：

计算 2021 年 9 月 7 日～2021 年 10 月 21 日之间间隔的天数。

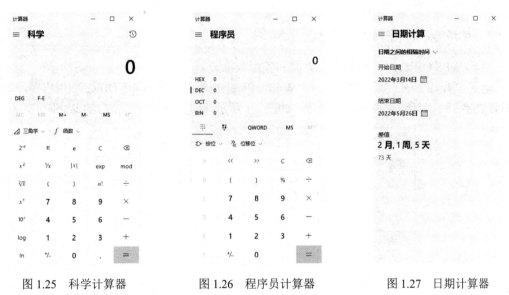

图 1.25　科学计算器　　　　　图 1.26　程序员计算器　　　　　图 1.27　日期计算器

11．关闭计算机

每次实验课结束时，应养成及时关闭计算机的习惯。关闭计算机的正确方法是选择"开始"→"电源"→"关机"选项，将计算机关闭。在使用计算机的过程中，若出现紧急情况，可通过直接切断电源的方式关闭计算机，并立即向老师报告。

实验 2 WPS 文字基本操作

一、实验目的

1）掌握 WPS 文字文档的新建、保存和打开的方法。
2）熟练掌握文档的基本编辑，包括插入、删除、修改、复制和移动内容等操作。
3）熟练掌握文档编辑中的快速编辑、文本校对与替换。
4）了解文档不同视图方式的特点。
5）掌握字符和段落格式的设置方法。
6）掌握项目符号和分栏等操作方法。
7）掌握页面排版的基本方法。
8）掌握特殊符号、尾注的插入方法。

二、实验内容与操作步骤

1. 观察 WPS 文字的工作界面

启动 WPS Office，认识其工作界面和各组成部分。

选择"开始"→"所有程序"→"WPS Office"选项，启动 WPS Office 应用程序，选择"新建文字"→"新建空白文字"选项，如图 2.1 所示，即可新建一个空白的 WPS 文字文档。

图 2.1　新建 WPS 文字文档

WPS 文字文档的工作界面如图 2.2 所示。新建一个文档后，在文档的开始位置将出现一个闪烁的光标，称为"插入点"。在文档中输入的文本，都将在插入点处出现。

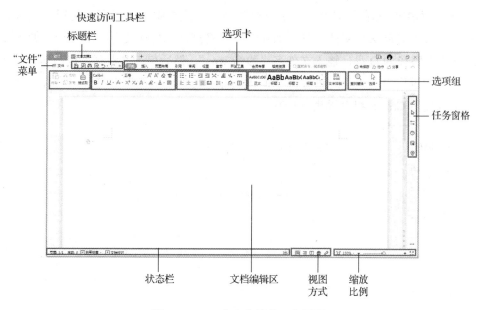

图 2.2　WPS 文字文档的工作界面

2．编辑文档

任选一种输入法输入如图 2.3 所示的文字，将文件命名为"珍惜.wps"，并保存在 D 盘。按照下述步骤对文档进行排版。

你有过这样的经历吗？某一天你的母亲帮你洗衣服时，不小心揉皱了你的衣领。不巧，上班时你多嘴的同事因此奚落了你，为此你对着母亲生了半天的气；女孩子也许还有这样的兴致，小心地伺候花草，为小宠物科学配食，却无暇顾及亲人的"胃"；更不用说，众人眼里文静的你，在家也会"河东狮吼"。生活中，我们常常温柔地对待无足轻重的别人，对小花、小草、小动物尚能有一片爱惜与宽容，却刻薄了生命中至亲至爱的人。学心理学的朋友曾对我说过这样一种现象：整天在外乐呵呵的人，对自己的家人往往脾气很坏。对此定论，我当时不以为然，甚至觉得毫无道理。可细究起来，却发现这句话里晃着真理的影子。每个人都有自己的遭遇挫折后的心理调节系统，而挫折容忍力低的人，也就容易找"替罪羊"来消解不满。我们很多人不都有这样一种想法：因为是自己人，所以才不遮不挡，即使错了，他们也会原谅我们。于是，家庭成为许多人的情感垃圾站，把自己在外受的委屈"理所当然"地转嫁给家人或朋友。即使后来醒悟，也只是有一点点不好意思，殊不知有时对你爱得越深的人，被你伤得越深。学会珍惜很重要。因为珍惜，我们不再随意发泄，当再次受伤后，我们学会冷静梳理，然后理智地倾诉。因为珍惜，我们总是用一个感恩的心凝视这个世界并超越世俗的斤斤计较与恩怨相报。因为珍惜，我们找回自信。其实爱你的、关心你的人好多，那曾经不小心落在红尘中的微笑，重新绽放在心灵深处。因为珍惜，我们爱得更深，给得更多。因为珍惜，我们冲出了"唯有被爱才是幸福"的成见，爱是一种能力，而珍惜是爱的翅膀。这个世界并不缺少关爱，这个世界少的是会飞的爱——珍惜。

图 2.3　示例文字 1

1）选择输入法。

① 中文输入法和英文输入法切换时，使用 Ctrl+Space 组合键。

② 各输入法和英文输入法切换时，使用 Ctrl+Shift 组合键。

③ 中英文标点切换时，使用 Ctrl+.组合键。

注意：输入汉字时要使用中文标点。

2）在文本编辑区输入文本后，单击快速访问工具栏中的"保存"按钮，或选择"文件"→"保存"选项保存文件，首次保存文件时将打开"另存文件"对话框，如图 2.4 所示。选择保存路径为 D 盘，输入文件名"珍惜.wps"，然后单击"保存"按钮即可。在输入和编辑文本的过程中应该随时进行保存，再次保存文件时，则不会打开"另存文件"对话框，也可以使用 Ctrl+S 组合键进行保存。

图2.4　"另存文件"对话框

3）在文档最前面插入一行标题"珍惜"。将光标放在文档最前面，按 Enter 键插入一个空行，然后输入文本"珍惜"。

4）选中"珍惜"或将光标置于第 1 行，选择"开始"选项卡"样式"选项组中的"标题 2"样式，设置"珍惜"为"标题 2"样式；单击"段落"选项组中的"居中"按钮，将"珍惜"居中显示。

5）将文档分为两段，第二段为"生活中，我们常常温柔地对待无足轻重的别人……"直到文末。将光标置于"生活中……"句前，按 Enter 键即可完成分段。若要将两段合并，只要删除段落标记 即可。

6）将文档中所有的"你"替换为"you"。单击"开始"选项卡"编辑"选项组中的"查找替换"下拉按钮，在弹出的下拉列表中选择"替换"选项，打开"查找和替换"对话框。在"查找内容"文本框中输入"你"，在"替换为"文本框中输入"you"，然后单击"全部替换"按钮即可。

7）将所有的英文单词设置为首字母大写。按 **Ctrl+A** 组合键选中全文，单击"开始"选项卡"字体"选项组中的"更改大小写"按钮，打开"更改大小写"对话框，如图 2.5 所示。选中"词首字母大写"单选按钮，然后单击"确定"按钮即可。

8）将所有英文字母设置为蓝色。单击"开始"选项卡"编辑"选项组中的"查找替换"下拉按钮，在弹出的下拉列表中选择"替换"选项，打开"查找和替换"对话框。先将光标定位在"查找内容"文本框中，单击"特殊格式"下拉按钮，在弹出的下拉列表中选择"任意字母"选项，这时在"查找内容"文本框显示"^$"符号，表示任意字母；然后将光标定位在"替换为"文本框中，单击"格式"下拉按钮，在弹出的下拉列表中选择"字体"选项，在打开的对话框中设置字体颜色为蓝色即可，应保持"替换为"文本框中是空的，表示只替换格式，如图 2.6 所示，单击"确定"按钮，然后将文档以原名保存到 D 盘。

图 2.5　"更改大小写"对话框

图 2.6　"替换和查找"对话框

9）单击"视图"选项卡"文档视图"选项组中的各按钮，分别以阅读版式、写作模式、页面、大纲和 Web 版式等视图方式显示文档，观察各视图方式的不同显示效果。

10）设置字体和段落格式。将正文首行缩进 2 个字符，将字体设置为小四号，中文字体设置为华文行楷，英文字体设置为 Arial Black，行间距设置为固定值 18 磅。单击"开始"选项卡"字体"选项组右下角的对话框启动器，打开"字体"对话框，如图 2.7 所示。设置字号为小四号，中文字体为华文行楷、西文字体为 Arial Black，然后单击"确定"按钮。再单击"开始"选项卡"段落"选项组右下角的对话框启动器，打开"段落"对话框，如图 2.8 所示，设置特殊格式为首行缩进，度量值为 2 字符，设置行距为固定值 18 磅。

注意：若先设置中文字体，再设置英文字体，则英文字体只对英文有效，中文保留原来的字体格式。

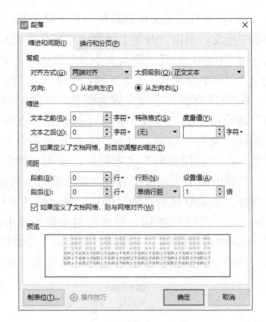

图 2.7 "字体"对话框   图 2.8 "段落"对话框

11）进行页面设置。选择"页面布局"选项卡，"页面设置"选项组包括"纸张大小"、"页边距"和"纸张方向"等下拉按钮，设置纸张大小为 B5(JIS)，页边距均为 2 厘米。单击"页面背景"选项组中的"页面边框"按钮，打开"边框和底纹"对话框，选择"页面边框"选项卡，在"设置"组中选择"自定义"选项，单击"艺术型"下拉按钮，在弹出的下拉列表中选择需要的艺术型边框，如图 2.9 所示。

12）为第二段添加 25%的红色底纹。选中第二段，单击"页面布局"选项卡"页面背景"选项组中的"页面边框"按钮，打开"边框和底纹"对话框，选择"底纹"选项卡。在"样式"下拉列表中选择"25%"选项，在"颜色"下拉列表中选择红色，在"应用于"下拉列表中选择"段落"选项，然后单击"确定"按钮，如图 2.10 所示。

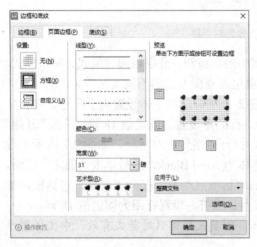

图 2.9 "边框和底纹"对话框 1   图 2.10 "边框和底纹"对话框 2

13）将第二段分栏。选中第二段，单击"页面布局"选项卡"页面设置"选项组中的"分栏"下拉按钮，在弹出的下拉列表中选择"两栏"选项，即可将选定段落分为两栏；如果要添加分隔线，则单击"分栏"下拉按钮，在弹出的下拉列表中选择"更多分栏"选项，打开"分栏"对话框，如图 2.11 所示，选中"分隔线"复选框，然后单击"确定"按钮即可。

14）单击"插入"选项卡中的"页眉页脚"按钮，在出现的"页眉页脚"选项卡中单击"页脚"下拉按钮，在弹出的下拉列表中选择一种页脚样式，在页脚处的位置输入班级、姓名、学号；在"页眉页脚"选项卡中，单击"日期和时间"按钮，在打开的"日期和时间"对话框的"可用格式"列表框中选择一种日期和时间样式，选中右下角的"自动更新"复选框，然后单击"确定"按钮即可完成页脚的设置，单击"关闭"按钮，回到正文的编辑状态。

15）设置第二段首字下沉的效果。先将光标定位在第二段，单击"插入"选项卡"文本"选项组中的"首字下沉"按钮，打开"首字下沉"对话框，如图 2.12 所示，设置字体为华文行楷，下沉行数为 3 行，并适当调整大小。

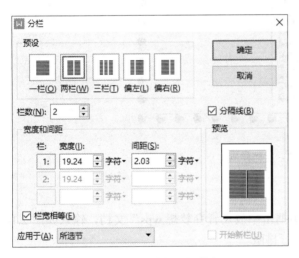

图 2.11　"分栏"对话框

图 2.12　"首字下沉"对话框

16）添加水印。单击"插入"选项卡中的"水印"下拉按钮，在弹出的下拉列表中选择"插入水印"选项，在打开的"水印"对话框中选中"文字水印"复选框，设置内容为"严禁复制"、字体为楷体、字号为 44、颜色为绿色、版式为倾斜，然后单击"确定"按钮，为文档添加水印。

文档的最终排版效果如图 2.13 所示。

珍惜

You 有过这样的经历吗？某一天 You 的母亲帮 You 洗衣服时，不小心揉皱了 You 的衣领。不巧，上班时 You 多嘴的同事因此笑话了 You，为此 You 对着母亲生了半天的气。女孩子也许还有这样的兴致，小心地闻保花草，为小宠物制作纪念，却无暇顾及亲人的"冒"，更不用说，众人眼里文静的 You，在家也会"河东狮吼"。

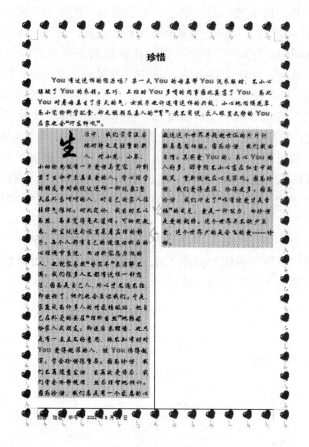

图 2.13　文档样例 1

3．制作文字板报

在 D 盘中新建一个文件名为"在奋勇搏击中放飞青春梦想.wps"文档，输入如图 2.14 所示的文本内容。按照下列步骤对文档进行排版。

"青春由磨砺而出彩，人生因奋斗而升华。"在五四青年节到来之际，习近平总书记寄语新时代中国青年继承和发扬五四精神，坚定理想信念，站稳人民立场，练就过硬本领，投身强国伟业，始终保持艰苦奋斗的前进姿态，同亿万人民一道，在实现中华民族伟大复兴中国梦的新长征路上奋勇搏击。

语重心长的嘱托，饱含深情的期许，鼓舞人心，催人奋进。

正如梁启超在《少年中国说》里所比喻的，少年之人如朝阳、如乳虎、如春前之草、如长江之初发源。

青春是活力的代名词，青年是国家的希望、民族的未来。今天，民族复兴道路正在我们脚下延伸，历史的新征程正由我们开启。

以青春之我、奋斗之我，为民族复兴铺路架桥，为祖国建设添砖加瓦，广大青年生逢其时，重任在肩。

奋斗者永远是年轻的。青春与否，无关乎年龄，而在于心境。用奋斗礼赞时代，用拼搏定义未来，这不仅是年轻人该有的追求，更是每个与时代同行者应有的姿态。奋斗不息，青春不朽。让我们以梦为马，不负韶华，在奋勇搏击中放飞青春梦想，在砥砺前行中激扬青春力量。

图 2.14　示例文字 2

1）任选一种中文输入法，在第一行插入标题"在奋勇搏击中放飞青春梦想"。选中标题，单击"开始"选项卡"字体"选项组右下角的对话框启动器，打开"字体"对话框，设置标题的中文字体为黑体、加粗、红色，字号为三号；设置正文的中文字体为楷体；选择"字符间距"选项卡，设置字符间距为加宽 3 磅，然后单击"确定"按钮。单击"段落"选项组中的"居中"按钮，将标题居中显示。

2）将第一段设置左右缩进 2 字符，段前段后间距为 0.5 行，并添加黄色文字底纹。选中第一段，单击"开始"选项卡"段落"选项组右下角的对话框启动器，打开"段落"对话框，分别设置文本之前、文本之后各缩进 2 字符；"间距"为段前 0.5 行、段后 0.5 行，然后单击"确定"按钮。单击"段落"选项组中的"边框"下拉按钮，在弹出的下拉列表中选择"边框和底纹"选项，在打开的"边框和底纹"对话框中选择"底纹"选项卡，在"填充"颜色面板中选择"橙色，着色 4，浅色 60%"色块，在"应用于"下拉列表中选择"文字"选项，然后单击"确定"按钮即可。

3）为文字添加着重号、下画线，插入特殊符号。按住 Ctrl 键的同时选中"嘱托"和"期许"文字，打开"字体"对话框，为文字设置着重号。选中"鼓舞人心，催人奋进"文字，打开"字体"对话框，设置字形为倾斜，下画线为双波浪下画线。将光标定位在"鼓舞人心"左侧，单击"插入"选项卡中的"符号"下拉按钮，在弹出的下拉列表中选择"其他符号"选项，打开"符号"对话框，如图 2.15 所示，选择插入序号①；同理，在"催人奋进"的左侧，插入序号②。

4）将第三段首行缩进 2 字符，行距为 1.5 倍。使用"格式刷"按钮设置第四、五、六段的文字格式与第三段的文字格式相同，并为第三、四、五段添加项目符号。选中第三段，打开"段落"对话框，设置"特殊格式"为首行缩进、2 字符，"行距"为 1.5 倍。再次选中第三段文字，双击"开始"选项卡"剪贴板"选项组中的"格式刷"按钮，此时鼠标指针变为刷子的形状，拖动鼠标经过要应用此格式的第四、五、六段文字，也可以在该段落的任意处三连击。选中第三、四、五段，单击"开始"选项卡"段落"选项组中的"项目符号"下拉按钮，在弹出的下拉列表中选择"自定义项目符号"选项，打开"项目符号和编号"对话框，如图 2.16 所示。单击"自定义"按钮，打开"自定义项目符号列表"对话框，如图 2.17 所示。单击"字体"按钮，在打开的"字体"对话框中设置中文字体为"幼圆"、西文字体为"Wingdings 2"，单击"确定"按钮返回"自定义项目符号列表"对话框，选择空心星形符号，然后单击"确定"按钮即可。

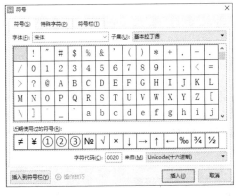

图 2.15　"符号"对话框

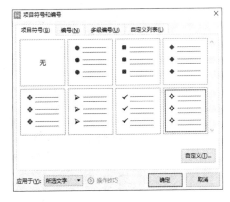

图 2.16　"项目符号和编号"对话框

5）选中第六段，单击"页面布局"选项卡"页面背景"选项组中的"页面边框"按钮，打开"边框和底纹"对话框，在"边框"选项卡中选择"方框"选项，"线型"为双波浪型，"颜色"为绿色，"宽度"为 1.5 磅。然后选择"底纹"选项卡，在"填充"颜色面板中选择"矢车菊蓝，着色 1，浅色 40%"色块，在"应用于"下拉列表中选择"段落"选项，然后单击"确定"按钮即可，如图 2.18 所示。

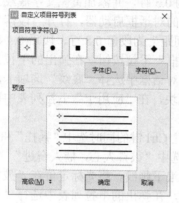

图 2.17 "自定义项目符号列表"对话框

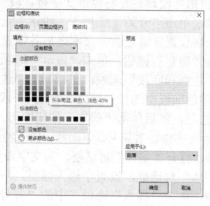

图 2.18 设置段落底纹

6）添加尾注。尾注一般位于文档的末尾，列出引文的出处等，是一种对文本的补充说明。将光标定位在"青春由磨砺而出彩，人生因奋斗而升华"文字右侧，单击"引用"选项卡中的"插入尾注"按钮，在文档最后出现尾注输入区域，在其中输入尾注的内容"习总书记五四青年节寄语"即可。

文档的最终排版效果如图 2.19 所示。

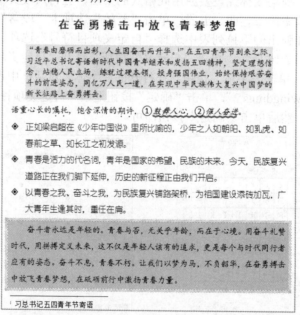

图 2.19 文档样例 2

三、实践练习

1）在 WPS 文字文档中输入如图 2.20 所示的内容（正文为五号字），并将文档以“W1.wps”为文件名保存在 E 盘以自己所在系、班级、学号所建立的文件夹中。

什么是计算思维？
计算思维是运用计算机科学的基本概念进行问题求解、系统设计和人类行为理解等涵盖计算机科学之广度的一系列思维活动。
它是建立在计算和建模之上，能够帮助人们利用计算机处理无法由单人完成的系统设计、问题求解等工作。
——周以真

图 2.20　示例文字 3

要求：

① 第一段：楷体、二号、斜体、加字符底纹。
② 第二段：黑体、三号，“思维活动”加着重号。
③ 第三段：加粗、加下画线。
④ 段落缩进：第二段、第三段首行缩进两个字符。
⑤ 第二段与第一段的段前间距为 2 行，与第三段的段后间距为 2 行。
⑥ 第四段右对齐。

文档的最终排版效果如图 2.21 所示。

什么是计算思维？

计算思维是运用计算机科学的基本概念进行问题求解、系统设计和人类行为理解等涵盖计算机科学之广度的一系列思维活动。

<u>它是建立在计算和建模之上，能够帮助人们利用计算机处理无法由单人完成的系统设计、问题求解等工作。</u>

——周以真

图 2.21　文档样例 3

2）在 WPS 文字文档中输入如图 2.22 所示的内容（正文为五号字），并将文档以“W2.wps”为文件名保存在 E 盘以自己所在系、班级、学号所建立的文件夹中。

思维能力是人类认识世界、改造世界能力的最直接体现,青年时期是培养和训练科学思维方法和思维能力的关键时期,学会用正确的立场观点方法分析问题,善于把握历史和时代的发展方向,善于把握社会生活的主流和支流、现象和本质。

青年学生一旦养成了历史思维、辩证思维、系统思维、创新思维的习惯,终身受用。

图 2.22 示例文字 4

要求:

① 在本段的前面插入一行标题:科学思维是青年学生认识世界和改造世界的"总钥匙"。

② 将标题居中显示,并将标题中的"科学思维"设置为红色、字符间距设置为加宽 6 磅、文字提升 6 磅、加上着重号;将标题中的"总钥匙"的字号设为三号,然后为标题添加 15%的底纹及 2.25 磅的边框。

③ 将第二段文字中的"思"字标记为带圈字符。

④ 在词语"终身受用"上方标注拼音。

文档的最终排版效果如图 2.23 所示。

图 2.23 文档样例 4

3)在 WPS 文字文档中输入如图 2.24 所示的内容(正文为五号字),并将文档以"W3.wps"为文件名保存在 E 盘以自己所在系、班级、学号所建立的文件夹中。

新时代中国青年要树立远大理想。青年的理想信念关乎国家未来。青年理想远大、信念坚定,是一个国家、一个民族无坚不摧的前进动力。青年志存高远,就能激发奋进潜力,青春岁月就不会像无舵之舟漂泊不定。人的一生只有一次青春。现在,青春是用来奋斗的;将来,青春是用来回忆的。

图 2.24 示例文字 5

要求:

① 将"新时代中国青年要树立远大理想"加红色边框,三号字。

② 将"青年的理想信念关乎国家未来"设置为 20%灰色底纹,字体为楷体。

③ 将"青年志存高远"的字体设置为蓝色。

④ 将"人的一生只有一次青春"设置为加下画线、斜体、加粗。

⑤ 将"青春是用来奋斗的"设置为加着重号。

⑥ 将整个段落的行间距设为固定值 18 磅。

文档的最终排版效果如图 2.25 所示。

新时代中国青年要树立远大理想。青年的理想信念关乎国家未来。

青年理想远大、信念坚定，是一个国家、一个民族无坚不摧的前进动力。青年志存高远，就能激发奋进潜力，青春岁月就不会像无舵之舟漂泊不定。**_人的一生只有一次青春_**。现在，青春是用来奋斗的；将来，青春是用来回忆的。

图 2.25　文档样例 5

4）在 WPS 文字文档中输入如图 2.26 所示的内容（正文为五号字），并将文档以"W4.wps"为文件名保存在 E 盘以自己所在系、班级、学号所建立的文件夹中。

最近，计算机与生态的关系日益受到人们的重视，正在形成一种相辅相成的关系。以前，无论是计算机制造商还是使用计算机的用户都过多地认为计算机消耗大量能源是非常理所当然的事，谁也没有把它当成一个问题来考虑。

图 2.26　示例文字 6

要求：

① 将"正在形成一种相辅相成的关系"设置为 30%灰色底纹。
② 将"无论"加上边框，并设置字号为二号字。
③ 将"当成一个问题"的字体设置为红色。
④ 将"相辅相成"设置为加下画线，并设置为倾斜和粗体。
⑤ 将"消耗大量能源"设置为加着重号。
⑥ 将整个段落的行间距设置为 2 倍行距。
⑦ 将文档页面设置为左边界 3 厘米，右边界 2.5 厘米，上、下边界各 2.5 厘米。

文档的最终排版效果如图 2.27 所示。

最近，计算机与生态的关系日益受到人们的重视，正在形成一种**_相辅相成_**的关系。

以前，**无论**是计算机制造商还是使用计算机的用户都过多地认为计算机消耗大量能源是非常理所当然的事，谁也没有把它当成一个问题来考虑。

图 2.27　文档样例 6

5）新建一个 WPS 文字文档，然后输入如图 2.28 所示的内容（注意分段输入）。

人文地铁提升沈阳城市品质
有人说，公共交通工具是“文化沙漠”，它只记录着人们每日的匆匆而过。然而，在沈阳地铁的建设理念当中，人文地铁，则是其发展的根本核心之一。在沈阳地铁建设者的眼中，地铁可以摆脱公共交通工具的属性，成为展示城市公共艺术的窗口。因此，沈阳地铁文化从无到有，从简陋到丰富，从小众过渡到大众，并将逐渐承载起一个城市的品质。
那么，沈阳的人文地铁该如何定义？沈阳是一座拥有几千年历史的名城，是新中国的工业长子，是东北经济振兴的龙头，每一张沈阳的城市名片，都毋庸置疑地要在地铁的文化理念中得以展现。当人们乘坐飞快的地铁在地下穿梭于城市之中时，不该忽略地上的繁荣与精彩。因此，地铁需要把市民带入一个崭新的文化空间。

图 2.28　示例文字 7

利用所学知识点及操作技能对上述文字进行排版，完成后的效果如图 2.29 所示。

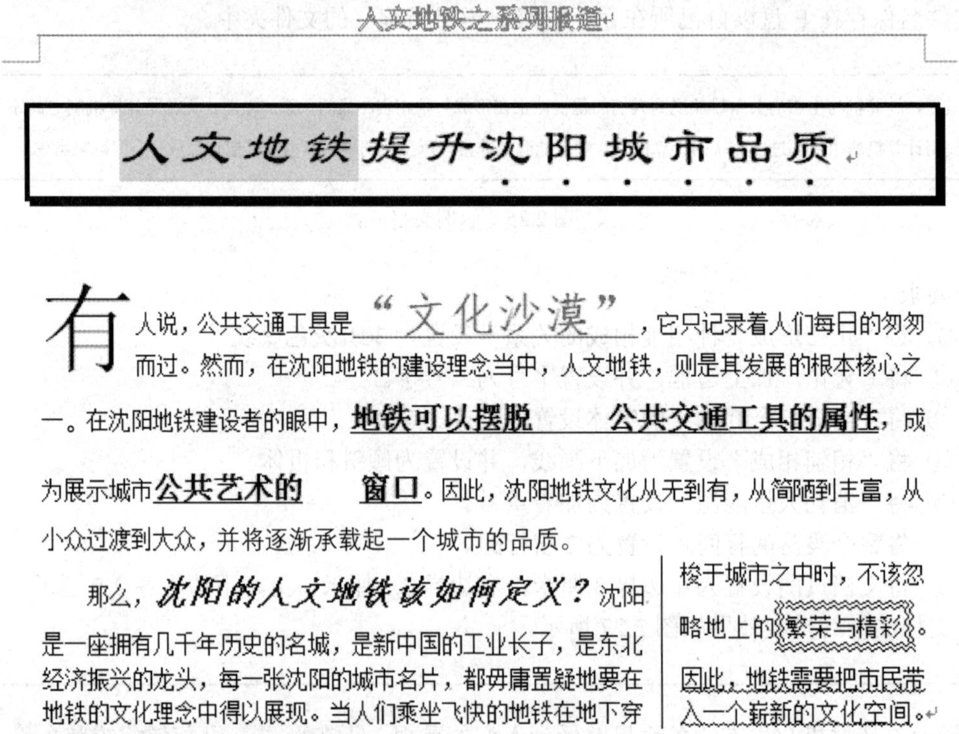
人文地铁之系列报道

人文地铁提升沈阳城市品质

有人说，公共交通工具是“文化沙漠”，它只记录着人们每日的匆匆而过。然而，在沈阳地铁的建设理念当中，人文地铁，则是其发展的根本核心之一。在沈阳地铁建设者的眼中，**地铁可以摆脱　　公共交通工具的属性**，成为展示城市**公共艺术的　　窗口**。因此，沈阳地铁文化从无到有，从简陋到丰富，从小众过渡到大众，并将逐渐承载起一个城市的品质。

那么，*沈阳的人文地铁该如何定义？*沈阳是一座拥有几千年历史的名城，是新中国的工业长子，是东北经济振兴的龙头，每一张沈阳的城市名片，都毋庸置疑地要在地铁的文化理念中得以展现。当人们乘坐飞快的地铁在地下穿梭于城市之中时，不该忽略地上的繁荣与精彩。因此，地铁需要把市民带入一个崭新的文化空间。

图 2.29　文档样例 7

实验 3　WPS 文字表格制作

一、实验目的

1）掌握表格的建立和编辑方法。
2）掌握表格的格式化方法。
3）掌握表格的合并与拆分方法。
4）掌握表格样式设置的方法。
5）掌握特殊表格的制作方法。

二、实验内容与操作步骤

1．创建和编辑一个学生成绩表

1）单击"插入"选项卡"表格"选项组中的"表格"下拉按钮，在弹出的下拉列表中选择"插入表格"选项，打开"插入表格"对话框，设置"列数"为 6、"行数"为 5，如图 3.1 所示，然后单击"确定"按钮，完成建立表格的操作。将其保存在 D 盘中的 wps 文件夹中，设置文件名为"学生成绩表.wps"。

图 3.1　"插入表格"对话框

2）在表格中输入相应的内容，如图 3.2 所示。

姓名	高等数学	英语	普物	C 语言	德育
王明皓	90	91	88	64	72
张朋	80	86	75	69	76
李霞	90	73	56	76	65
孙艳红	78	69	67	74	84

图 3.2　学生成绩表

3) 插入行和列。在表格右侧插入 2 列，列标题分别为"平均分"和"总分"。将光标置于"德育"所在列的任一单元格中，WPS 文字中的选项卡区中会出现"表格工具"和"表格样式"选项卡。单击"表格工具"选项卡中的"在右侧插入列"按钮，插入新的一列，输入列标题为"平均分"。使用同样的方法，插入"总分"列。

4) 在表格下方插入 1 行，行标题为"各科最高分"。将光标置于表格的最后 1 行中，单击"表格工具"选项卡中的"在下方插入行"按钮，插入新的一行，输入行标题"各科最高分"。

5) 调整行高和列宽。将表格第 1 行的行高调整为最小值 1.2 厘米，将表格"平均分"列的列宽调整为 2.0 厘米。选中表格第 1 行，单击"表格工具"选项卡中的"表格属性"按钮，打开"表格属性"对话框。在"行"选项卡中选中"指定高度"复选框，并修改高度为 1.2 厘米，如图 3.3 所示。使用同样的方法，修改"平均分"的列宽为 2.0 厘米。

图 3.3　"表格属性"对话框

6) 拖动鼠标，适当调整各列的列宽，编辑完成后的表格如图 3.4 所示。

姓名	高等数学	英语	普物	C 语言	德育	平均分	总分
王明皓	90	91	88	64	72		
张朋	80	86	75	69	76		
李霞	90	73	56	76	65		
孙艳红	78	69	67	74	84		
各科最高分							

图 3.4　表格样例 1

7) 格式化表格。使用"表格工具"选项卡中的相应选项可以进行表格的格式化操作。将光标置于表格中，即可显示"表格工具"选项卡，其中包含了常用的表格操作工具。在"表格工具"选项卡中，单击"对齐方式"下拉按钮，在弹出的下拉列表中选择"水平居中"选项，即可设置单元格的内容为水平居中和垂直居中。

在"表格工具"选项卡中，将表格最后 1 行的内容设置为加粗、倾斜；将表格第 1 行和第 1 列的内容设置为加粗；选中整个表格，将表格中所有单元格的内容设置为水平居中。

8) 设置表格外框线为蓝色、1.5 磅的实线，内框线为 0.5 磅的虚线。选中整个表格后，在"表格样式"选项卡的"绘制表格"选项组中设置线型为实线、线宽为 1.5 磅、颜色为蓝色，如图 3.5 所示。然后单击"边框"下拉按钮，在弹出的下拉列表中选择"外侧框线"选项。使用同样的方法，设置内框线为 0.5 磅的虚线。

9）设置表格底纹。选中表格第 1 行后，单击"表格样式"选项卡中的"底纹"下拉按钮，在弹出的下拉列表中选择"白色，背景 1，深色 15%"选项，如图 3.6 所示。使用同样的方法，将最后 1 行设置为"浅绿，着色 6，浅色 40%"的底纹。

图 3.5　设置表格外框线

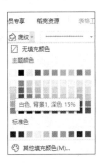

图 3.6　设置表格底纹

10）对表格中的数据排序。首先"高等数学"成绩按照从高到低排序，然后"普物"成绩按照从高到低排序。将光标置于表格中，单击"表格工具"选项卡"数据"选项组中的"排序"按钮，打开"排序"对话框，设置排序关键字和类型，如图 3.7 所示，然后单击"确定"按钮，完成排序操作，结果如图 3.8 所示。

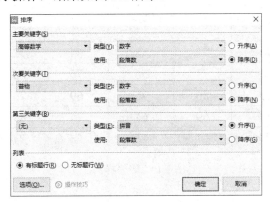

图 3.7　"排序"对话框

姓名	高等数学	英语	普物	C 语言	德育	平均分	总分
王明皓	90	91	88	64	72		
李霞	90	73	56	76	65		
张朋	80	86	75	69	76		
孙艳红	78	69	67	74	84		
各科最高分							

图 3.8　表格样例 2

11）计算每个学生的平均分（保留 1 位小数）及各科最高分。将光标置于第 1 个要计算平均分的单元格中，单击"表格工具"选项卡"数据"选项组中的"公式"按钮，打开

"公式"对话框。将光标定位于"公式"文本框中的"="后面，并将原公式"SUM(LEFT)"删除；在"粘贴函数"下拉列表中选择"AVERAGE"函数；然后将光标定位在"()"内，在"表格范围"下拉列表中选择"LEFT"函数；然后在"数字格式"文本框中输入"0.0"，如图 3.9 所示。公式的含义为计算左侧数据的平均值，并将结果保留 1 位小数。单击"确定"按钮，完成第 1 行数据平均分的计算。使用同样的方法，可以计算其他行的平均分。

计算各科最高分时，应在"粘贴函数"下拉列表中选择"MAX"函数，其操作步骤和上述类似，这里不再赘述。

12）增加标题行。在表格上方输入文字"学生成绩表"，并将格式设置为黑体、加粗、三号、居中、双下画线，字符间距加宽为 4 磅。如果表格位于文档的第 1 行，可以将光标置于表格左上角的单元格中，然后按 Alt+Enter 组合键，即可在表格前插入一个空白行。输入文字"学生成绩表"后，单击"开始"选项卡"字体"选项组右下角的对话框启动器，在打开的"字体"对话框中按要求进行设置。最终效果如图 3.10 所示。

图 3.9 "公式"对话框 1

学 生 成 绩 表

姓名	高等数学	英语	普物	C 语言	德育	平均分	总分
王明皓	90	91	88	64	72	81.0	
李霞	90	73	56	76	65	72.0	
张朋	80	86	75	69	76	77.2	
孙艳红	78	69	67	74	84	74.4	
各科最高分	*90*	*91*	*88*	*76*	*84*		

图 3.10 表格样例 3

2. 制作试卷头表格

1）插入一个 6 行 12 列的表格，并在表格上方输入标题"《课程名》试题（A）"，设置为黑体、三号、居中，如图 3.11 所示。

《课程名》试题（A）

图 3.11 6 行 12 列表格

2）单元格的合并与拆分。选中第 1 行中的前 4 个单元格，单击"表格工具"选项卡"合并"选项组中的"合并单元格"按钮，将 4 个单元格合并为一个单元格。使用同样的方法，将第 5~7 个单元格合并为一个单元格；将第 8~10 个单元格合并为一个单元格；将第 11 和第 12 个单元格合并为一个单元格。

同样，将第 2 行中的前 4 个单元格合并为一个单元格，将第 5~12 个单元格合并为一个单元格。将第 3 行中的前 4 个单元格合并为一个单元格；将第 5~8 个单元格合并为一个单元格；将第 9~12 个单元格合并为一个单元格。将第 4 行中的前 2 个单元格合并为一个单元格，将第 3~12 个单元格合并为一个单元格。同时将第 5 行和第 6 行的第 1 个单元格合并为一个单元格。合并单元格后的表格如图 3.12 所示。

《课程名》试题（A）

图 3.12　合并单元格后的表格

3）设置表格外边框。选定表格，单击"表格样式"选项卡"表格样式"选项组中的"边框"下拉按钮，在弹出的下拉列表中选择"边框和底纹"选项，打开"边框和底纹"对话框，如图 3.13 所示。选择"设置"选项组中的"网格"选项，并设置表格外边框的线型为双实线、颜色为黑色、宽度为 1.5 磅，在"应用于"下拉列表中选择"表格"选项。

4）输入如图 3.14 所示的试卷头样例中的文字，并适当调整各单元格的大小。表格的最终效果如图 3.14 所示。

图 3.13　"边框和底纹"对话框

《课程名》试题（A）

开课学院（系）：××××学院		适用学期：2021-2022-02		考试时间：××分钟			共（×）页		
课程号：××××××××		本套试题发放答题纸×张，草纸×张。答案写在：题签/答题纸上							
考试类别：一级/二级		考试性质：考试/考查				考试方式：闭卷/开卷			
适用班级									
平时成绩 占××%	卷面 总分	一	二	三	四	五	六	七	八	九	十
卷面成绩 占××%	100分										

图 3.14 试卷头样例

3．制作一份产品销售表

1）新建一个文档，将其命名为"产品销售表.wps"，并输入如图 3.15 所示的数据。设置第 1 行的标题为楷体、三号、加粗；设置第 2 行的表头格式为黑体、五号。

产品销售表

产品名称	单价（元）	销售数量	销售金额（元）
电脑	5600	210	
传真机	820	90	
打印机	1135	420	
数码相机	2650	150	
录音笔	215	360	
		销售额总计	

图 3.15 产品销售表示例

2）将光标定位到 D3 单元格中，单击"表格工具"选项卡"数据"选项组中的"公式"按钮，打开"公式"对话框。在"公式"文本框中输入"=PRODUCT(B3:C3)"，如图 3.16 所示，单击"确定"按钮。此时，D3 单元格中显示 B3 单元格和 C3 单元格中数据相乘的结果。使用同样的方法，计算出其他产品的销售金额。

图 3.16 "公式"对话框 2

3）将光标定位到 D8 单元格中，单击"表格工具"选项卡"数据"选项组中的"公式"按钮，打开"公式"对话框。在"公式"文本框中输入"=SUM(D3:D7)"，单击"确定"按钮。此时，D8 单元格中显示销售额总计数据。

4）表格自动套用格式。选定表格，选择"表格样式"选项卡中的"主题样式 1-强调 5"选项，为表格套用样式，表格的最终效果如图 3.17 所示。

产品销售表			
产品名称	单价（元）	销售数量	销售金额（元）
电脑	5600	210	1176000
传真机	820	90	73800
打印机	1135	420	476700
数码相机	2650	150	397500
录音笔	215	360	77400
		销售额总计	2201400

图 3.17　产品销售表样例

5）将表格转换为文本。选中表格，单击"表格工具"选项卡"数组"选项组中的"转换为文本"按钮，打开"表格转换成文本"对话框，如图 3.18 所示。在对话框中选择将原表格中的单元格文本转换成文字后的分隔符选项，然后单击"确定"按钮即可。

图 3.18　"表格转换成文本"对话框

"产品销售表"转换成文本后的效果如图 3.19 所示。

产品销售表

产品名称　　单价（元）　　销售数量　　销售金额（元）
电脑　　　　5600　　　　210　　　　1176000
传真机　　　820　　　　 90　　　　 73800
打印机　　　1135　　　　420　　　　476700
数码相机　　2650　　　　150　　　　397500
录音笔　　　215　　　　 360　　　　77400
　　　　　　　　　　　　销售额总计　2201400

图 3.19　表格转换成文本后的效果

在 WPS 文字中，可以将表格转换成文本，也可以将文本转换成表格。将文本转换成表格时，应首先将要进行转换的文本格式化，即把文本中的每一行用段落标记隔开，每一列用分隔符（如逗号、空格、制表符等）分开，否则 WPS 不能识别表格的行列分隔符，从而导致转换失败。

三、实践练习

1）在 WPS 文字文档中制作如图 3.20 所示的表格（正文为五号字），并以"W5.wps"为文件名保存在 E 盘以自己所在学院、班级、学号所建立的文件夹中。

要求：按照图 3.20 绘制一个表格（不要求线的粗细）。

图 3.20　表格样例 4

2）在 WPS 文字文档中制作如图 3.21 所示的表格（正文为五号字），并以"W6.wps"为文件名保存在 E 盘以自己所在学院、班级、学号所建立的文件夹中。

学生成绩单

姓名	高等数学	大学英语	计算机	总分
卢明	93	67	72	232
赵炎	90	74	90	254
胡龙	86	73	65	224
王志平	78	76	80	234
许莉莉	68	88	95	251
总分	415	378	402	

图 3.21　表格样例 5

要求：

① 按图 3.22 制作一个表格。

学生成绩单				
姓名	高等数学	大学英语	计算机	总分
王志平	78	76	80	
卢明	93	67	72	
胡龙	86	73	65	
赵炎	90	74	90	
许莉莉	68	88	95	

图 3.22　学生成绩单

② 将"学生成绩单"设为粗体、居中，并设置字体为一号。

③ 在表格的末尾添加一行，行标题为"总分"。

④ 计算每个学生的"总分"，并以"高等数学"为关键字按从大到小进行排序。

⑤ 在"表格样式"选项卡中为表格套用一种格式。

⑥ 调整表格的边框及底纹。

⑦ 根据表格中所有学生的"总分"，在当前文档中创建一个三维饼图，设置图表标题为"学生成绩表"，并将标题设置为 20 号、红色，为图表添加边框（黑色、线宽为 1.5 磅），饼图格式为"显示数值"。

最终效果如图 3.21 和图 3.23 所示。

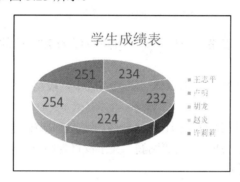

图 3.23　图表样例

3）在 WPS 文字文档中制作如图 3.24 所示的表格（正文为五号字），并以"W7.wps"为文件名保存在 E 盘以自己所在学院、班级、学号所建立的文件夹中。

两年间的现金流通量							
年份		1997			1998		
季度		Q1	Q2	Q3	Q1	Q2	Q3
成本	数量	99	199	168	105	209	200
	单价	3	3	4	4	4	4
	总计	297	597	504	420	836	800
利润	原料价格	0.75	0.75	0.75	0.85	0.85	0.85
	劳动力价格	0.25	0.25	0.25	0.35	0.35	0.35
	成本价格	102	148	168	120	169	150

图 3.24　表格样例 6

要求：

① 按图 3.25 绘制一个表格。

两年间的现金流通量						
年份		1997			1998		
季度		Q1	Q2	Q3	Q1	Q2	Q3
成本	数量	99	199	168	105	209	200
	单价	3	3	4	4	4	4
	总计	297	597	504	420	836	800
利润	原料价格	0.75	0.75	0.75	0.85	0.85	0.85
	劳动力价格	0.25	0.25	0.25	0.35	0.35	0.35
	成本价格	102	148	168	120	169	150

图 3.25　两年间现金流通表

② 为表格添加边框。表格外边框和第 1 行下框线为 2.25 磅的单实线；内部框线为 0.5 磅的单实线。

③ 将表格中的第 1 行文字设为黑体、三号、居中，段前间距 1 行，段后间距 1 行，并添加浅蓝色底纹。

④ 设置第 2～9 行的行高为 0.8 厘米，表格内容全部居中对齐。

⑤ 将表格中第 1 列的"成本"与"利润"文字设置为红色、倾斜，其他文字设置为加粗。最终效果如图 3.24 所示。

4）在 WPS 文字文档中制作一个表格（正文为五号字），并以 W8.wps 为文件名保存在 E 盘以自己所在学院、班级、学号所建立的文件夹中。

要求：

① 按图 3.26 绘制一个表格。

南方公司电话费汇总表

部门	办公室	3 月	4 月	5 月
经理室	401	89.00	120.00	87.00
技术科	301	89.00	120.00	73.50
生产科	302	100.00	87.00	89.00
财务科	303	120.00	67.50	67.00
销售科	202	117.00	120.00	117.00
一车间	101	60.00	117.00	83.50
二车间	102	90.50	89.00	120.00

图 3.26　南方公司电话费汇总表

② 在最后 1 列的右侧增加 1 列，并在其第 1 行单元格中输入文字"合计"。

③ 在"合计"列的第 2～8 行单元格中输入相应行电话费的总和（必须使用公式实现，直接输入数字无效）。

5）利用学过的 WPS 操作技能制作如图 3.27 所示的个人简历表（文字必须完全一致，照片任选）。

个人简历表

姓名	宋晓英	性别	女	
年龄	22	民族	汉族	
学历	大学本科	籍贯	辽宁沈阳	
培养方式	国家统招	联系电话	1391234××××	
身体状况	健康	电子邮箱	xiaoying@hot.com	
英语水平	国家六级	通信地址	沈阳经济技术开发区 11 号街	

主修课程	C 语言/C++、离散数学、算法与数据结构、计算机组成原理、计算机网络、数据库原理、软件工程、操作系统、人工智能导论、计算机系统结构、Java 语言程序设计、计算机图形学、编译原理、专业英语、电路基础。
选修课程	日语初级、计算机辅助设计与制造、Python 程序设计、科技信息检索与设计、数学建模等。
项目开发经验	1. 使用 C 语言实现学生管理系统； 2. 使用 VB 开发小型图书管理系统； 3. 沈阳信息技术培训学校参加 JSP 项目实习。
求职资格	✧　曾担任班级学生干部，具有团队合作精神 ✧　扎实的知识体系结构和渴求更多知识的进取心 ✧　对计算机的浓厚兴趣与对计算机工作的热爱
获奖情况	➤　2019—2020 学年获得国家励志奖学金 ➤　2019.6 获得辽宁省大学生计算机设计竞赛二等奖 ➤　2018—2019 学年获得"三好学生"称号 ➤　2017 年至今多次获得"百佳千优"奖学金
社会实践	2021.1 在沈阳信息技术有限公司负责网络维护
培训经历	①　2020.1 达尔文日语初级培训 ②　2020.7 吉大软件测试培训
自我推荐	在校期间多次获得奖学金，荣获"三好学生"等称号。工作认真，具有很强的组织和协调能力、乐于助人、生活简朴。基础知识扎实，专业知识全面，能够熟练运用平面设计及办公软件。有很好的团队意识和较强的责任心。

图 3.27　个人简历表样例

实验 4 WPS 文字图文混排

一、实验目的

1）熟练掌握图片的插入、编辑和格式设置方法。
2）了解绘制简单图形的方法及其格式设置方法。
3）掌握设置艺术字和文本效果的方法。
4）掌握设置智能图形的方法。
5）掌握公式编辑器的使用方法。
6）掌握图文混排和页面排版的方法。

二、实验内容与操作步骤

1. 制作"短诗欣赏"文档

制作如图 4.1 所示的文档，其中包括自选图形、文本、图片和艺术字的格式设置。

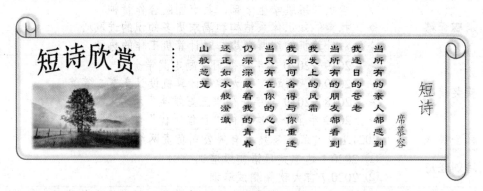

图 4.1 文档样例 1

1）选择"文件"→"新建"→"新建文字"→"新建空白文档"选项，创建一个 WPS 文字文档。

2）单击"插入"选项卡"插图"选项组中的"形状"下拉按钮，在弹出的下拉列表中选择"星与旗帜"中的"横卷形"选项，在文档空白处单击即可插入自选图形。右击自选图形，在弹出的快捷菜单中选择"设置对象格式"选项，打开设置对象格式窗格。在"填充"选项组中选中"无填充"单选按钮；选中自选图形后，单击"绘图工具"选项卡"排列"选项组中的"旋转"下拉按钮，在弹出的下拉列表中选择"水平翻转"选项；单击"绘图工具"选项卡"形状样式"选项组中的"形状效果"下拉按钮，在弹出的下拉列表中选择"阴影"→"外部"→"右上斜偏移"选项，设置自选图形的阴影效果，如图 4.2 所示。

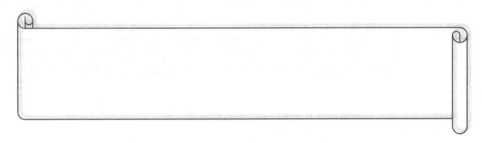

图 4.2　插入自选图形

3）输入文字。右击自选图形，在弹出的快捷菜单中选择"编辑文字"选项，然后在其中输入图 4.1 所示的文字。单击"文本工具"选项卡"段落"选项组中的"文字方向"按钮，文字变为竖排。设置"短诗"为仿宋、三号，"席慕蓉"为楷体、5 号，其他文字为隶书、5 号。设置行距为最小值、大小为 20 磅。

4）插入图片。单击"插入"选项卡"插图"选项组中的"图片"下拉按钮，在弹出的下拉列表中选择"本地图片"选项，插入一张图片。选中图片，单击"图片工具"选项卡中的"效果"下拉按钮，在弹出的下拉列表中选择"柔化边缘"→"2.5 磅"选项；然后单击"环绕"下拉按钮，在弹出的下拉列表中选择"四周型环绕"选项。

5）插入艺术字。单击"插入"选项卡"文本"选项组中的"艺术字"下拉按钮，在弹出的下拉列表中选择一种艺术字插入，然后输入文字"短诗欣赏"。单击"绘图工具"选项卡中的"环绕"下拉按钮，在弹出的下拉列表中选择"四周型环绕"选项。单击"文本工具"选项卡中的"文本效果"下拉按钮，在弹出的下拉列表中选择"转换"→"弯曲"→"倒 V 形"选项。单击"开始"选项卡"编辑"选项组中的"选择"下拉按钮，在弹出的下拉列表中选择"选择对象"选项，按住 Ctrl 键，依次将"横卷形"图形和"短诗欣赏"艺术字选中，然后右击，在弹出的快捷菜单中选择"组合"选项，将两个对象组合在一起。文档的最终排版效果如图 4.1 所示。

2．制作"人生格言"文档

制作如图 4.3 所示的文档，其中包括文本格式、分栏、项目符号、插入图片和艺术字等设置操作。

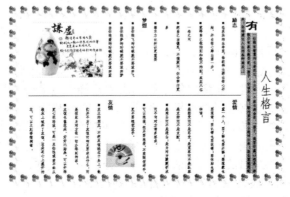

图 4.3　文档样例 2

1）输入如图 4.4 所示的文字，设置字体为仿宋、五号、加粗；字体颜色为标准色深蓝。设置"励志"两个字为黑体、四号、加粗。

有一位很有智慧的长者说过：今天每一个家长都会说，『孩子，我要你赢！』但是，却很少有家长教导说，『孩子，你该怎么输！输的原因怎么检讨出来！怎么原地爬起来！怎样度过人生的各种难关！』
励志
在真实的生命里，每桩伟业都由信心开始，并由信心跨出第一步。
觉得自己做得到和做不到，其实只在一念之间
把自己当傻瓜，不懂就问，你会学得更多
想象力比知识更重要
梦想
当你能飞的时候就不要放弃飞
当你能梦的时候就不要放弃梦
当你能爱的时候就不要放弃爱
爱情
爱一个人，要了解也要开解；要道歉也要道谢；要认错也要改错；要体贴也要体谅；
是接受而不是忍受；是宽容而不是纵容；是支持而不是支配；
是难忘而不是遗忘；是为对方默默祈求而不向对方诸多要求。
可以浪漫，但不要浪费，不要随便牵手，更不要随便放手。
友情
真正的朋友，不把友谊挂在口头上，他们并不为了友谊而相互要求点什么，而是彼此为对方做一切办得到的事。
友谊也像花朵，好好地培养，可以开得更心花怒放，可是一旦任性或者不幸从根本上破坏了友谊，这朵花心上盛开的花，可以立刻委顿凋谢。

图 4.4　文档文本

2）使用格式刷功能。选中"励志"文本，单击"开始"选项卡"剪贴板"选项组中的"格式刷"按钮，将"梦想""爱情""友情"设置为与"励志"相同的格式。

3）设置首字下沉。将光标置于第一段，单击"插入"选项卡"文本"选项组中的"首字下沉"按钮，打开"首字下沉"对话框。在"位置"选项组中选择"下沉"选项，设置"字体"为隶书、"下沉行数"为 2，然后单击"确定"按钮。

4）设置文字底纹。选中第一段文字，单击"开始"选项卡"段落"选项组中的"边框"按钮，打开"边框和底纹"对话框。在"底纹"选项卡中设置填充的底纹为标准颜色浅蓝，在"应用于"下拉列表中选择"文字"选项。注意文字底纹与段落底纹的区别。

5）设置项目符号。单击"开始"选项卡"段落"选项组中的"项目符号"下拉按钮，在弹出的下拉列表中选择合适的项目符号，为每一段文字添加项目符号。

6）文档分栏。选中从第二段开始的所有文字，单击"页面布局"选项卡"页面设置"选项组中的"分栏"下拉按钮，在弹出的下拉列表中选择"更多分栏"选项，打开"分栏"对话框。在"预设"选项组中选择"两栏"选项，在"宽度和间距"选项组中设置"间距"为 2 字符，选中"分隔线"复选框，在"应用于"下拉列表中选择"所选文字"选项，然后单击"确定"按钮，完成第一次分栏。将光标置于"爱情"处，单击"插入"选项卡中的"分页"下拉按钮，在弹出的下拉列表中选择"分栏符"选项，完成第二次分栏。

7）设置段落。将第二段之后的各段落行间距均设置为 2 倍行距，每一个项目列表段落均设置左缩进 1 个字符、悬挂缩进 1 个字符。

8）单击"页面布局"选项卡"页面设置"选项组中的"文字方向"下拉按钮，在弹出的下拉列表中选择"文字方向选项"选项，打开"文字方向"对话框，如图 4.5 所示，设置文字方向为垂直方向从右向左，在"应用于"下拉列表中选择"整篇文档"选项，然后单击"确定"按钮，完成将文档文字方向设置为垂直方向排版。

9）插入艺术字。单击"插入"选项卡"文本"选项组中的"艺术字"下拉按钮，在弹出的下拉列表中选择"渐变填充-钢蓝"选项；在弹出的文本框中输入文本"人生格言"，设置字体为仿宋、40 号、加粗。在"文本工具"选项卡"段落"选项组中单击"文字方向"按钮，设置文字方向为垂直。单击"艺术字样式"选项组中的"文本填充"下拉按钮，在弹出的下拉列表中设置文字颜色为标准色蓝色。

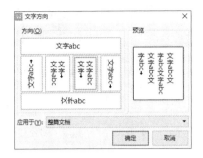

图 4.5　"文字方向"对话框

10）添加文字水印。单击"插入"选项卡"页眉页脚"选项组中的"水印"下拉按钮，在弹出的下拉列表中选择"插入水印"选项，打开"水印"对话框，如图 4.6 所示。选中"文字水印"复选框，输入内容"人生格言"，设置字体为隶书、字号为 120 号、版式为倾斜，然后单击"确定"按钮。

11）插入图片。在文档适当的地方插入一张图片，并选中该图片右击，在弹出的快捷菜单中选择"其他布局选项"选项，打开"布局"对话框，选择"文字环绕"选项卡，如图 4.7 所示。设置文字环绕方式为"紧密型"环绕；插入第二张图片，设置文字环绕方式为"四周型"环绕。

图 4.6　"水印"对话框

图 4.7　"布局"对话框

12）设置艺术型页面边框。单击"页面布局"选项卡中的"页面边框"按钮，打开"边框和底纹"对话框，在"艺术型"下拉列表中选择一种艺术型边框即可。

文档的最终排版效果如图 4.3 所示。

3. 制作"组织结构图"文档

1）插入智能图形。单击"插入"选项卡中的"智能图形"按钮，打开"智能图形"对话框，选择"层次结构"选项卡，如图 4.8 所示，选择"组织结构图"选项，将出现如图 4.9 所示的基本组织结构图。

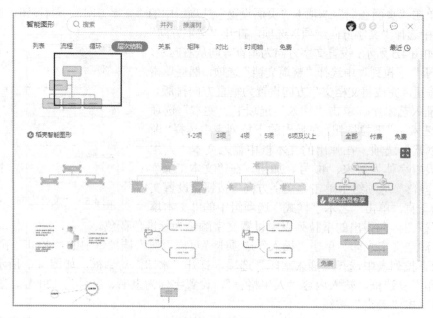

图 4.8 "智能图形"对话框

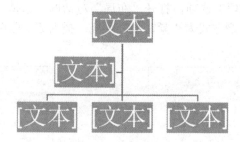

图 4.9 基本组织结构图

2）整理形状并输入文字。首先删除多余的图形，选中图 4.9 中的第二行文本边框，按 Delete 键将其删除，输入如图 4.10 所示的文字。然后添加下一级形状，选择第二等级中的"党政机构"形状，单击"设计"选项卡中的"添加项目"下拉按钮，在弹出的下拉列表中选择"在下方添加项目"选项，并输入文字"组织部"。接着添加同级形状，选中"组织部"形状，在"添加项目"下拉列表中选择"在后面添加项目"选项。使用同样的方法，完成组织结构图的搭建，如图 4.11 所示。

3）更改图形布局。选中"教辅机构"形状，单击"设计"选项卡"布局"下拉按钮，在弹出的下拉列表中选择"标准"选项；选中"教学院系"形状，在"布局"下拉列表中选择"左悬挂"选项。

4）设计图形样式。选中图形，单击"设计"选项卡中的"更改颜色"下拉按钮，在弹出的下拉列表中选择"彩色"组中的第 5 种颜色。然后，在"设计"选项卡的"预设样式"列表框中选择第 5 种样式。

5）设置图形的格式。选中"学校"形状，在"格式"选项卡中设置字体为黑体、加粗、五号，颜色为黑色；在"填充"下拉列表中选择"黄色-橄榄绿渐变"选项，在"轮廓"下拉列表中选择"蓝色-深蓝渐变"选项。使用同样的方法，可以设置其他形状的格式。组织结构图的最终排版效果如图 4.12 所示。

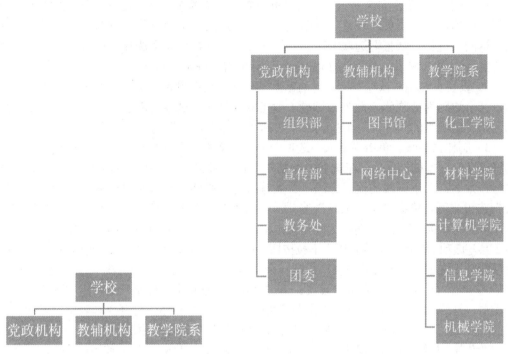

图 4.10　组织结构图实例　　　　　图 4.11　完整的组织结构图

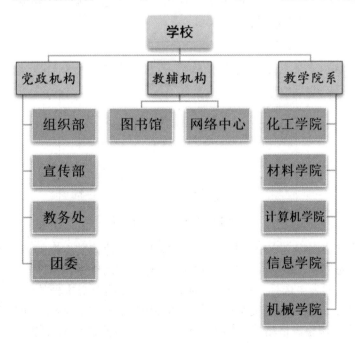

图 4.12　组织结构图样例

4．制作试卷

1）试卷一般是横向 8 开纸。单击"页面布局"选项卡"页面设置"选项组右下角的对话框启动器，打开"页面设置"对话框。在"页边距"选项卡的"方向"选项组中设置方向为横向；选择"纸张"选项卡，在"纸张大小"下拉列表中选择"自定义大小"选项，设置宽度为 37.8 厘米、高度为 26 厘米，然后单击"确定"按钮。

2）设置页边距。试卷左侧设计有密封线，在"页面设置"对话框中设置左边距为 3 厘米，其余边距为 2 厘米。此外，试卷一般是双面打印，试卷背面也有密封线。因此在"页码范围"选项组的"多页"下拉列表中选择"对称页边距"选项。

3）制作密封线。单击"插入"选项卡中的"文本框"下拉按钮，在弹出的下拉列表中选择"横向文本框"选项，在试卷上绘制一个长方形文本框。在文本框中输入文本"班级：学号：姓名："。下画线的输入方法：首先输入若干空格，然后选中空格，最后单击"下画线"按钮即可。单击"绘图工具"选项卡中的"旋转"下拉按钮，在弹出的下拉列表中选择"向左旋转 90°"选项，转换为竖排文本框，并将文本框移动到左侧适当的位置。单击"文本工具"选项卡中的"形状轮廓"下拉按钮，在弹出的下拉列表中选择"无边框颜色"选项，可取消竖排文本框外围的轮廓线。绘制一个文本框，输入文字"密封线"。密封线 3 个字之间的"……"可以通过制表位来设置。单击"开始"选项卡"段落"选项组右下角的对话框启动器，打开"段落"对话框，单击左下角的"制表位"按钮，打开"制表位"对话框。在"制表位位置"文本框中输入"15"字符，在"前导符"选项组中选中"5……"单选按钮，单击"设置"按钮，将在制表位列表框中看到一个制表位"15 字符"。使用同样方法设置"30字符"、"45 字符"和"60 字符"，如图 4.13 所示，然后单击"确定"按钮。最后，在"密封线"文字之间通过 Tab 键输入制表符。

图 4.13 "制表位"对话框

使用同样的方法，将文本框转换为竖排文本框，取消该文本框的外围轮廓，将文本框移动到左侧适当的位置。最后，按住 Ctrl 键，同时选中两个文本框，在"绘图工具"选项卡的"组合"下拉列表中选择"组合"选项，即可完成两个文本框的组合。

4）制作试卷头。输入标题文字，设置字体为黑体、三号、加粗。在标题下方插入一个6 行 12 列的表格，调整表格格式，输入表格文字，具体操作参见实验 3 的内容 2，这里不再赘述。最终完成的试卷头如图 4.14 所示。

《课程名》试题（A）

开课学院（系）：××××学院		适用学期：2021-2022-02	考试时间：××分钟	共（×）页
课程号：××××××××		本套试题发放答题纸×张，草纸×张。答案写在：题签/答题纸上		
考试类别：一级/二级		考试性质：考试/考查	考试方式：闭卷/开卷	
适用班级				
平时成绩占××%	卷面总分	一　二　三　四　五　六　七　八　九　十		
卷面成绩占××%	100 分			

图 4.14　试卷头样例

5）插入页码。单击"插入"选项卡中的"页码"下拉按钮，在弹出的下拉列表中选择"页码"选项，打开"页码"对话框，如图 4.15 所示。在"样式"下拉列表中选择"第 1 页 共×页"选项，设置"起始页码"为 1，然后单击"确定"按钮。

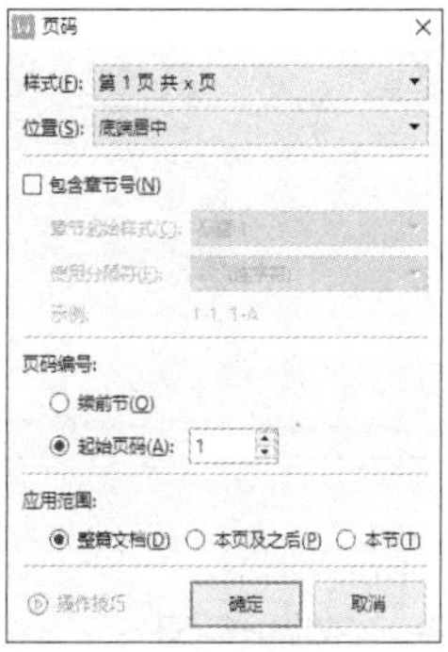

6）设置分栏。单击"页面布局"选项卡"页面设置"选项组中的"分栏"下拉按钮，在弹出的下拉列表中选择"更多分栏"选项。打开"分栏"对话框，在"预设"选项组中选择"两栏"选项，在"应用于"下拉列表中选择"整篇文档"选项，选中"分隔线"复选框，然后单击"确定"按钮，即可完成分栏。

7）生成试卷模板。如果经常制作试卷，可以将上述制作的试卷公共部分另存为一个模板文件，以后可以利用这个模板快速制作一份试卷。选择"文件"菜单中的"另存为"选项，在打开的"另存文件"对话框中设置"保存类型"为"WPS 文字 模板文件"，模板文件名"试卷模板.wpt"，单击"保存"按钮保存为模板文件，模板文件的扩展名为".wpt"。利用模板文件制作试卷，直接双击"试卷模板.wpt"文件就可以生成一个新的 WPS 文字文档。

图 4.15　"页码"对话框

8）使用公式编辑器。单击"插入"选项卡"符号"选项组中的"公式"下拉按钮，在弹出的下拉列表中有一些常用公式，可以直接选用。若"内置"公式中没有想要输入的公式，则可以自己编辑公式。在文档中输入如图 4.16 所示的内容。

1. 输入以下公式：$x_1 + x^2 = \sum_{n=1}^{5} x^n + \int_a^b f(x)\mathrm{d}x$

2. 计算极限：$\lim\limits_{x \to 0} \dfrac{\sqrt{1 + x\sin x} - \cos 2x}{x\tan x}$

3. 求过 $P_0(4, 2, -3)$ 与平面 $\pi: x + y + z - 10 = 0$ 平行且与直线

$l_1 : \begin{cases} x + 2y - z - 5 = 0 \\ z - 10 = 0 \end{cases}$ 垂直的直线方程。

4. 设 $f(x) = \begin{cases} xe^{-x}, & x \leq 0 \\ \sqrt{2x - x^2}, & 0 < x \leq 1 \end{cases}$，求 $\int_{-3}^{1} f(x)\mathrm{d}x$。

图 4.16　输入的内容

文档的最终排版效果如图 4.17 所示。

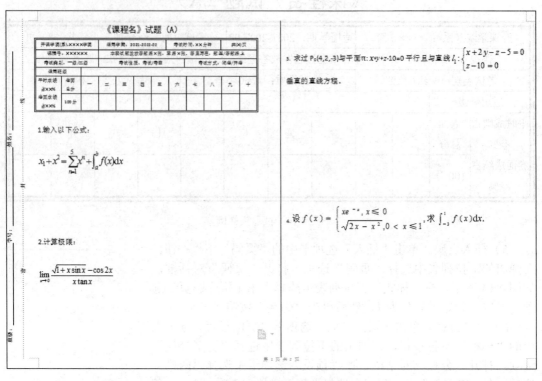

图 4.17　试卷模板文档样例

三、实践练习

1）在 WPS 文字文档中输入以下内容（正文保持五号字），并以"W9.wps"为文件名保存在 E 盘以自己所在学院、班级、学号所建立的文件夹中。

① 在文档中输入 H_2O、A^2。

② 在文档中输入公式：$\int_a^x g(x)f(t)\mathrm{d}t = g(x)f(x) + g'(x)\int_a^x f(t)\mathrm{d}t$。

2）制作一份本学期、本班的课程表。

提示：制作一份 11 行 8 列的表格，然后将星期一到星期日添加到标题列中，将第 1～10 节添加到标题行中，最后将课程名称输入各单元格中。可根据具体情况适当地增减行数和列数。

3）在 WPS 文字文档中绘制如图 4.18 所示的图形。

4）使用 WPS 文字文档绘制如图 4.19 所示的贺卡效果。

提示：这个效果中的图形都是使用绘图工具绘制的，使用的都是基本形状。背景可选用两种颜色的渐变效果。

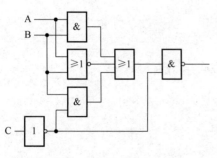

图 4.18　绘制的图形

5）制作一份校园宣传海报。使用校园风景作为背景，将校训或名人名言放在上方正中，以图书馆或主楼或实验楼作主要景色，放在左侧，将一些对校园的介绍放在下方右侧。

6）利用文本框、绘图工具和艺术字工具及对象的组合等功能完成如图 4.20 和图 4.21 所示的效果。

图 4.19　贺卡效果

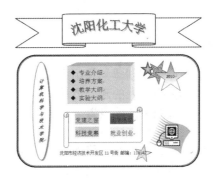

图 4.20　绘图效果样例 1

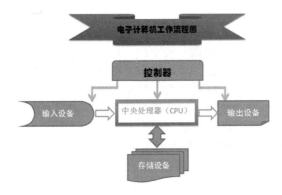

图 4.21　绘图效果样例 2

实验 5　WPS 文字长文档制作

一、实验目的

1）掌握样式的创建与使用方法。
2）了解多级列表的建立方法。
3）掌握页眉页脚的设置方法。
4）掌握目录的生成方法。
5）掌握设置图片和表格题注的方法。
6）了解脚注或尾注的使用方法。
7）了解参考文献的标准格式。
8）了解大纲视图的使用方法。

二、实验内容与操作步骤

我们在日常工作学习中经常要撰写长文档，如工作报告、宣传手册、毕业论文、书稿等。长文档的特点是纲目结构复杂、内容较多，长达几十页甚至数百页。本实验利用 WPS 文字对一篇毕业论文进行排版，使其符合大学本科毕业论文规范。

毕业论文设计除要编写论文的正文内容外，一般还包括封面、摘要、目录、致谢和参考文献等。论文的各组成部分对其字体、字形、字号、间距，以及段落格式的要求各不相同，但论文排版的总体要求是大方得体、重点突出，能很好地表现论文内容，使人赏心悦目。

打开"毕业论文格式设计.wps"文档，依次进行如下操作。

1. 设置段落格式

段落是论文的基本组成部分。正文段落的排版分为文字设置与段落设置。

格式要求：正文文字为宋体、小四；全文段落缩进，左缩进 0 字符，右缩进 0 字符；特殊格式为首行缩进 2 字符；段前间距为 0 行，段后间距为 0 行；行间距为 1.5 倍行距；两端对齐。

（1）文字设置

正文文字设为宋体、小四。选定正文文字（一、绪论至致谢），单击"开始"选项卡"字体"选项组右下角的对话框启动器，在打开的"字体"对话框中，将中文字体设置为宋体，将西文字体设置为 Times New Roman，将字号设置为小四，然后单击"确定"按钮。

另外，论文中的一些文字需要设置为粗体、斜体、带下画线、下标或上标的字体，可以直接在"字体"对话框中进行设置，也可以利用"字体"选项组中的按钮进行设置。

（2）段落设置

1）段落的文本对齐方式设置。WPS 文字提供了 5 种文本对齐方式：左对齐、居中、右对齐、两端对齐、分散对齐。毕业论文的正文段落通常设置为两端对齐，选中段落，单击"开始"选项卡"段落"选项组中的"两端对齐"按钮即可。

2）段落的间距设置。单击"开始"选项卡"段落"选项组右下角的对话框启动器，在打开的"段落"对话框中设置段前 0 行、段后 0 行，行距设为"1.5 倍行距"。若将段落的行距设置为"多倍行距"，则可以通过设置间距值来细微地调整段落中的行距。此外，行距还可以设置为某个固定数值，如 18 磅。

中文论文一般遵循段落首行缩进 2 字符的规范。在"段落"对话框的"特殊格式"下拉列表中选择"首行缩进"选项，将"度量值"设为 2，单位为字符。

2．设置标题样式

论文中的标题样式采取三级标题样式，即一级标题、二级标题和三级标题。

1）样式的应用。选中文字"一、绪论"，单击"开始"选项卡"样式"选项组中的"标题 1"样式。

2）样式的修改。右击"标题 1"，在弹出的快捷菜单中选择"修改"选项，打开"修改样式"对话框，如图 5.1 所示。在"属性"选项组中的"样式基于"下拉列表中选择"无样式"选项，设置格式为黑体、二号、加粗、居中，选择"格式"下拉列表中的"段落"选项，在打开的"段落"对话框中设置间距为段前 1 行、段后 1 行，然后单击"确定"按钮。

图 5.1　"修改样式"对话框

3）格式刷的用法。完成"一级标题"样式的设置后，可以使用"格式刷"按钮来完成其他一级标题的格式化。方法如下：先选中设置好的标题"绪论"，再单击"开始"选项卡中的"格式刷"按钮，鼠标指针右侧会出现一个小刷子，此时可以使用这个小刷子来格式化其他的一级标题。单击"格式刷"按钮一次，格式刷可以使用一次；双击"格式刷"按钮，则格式刷可以使用多次，但用完之后，必须再次单击"格式刷"按钮，才能退出格式刷功能。

使用格式刷将各章标题，如"文献综述"、"方案设计与论证"、"设计与实现"、"结果与评价"、"结论"和"致谢"全部设置为"一级标题"样式。

4）使用上述方法，修改"标题 2"的样式为楷体、三号、加粗、左对齐、段前 1 行、段后 1 行；修改"标题 3"的样式为宋体、四号、加粗、左对齐、段前 0.5 行、段后 0.5 行。然后将每一章的"×.×"设置为二级标题、"×.×.×"设置为三级标题。

3．设置标题多级编号

论文章节标题中包含多级编号，如"一""1.1""1.1.1"等。修改论文时可能会经常调整章节标题的先后顺序，如果采用手动输入编号的方法，则一旦改变章节标题的位置，就需要手动修改相关章节标题的编号，这将降低排版效率，且容易出错。如果创建多级编号并将其应用到各级标题上，每一级章节标题的编号都由 WPS 文字自动维护，即使任意调整章节标题的位置，或者添加新标题及删除原标题，编号都会按顺序自动更新，可以提高排版效率，避免出错。

在完成各章标题样式的设置后，即可为各章节标题设置对应的编号格式。这里要设置以下形式的多级标题编号。

1）章标题：一级标题，编号格式为"一、"。

2）节标题：二级标题，编号格式为"1.1"。

3）小节标题：三级标题，编号格式为"1.1.1"。

单击"开始"选项卡"段落"选项组中的"编号"下拉按钮，在弹出的下拉列表中选择"自定义编号"选项，打开"项目符号和编号"对话框。选择"多级编号"选项卡，如图 5.2 所示，选中第 3 行第 2 列选项，单击"自定义"按钮，打开"自定义多级编号列表"对话框，如图 5.3 所示。

图 5.2　"项目符号和编号"对话框　　　　图 5.3　"自定义多级编号列表"对话框

在"级别"列表框中选择"1"，表示当前正在设置第 1 级编号格式。在"编号格式"文本框中输入"①、"，在"编号样式"下拉列表中选择"一，二，三，…"选项，将对齐方式设为"居中"，在"将级别链接到样式"下拉列表中选择"标题 1"选项，然后单击"确定"按钮。使用同样的方法设置第 2 级编号的格式为"①.②"、第 3 级编号的格式为"①.②.③"。设置第 2 级和第 3 级编号时要选中"正规形式编号"和"在其后重新开始编号"复选框。设置第 2 级编号时，将"在其后重新开始编号"设置为级别1；设置第 3 级编号时，将"在其后重新开始编号"设置为级别2，单击两次"确定"按钮，关闭对话框，完成设置。

选中论文中要设置多级编号的标题，然后选择新建的多级编号，WPS 文字会根据选中的章节标题级别自动为它们设置相应级别的编号，如图 5.4 所示。

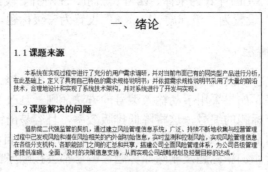

图 5.4　设置多级编号样例

4．设置页眉和页脚

一般来说，在论文的页眉位置设置标记，在页脚位置设置页码，但是封面不需要页眉和页脚，可以利用分节符将它们分开。在分节符设置完成后，就可以在同一文档中设置不同样式的页码，如目录的页码格式为"i，ii，iii…"形式，中、英文摘要页使用"Ⅰ，Ⅱ，Ⅲ…"形式，正文使用"1，2，3…"形式等。

1）插入分节符。将光标移动到封面的最后，单击"插入"选项卡中的"分页"下拉按钮，在弹出的下拉列表中选择"下一页分节符"选项，如图 5.5 所示，即可在封面后插入分节符。在每个需要分节的地方（每一章结尾处）都按以上步骤插入一个下一页分节符。

2）设置首页不同及奇偶页不同。

① 双面打印。将论文的偶数页页眉设置为"沈阳化工大学学士学位论文"，小五、宋体、居中；奇数页页眉设置为章名，小五、宋体、居中。先设置奇偶页不同，再分别设置相应的页眉。设置页脚插入的页码时，奇数页在右下角、偶数页在左下角。

单击"页面布局"选项卡"页面设置"选项组右下角的对话框启动器，打开"页面设置"对话框，在"版式"选项卡的"页眉和页脚"选项组选中"奇偶页不同"复选框，如图 5.6 所示。如果论文封面不包含页眉和页脚，还要选中"首页不同"复选框。

图 5.5　插入分节符　　　　　　　　　图 5.6　设置奇偶页不同

单击"插入"选项卡中的"页眉页脚"按钮，进入页眉编辑状态。单击"页眉页脚"选项卡中的"同前节"按钮，取消"与上一节相同"，这样只有正文部分才设置页眉。在页眉线上方输入"沈阳化工大学学士学位论文"，如图 5.7 所示。

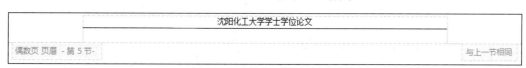

图 5.7　偶数页页眉的设置

输入偶数页页眉后，将光标定位在奇数页眉的位置，单击"插入"选项卡中的"文档部件"下拉按钮，在弹出的下拉列表中选择"域"选项，打开"域"对话框，如图 5.8 所示，在"域名"列表框中选择"样式引用"选项，在"样式名"下拉列表中选择"标题 1"选项，然后单击"确定"按钮，即可在奇数页页眉插入该章节的标题，如图 5.9 所示。

图 5.8 "域"对话框

图 5.9 奇数页页眉的设置

设置页码。将光标定位在偶数页的页脚，单击"插入"选项卡中的"页码"下拉按钮，在弹出的下拉列表中选择"预设样式"→"页脚外侧"选项，则奇数页码使用右对齐方式，偶数页码使用左对齐方式。

② 单面打印。论文若为单面打印，则需要在每一页上体现"沈阳化工大学学士学位论文"和章名信息，因此，不再需要进行奇偶页不同的设置。设置"沈阳化工大学学士学位论文"在页眉左侧，章名在页眉右侧。

首先在每一章结尾处插入一个"下一页分节符"，然后将光标定位在"一、绪论"页面，单击"插入"选项卡中的"页眉页脚"按钮，进入页眉编辑状态。单击"页眉页脚"选项卡中的"同前节"按钮，取消"与上一节相同"，在页眉左侧输入"沈阳化工大学学士学位论文"，在页眉右侧输入"第一章 绪论"，如图 5.10 所示。

图 5.10 单面打印的页眉编辑窗口

将光标定位在"二、文献综述"页面，页眉上显示的内容与上一节页眉显示的内容相同。单击"页眉页脚"选项卡中的"同前节"按钮，取消"与上一节相同"，手动修改为"第二章　文献综述"。按照上述方法，将后续每一章的页眉修改为符合本章标题内容的页眉样式，即可完成论文页眉的设置。

添加页码。将光标定位在正文第一章页面，单击"插入"选项卡中的"页码"下拉按钮，在弹出的下拉列表中选择"页脚中间"选项即可添加页码。若要设置页码格式，则在"页码"下拉列表中选择"页码"选项，打开"页码"对话框，如图 5.11 所示。在"页码编号"选项组中选中"起始页码"单选按钮，将数值设为 1，单击"确定"按钮，即可完成正文部分阿拉伯数字页码的设置。

图 5.11　"页码"对话框

对论文进行排版时，经常会遇到论文的摘要与目录部分的页码需要设置为罗马数字的情况，而从正文第一章开始设置为阿拉伯数字格式的页码。在设置摘要等页码时，只需在"样式"下拉列表中选择罗马数字的样式，从正文第一章开始重新对页码进行编号，选中"起始页码"单选按钮，并设数值为 1 即可。

部分论文页眉和页脚设置样例，如图 5.12 所示。

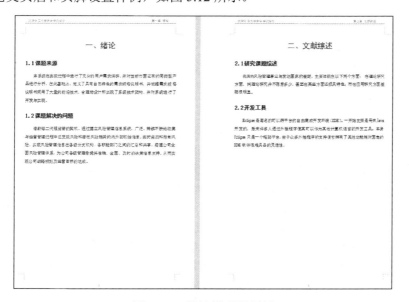

图 5.12　页眉页脚设置样例

5. 生成论文目录

对整篇论文完成排版后，即可生成论文的目录。WPS 文字提供了完善的目录编辑功能，能够帮助用户创建多级目录。创建目录的方法如下。

1）单击"引用"选项卡中的"目录"下拉按钮，在弹出的下拉列表中选择"自定义目录"选项，打开"目录"对话框，如图 5.13 所示。

2）选中"显示页码"复选框，使生成的目录中显示各章节的页码；选中"页码右对齐"复选框，使生成的目录中所有章节的页码右对齐；选中"使用超链接"复选框，在生成的目录中，单击目录标题的同时按 Ctrl 键，将直接跳转到论文的对应章节。

3）将"显示级别"设置为 3，对应论文中的三级目录结构，然后单击"确定"按钮，生成目录。

4）生成的目录字体均采用正文的样式，可以对目录中各级标题的字号进行设置。将"目录"两个字设置为黑体、三号、居中；将第一级标题设置为楷体、小四号、加粗；将第二级标题设置为楷体、小四号；将第三级标题设置为楷体、小四号、倾斜。

5）为了目录显示美观，需要对各级标题进行适当缩进。打开"段落"对话框，设置第一级标题左缩进 2 个字符，第二级标题左缩进 2 个字符，第三级标题左缩进 3 个字符。

论文的目录样例如图 5.14 所示。

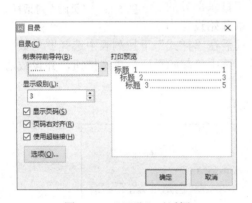

图 5.13　"目录"对话框

图 5.14　自动生成的目录

6．设置图表编码

论文中通常包含大量的图片和表格，因此要对其中的图片和表格进行编号并添加简要的说明文字，以便在正文中通过编号来引用特定的图片和表格。手动添加编号，若添加或删除图片和表格，或者调整图片和表格的前后顺序，则必须重新修改编号。WPS 文字的题注功能允许用户为图片和表格添加自动编号，这些编号由 WPS 文字维护，当图片和表格的位置、数量发生变化时，题注编号可以自动更新以保持正确的排序。

在论文排版中，图片和表格的题注编号通常由两部分组成，题注中的第 1 个数字表示图片或表格所在论文的章编号，题注中的第 2 个数字表示图片或表格在当前章中的流水号。例如，"图 5.1"表示第五章中的第 1 张图片，"表 2.4"表示第二章中的第 4 个表格。

（1）为图片添加题注

为第三章的"系统功能模块图"添加题注，选择图片并右击，在弹出的快捷菜单中选择"题注"选项，打开"题注"对话框。单击"新建标签"按钮，打开"新建标签"对话框，在"标签"文本框中输入"图 3."，如图 5.15 所示。

图 5.15　"题注"对话框

单击"确定"按钮返回"题注"对话框。在"题注"文本框中输入一个空格，然后输入图片的说明文字"系统功能模块图"，以使文字与题注编号之间保留一定的距离。在"位置"下拉列表中选择"所选项目下方"选项，然后单击"确定"按钮，插入题注，如图 5.16 所示。

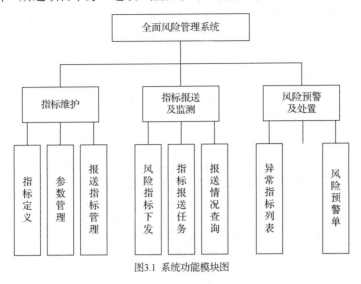

图 5.16　为图片插入题注

按照上述方法，为后续每一章中的图片添加题注。

（2）为表格添加题注

论文中的表格通常采用三线表，使用阿拉伯数字编排序号，当表格较多时可按章排序。每一个表格应有简短确切的表题，连同表号置于表格上方。必要时，应将表中的符号、标记、代码及需要说明的事项以最简练的文字横排于表题下，作为表注，也可以附注于表下。表内同一栏的数字必须上下对齐。表内一律输入具体数字或文字。"空白"代表未测或无此项，"—"代表未发现，"0"表示实测结果确为零。

为第三章中的第 1 个表格添加题注时，首先要选中整个表格，然后右击，在弹出的快捷菜单中选择"题注"选项，打开"题注"对话框。单击"新建标签"按钮，打开"新建标签"对话框，在"标签"文本框中输入"表 3."，单击"确定"按钮返回"题注"对话框。在"题注"文本框中输入一个空格，然后输入表格的说明文字"指标基本信息实体定义表"，在"位置"下拉列表中选择"所选项目上方"选项，单击"确定"按钮，插入表格题注，如图 5.17 所示。

表 3.1　指标基本信息实体定义表

字段名称	字段代码	数据类型	主键/外键
ID	ID	VARCHAR2（50）	主键
指标名称	NAME	VARCHAR2（300）	外键
指标业务编号	BUSTNESS_CODE	VARCHAR2（300）	外键
报送频率	REPORT_FREQUENCY	VARCHAR2（50）	外键
创建时间	CREATE_TIME	DATE	外键
修改时间	MODIFY_TIME	DATE	外键

图 5.17　为表格插入题注

按照上述方法，为后续每一章中的表格添加题注。

7. 插入脚注和尾注

在长文档的编写与排版过程中，通常会使用脚注和尾注。脚注位于页面底部，是对当前页面中的指定内容进行的补充说明。尾注位于整篇文档的末尾，列出了在正文中标记的引文的出处等内容。

（1）添加脚注和尾注

在论文中添加脚注，首先要将光标定位到需要补充说明的内容右侧，如图 5.18 所示（正文第一章 1.2 节第一行"偿二代"）。

1.2 课题解决的问题

借助偿二代强监管的契机，通过建立风险管理信息系统，广泛、持续不断地收集与经营管理过程中已发现风险和潜在风险相关的内外部初始信息，实时监测和控制

图 5.18　确定脚注的位置

单击"引用"选项卡"脚注和尾注"选项组中的"插入脚注"按钮，光标被自动定义到页面底部，输入对"偿二代"的说明性内容"偿二代全称中国第二代偿付能力监管制度体系建设规划"，如图 5.19 所示。

借助偿二代强监管的契机，通过建立风险管理信息系统，广泛、持续不断地收集与经营管理过程中已发现风险和潜在风险相关的内外部初始信息，实时监测和控制

1）'偿二代全称中国第二代偿付能力监管制度体系建设规划

图 5.19　添加脚注

图 5.20　"脚注和尾注"对话框

如果在一个页面中添加了多个脚注，或者调整了脚注的位置，则脚注引用标记都将自动排序。脚注引用标记是指正文内容右侧的数字编号。

尾注与脚注除了在文档中的位置不同，其他操作基本相同。单击"引用"选项卡"脚注和尾注"选项组中的"插入尾注"按钮，在文档末尾添加尾注。

（2）改变脚注和尾注的位置

脚注不一定位于页面底部，尾注也不一定位于文档结尾，可以通过设置改变脚注和尾注的位置。单击"引用"选项卡"脚注和尾注"选项组右下角的对话框启动器，打开"脚注和尾注"对话框，如图 5.20 所示，设置脚注或尾注的位置。

8. 参考文献的输入

撰写论文时经常会引用参考文献中的观点、理论、公式等。根据科技论文的写作规范，在论文排版时需要在引用文献处进行适当的标记，并在完成正文撰写后按引用顺序列出参考文献的详细信息。

参考文献的输入有两种方法：一是传统的输入方法，二是插入尾注的方法。

（1）传统的输入方法

通常正文中的不同章节有不同的页眉，这就需要给正文分多个节，用户使用传统的输入方法来输入参考文献，即在正文中需要插入参考文献的位置输入上标带中括号的序号，再在文末的参考文献中对应正文中的序号输入参考文献。

（2）插入尾注的方法

写论文时也可以使用插入尾注的方法插入参考文献，但前提是正文必须在一节中。如果正文分为多个节，不同的章有不同的页眉，则无法使用插入尾注的方法插入参考文献。因为尾注有两个选项，一个是节的结尾，另一个是文档结尾。如果是节的结尾，还有方法来实现正文后面"致谢"内容的输入；如果是文档结尾，WPS 文字默认后面输入的内容都是尾注的内容，参考文献后面的标题将无法提取到目录中。当然，如果论文没有要求每个章节有不同的页眉，或者没有页眉，则可以使正文在一个节中，即可以使用尾注的方法来实现。这种方法的优点是正文中的序号和后面的参考文献中的序号具有链接功能，双击某处的参考文献序号，光标会自动跳转到与该序号相同的另一处，还能自动编号，同时，若删除正文中的参考文献序号，则自动删除文件尾的相应参考文献。

参考文献的格式应符合国家相关标准[《信息与文献　参考文献著录规则》(GB 7714—2015)]。

9．排版的常用视图

视图决定文档在计算机屏幕上以何种方式显示。在不同的视图环境下为用户提供了不同的工具。在对每一篇文档进行排版时，可以根据当前正在进行的操作而切换到最适宜的视图环境。WPS 文字排版中比较常用的两种视图是页面视图和大纲视图。

（1）页面视图

在页面视图中可以看到文档中的每一页及其中包含的所有元素（摘要、目录、正文、页眉、页脚、尾注、参考文献等）。同时，页面视图也很好地显示了文档打印时的外观，即通常所说的所见即所得。

有两种方法可以切换到页面视图：一是单击 WPS 文字窗口底部状态栏中的"页面视图"按钮；二是单击"视图"选项卡"文档视图"选项组中的"页面"按钮，如图 5.21 所示。

图 5.21　"页面视图"按钮和"页面"按钮

（2）大纲视图

大纲视图通常用于确定文档的整体结构，就像书籍中的目录一样。在大纲视图中可以输入并修改文档的各级标题，用于构思和调整文档的整体结构，完成后返回页面视图以编辑文档的具体内容。切换到大纲视图后，可以在"大纲"选项卡"大纲工具"选项组中设置显示的标题级别，如图 5.22 所示。

有些标题左侧显示一个"+"按钮，说明该标题包含子标题或正文内容，双击"+"按钮将展开该标题包含的所有子标题和正文内容。

大纲视图的一个优势是可以随时对不符合要求的标题级别进行调整。可以根据需要将原来的一级标题降级为二级标题，只需单击标题所在的行，然后在"大纲级别"下拉列表中选择希望降级到的标题级别即可。例如，将"2.2 开发工具"降级为"2.1.1 开发工具"，如图 5.23 和图 5.24 所示。

图 5.22　显示 1～3 级标题的大纲视图

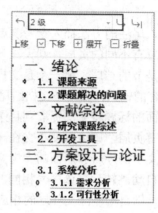
图 5.23　降级前

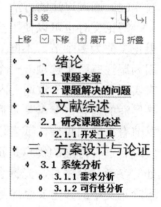
图 5.24　降级后

三、实践练习

新建一个 WPS 文字文档，输入以下内容（注意文字中每章的一级标题和二级标题要原样输入，每章后插入一个分页符）。

第一章　计算机基础概述

1.1　现代计算机的诞生

1. 图灵机

图灵机，又称图灵计算、图灵计算机，它是数学家阿兰·图灵提出的一种抽象计算模型，即将人们使用纸笔进行数学运算的过程进行抽象，由一个虚拟的机器替代人们进行数学运算。

图灵在 1936 年发表的《论可计算数及其在判定性问题上的应用》中提出图灵机模型。在文章中，图灵表述了图灵机的概念，并且证明了只要图灵机可以被实现，就可以用来解决任何可计算的问题。这种理论上的计算机后来被命名为"图灵机"。

2. ENIAC

1946 年 2 月，美国宾夕法尼亚大学物理学家莫克利和工程师埃克特等共同研制成功了电子数字积分计算机（electronic numerical integrator and calculator，ENIAC），这是世界上第一台通用电子计算机，标志着人类计算工具的历史性变革，从此人类社会进入以数字计算机为主导的信息时代。

1.2　现代计算机的发展

1. 电子计算机的发展

ENIAC 问世以来的短短 70 余年间，计算机的发展突飞猛进。根据计算机采用的主要电子器件，通常将电子计算机的发展划分为电子管计算机、晶体管计算机、集成电路计算机、大规模和超大规模集成电路计算机 4 个时代。

2. 微型计算机的发展

从 20 世纪 70 年代初期开始，计算机逐步向微型化方向发展，体积大幅减小，价格也大幅度降低。1972 年，世界上第一台微处理器和微型计算机在美国旧金山南部的硅谷应运而生，它的诞生开创了微型计算机的新时代。

第二章　计算机中信息的表示

2.1　数制

数制也称进位计数制，是指用一组固定的符号和统一的规则来表示数值的方法。例如，常用的十进制数，钟表计时中使用的六十进制数。在计算机内，各种信息都是以二进制数的形式表示，为了书写和表示方便，还常使用八进制数和十六进制数。无论哪一种进制的数，都有一个共同点，即都是进位计数制。

2.2　数制之间的转换

1. 非十进制数转换成十进制数

非十进制数转化成十进制数的规则是，数码乘以各自的位权再累加，即将非十进制数的数值按其权展开，再将各项相加。

2. 十进制数转换成非十进制数

将十进制数转换为非十进制数时，要将该数的整数部分和小数部分分别转换，然后再拼接起来即可。

3. 二进制数与八进制数之间的转换

二进制的基数是 2，八进制的基数是 8。由于 8 是 2 的整数次幂，即 $2^3=8$，所以，3 位二进制数相当于 1 位八进制数。

4. 二进制数与十六进制数之间的转换

二进制的基数是 2，十六进制的基数是 16，16 是 2 的整数次幂，即 $2^4=16$，所以，4 位二进制数相当于 1 位十六进制数。

5. 八进制数和十六进制数的转换

规则：借助二进制数来转换。先将八进制数或十六进制数转换成二进制数，再把二进制数转换成十六进制数或八进制数。

第三章　计算机系统概述

3.1　计算机系统的组成

计算机系统主要由硬件系统和软件系统两大部分组成。硬件是指构成计算机的所有实体部件的集合，这些部件由电子器件、机械装置等物理部件组成。硬件通常是指一切看得见、摸得着的物理设备，它们是计算机进行工作的物质基础，也是计算机软件运行的场所。

软件是指在硬件设备上运行的各种程序和文档的集合，它是计算机的灵魂。程序是用户用于指挥计算机执行各种操作从而完成指定任务的指令集；文档是各种信息的集合。

3.2　计算机的硬件系统

现代计算机虽然从性能指标、运算速度、价格等方面发生了巨大改变，但是它们的基本结构没有变化，都是基于冯•诺依曼体系结构。因此，我们日常所使用的计算机也称为冯·诺依曼型计算机，其核心是"存储程序、程序控制"，因此又称为存储程序式计算机。

存储程序式计算机由 5 部分组成：运算器、控制器、存储器、输入设备和输出设备。每个功能部件各尽其责、协调工作。

3.3 计算机的软件系统

计算机软件是指在硬件设备上运行的各种程序、数据及其使用和维护文档的总和。它是计算机的灵魂，是整个计算机系统中的重要组成部分。一台性能优良的计算机系统能够发挥其应有的功能，取决于为之配置的软件是否完善、丰富。根据软件的作用不同，可分为系统软件和应用软件两大类。

要求：

1）生成如图 5.25 所示的目录（注意根据目录效果对上述文字按章分页）。

目录

第一章 计算机基础概述 1

    1.1 现代计算机的诞生 1

    1.2 现代计算机的发展 1

第二章 计算机中信息的表示 1

    2.1 数制 1

    2.2 数制之间的转换 1

第三章 计算机系统概述 2

    3.1 计算机系统的组成 2

    3.2 计算机的硬件系统 2

    3.3 计算机的软件系统 2

图 5.25　生成的目录效果

2）添加奇偶页不同的页眉，页码用阿拉伯数字（小五号字、宋体、居中）连续编码，页码由第一章的首页开始作为第 1 页。

提示：页眉或页码格式发生变化，则需要分节，方法是单击"页面布局"选项卡"页面设置"选项组中的"分隔符"下拉按钮，在弹出的下拉列表中选择"分节符"选项。页眉和页码在"插入"选项卡中进行设置。

若要自动生成目录，必须先将章节号按样式分级设置好，标题可设为"标题 1"、"标题 2"和"标题 3"，然后单击"引用"选项卡"目录"选项组中的"目录"下拉按钮，在弹出的下拉列表中选择一种内置样式或手动建立目录。

实验 6 WPS 表格基本操作

一、实验目的

1）熟悉 WPS 表格界面。
2）掌握 WPS 表格的常用操作。
3）掌握常用创建、编辑 WPS 表格的基本操作方法。
4）掌握图表的创建、编辑及格式化方法。

二、实验内容与操作步骤

1）启动 WPS 表格，观察 WPS 表格的操作界面。方法：选择"开始"→"所有程序"→"WPS Office"选项，打开 WPS Office 主窗口。选择"新建"→"新建表格"→"新建空白表格"选项，进入 WPS 表格操作界面。

2）在工作簿中输入数据。使用第一个工作表（名称为 Sheet1）建立一个简单的包含图表的月份销售计划表，这个表由两列信息组成。列 A 包含月份名称，列 B 存储计划销售额。起始行可以输入一些描述性的标题。按以下步骤输入销售信息。

① 使用方向键或移动鼠标指针到 A1 单元格位置，此时名称框中将显示该单元格的地址。

② 输入"月份"到 A1 单元格中并按 Enter 键结束。

③ 选择 B1 单元格，输入"预期销售额"，然后按 Enter 键结束。

④ 输入月份：选择 A2 单元格，输入"一月"。类似地，可以在其他单元格中输入其他月份，也可以利用表格自动填充功能快速填充其他月份。首先要确认 A2 单元格被选中，此时 A2 单元格就是活动单元格。注意这个单元格被深色轮廓线包围，在单元格右下角有一个被称为填充柄的小方块。将鼠标指针移到填充柄上面，按住鼠标左键从 A2 单元格向下拖动到 A13 单元格，然后释放鼠标左键，可以发现自动填充了其他月份，如图 6.1 所示。

⑤ 输入销售数据：在 B 列输入预期销售额数据。假设一月份销售额是 50000，后续月份销售额均以 3.5%的速度增长。选择 B2 单元格，输入销售额 50000；然后选择 B3 单元格，输入公式"=B2*103.5%"，然后按 Enter 键。WPS 表格中的公式都是以"="开头的。确认 B3 单元格已被选中，按住鼠标左键拖动单元格右下角的填充柄从 B3 单元格到 B13 单元格，然后释放鼠标左键。最终生成的工作表效果如图 6.1 所示。注意，在 B 列中，除了 B2 单元格，其他销售额数据都是由公式计算得到的。可以尝试改变 B2 单元格中的数据并按 Enter 键，可以发现 B 列其他数据自动重新计算并显示。

3）格式化工作表。应用数据格式化命令使数据易于读懂并尽可能使它们与字面含义保持一致。对图 6.1 所示的工作表的数据进行格式化，遵循以下步骤。

① 单击 B2 单元格并按住鼠标左键拖动到 B13 单元格。

注意：在鼠标拖动过程中，鼠标指针（此时呈空心十字）必须位于单元格边界之内。不要拖动单元格的填充柄。

② 右击选择的单元格区域，在弹出的快捷菜单中选择“设置单元格格式”选项，在打开的“单元格格式”对话框中选择“数字”选项卡，在“分类”列表框中选择“货币”选项。表中每个销售额数据前将出现一个货币符号，默认情况下保留 2 位小数。如果销售额数据此时显示为“####”，请拖动 B 列边界增加列宽。

③ 在销售计划表范围内将鼠标指针定位到任意一个有数据的单元格上，单击“插入”选项卡中的“表格”按钮，打开“创建表”对话框以便确认它覆盖的范围，可以按住鼠标左键重新选择表格的覆盖范围为 A1:B14，然后单击“确定”按钮。

④ 选择“表格工具”选项卡“预设样式”下拉列表中的“表样式中等深浅 2”样式，应用于当前工作表，如图 6.2 所示。

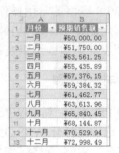

	A	B	C
1	月份	预期销售额	
2	一月	50000	
3	二月	51750	
4	三月	53561.25	
5	四月	55435.89	
6	五月	57376.15	
7	六月	59384.32	
8	七月	61462.77	
9	八月	63613.96	
10	九月	65840.45	
11	十月	68144.87	
12	十一月	70529.94	
13	十二月	72998.49	
14			

图 6.1　销售规划工作表

	A	B
1	月份	预期销售额
2	一月	¥50,000.00
3	二月	¥51,750.00
4	三月	¥53,561.25
5	四月	¥55,435.89
6	五月	¥57,376.15
7	六月	¥59,384.32
8	七月	¥61,462.77
9	八月	¥63,613.96
10	九月	¥65,840.45
11	十月	¥68,144.87
12	十一月	¥70,529.94
13	十二月	¥72,998.49

图 6.2　自动套用工作表样式

4）数据的图表化。生成数据图表的步骤如下。

① 选中工作表中的 A1:B13 单元格区域。

② 单击“插入”选项卡中的“全部图表”按钮，打开“图表”对话框，选择“柱形图”图表类型的第一个子类“簇状柱形图”。将在屏幕中央插入一个图表，如图 6.3 所示。单击图表边界并拖动可以将图表移动到其他位置。利用“图表工具”选项卡可以修改图表的外观和样式。

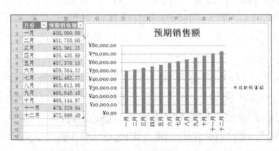

图 6.3　插入图表

5）新建一个 WPS 表格的工作簿，在 Sheet1 工作表中输入如图 6.4 所示的内容。

	A	B	C	D	E
1	销售情况统计表				
2	日期	彩电	冰箱	电扇	洗衣机
3	1	23000	56000	56200	120003
4	2	23420	23740	34210	14320
5	3	12003	13000	14000	15000
6	4	16000	17000	18000	19000
7	5	23420	22003	23000	11000
8	6	22003	16789	12812	12845
9	销售统计				

图 6.4　电器销售情况统计

对图 6.4 所示的数据表格进行如下操作。

① 将 A1:E1 单元格合并并居中，将其设为 16 号字、加粗、隶书。

② 将 A2:E2 单元格中的字体加粗、居中。

③ 使用公式计算 B9:E9 单元格区域中每种电器的销售总量，给整个表格添加粗实线外边框、细实线内边框，线条颜色均为黑色。

6）根据销售统计和销售种类插入一个任意类型的嵌入式图表，并调整图表的位置和大小。操作结果如图 6.5 所示。

图 6.5 电器销售情况统计的最终效果

操作步骤如下。

① 按题目要求在 WPS 表格工作簿的 Sheet1 工作表中输入数据。选择 A1:E1 单元格区域，右击，在弹出的快捷菜单中选择"设置单元格格式"选项，在打开的"单元格格式"对话框中选择"对齐"选项卡。将"文本对齐方式"的"水平对齐"设置为"居中"，选中"文本控制"选项组中的"合并单元格"复选框；选择"字体"选项卡，设置字号为 16、字形为加粗、字体为隶书，然后单击"确定"按钮。

② 选择 A2:E2 单元格区域，单击"开始"选项卡"字体"选项组中的"加粗"按钮，并单击"对齐方式"选项组中的"居中"按钮。

③ 选择 B9 单元格，单击编辑栏左侧的"插入函数"按钮，在打开的"插入函数"对话框中选择函数"SUM"，单击"确定"按钮，在打开的"函数参数"对话框中观察"数值 1"编辑框中的参数是否为 B3:B8，如果不是，则在工作表中重新选择 B3:B8 单元格区域；否则直接单击"确定"按钮结束操作，此时可发现编辑栏中出现公式="SUM(B3:B8)"。如果"彩电"销售统计结果显示不正常，双击列 B 和列 C 之间的间隔线即可使数据正常显示。选择 B9 单元格，使用鼠标水平拖动 B9 单元格的填充柄到 E9 单元格，然后单击"开始"选项卡中的"行和列"下拉按钮，在弹出的下拉列表中选择"最适合的列宽"选项。选择 A1:E9 单元格区域，右击，在弹出的快捷菜单中选择"设置单元格格式"选项，在打开的"单元格格式"对话框中选择"边框"选项卡，设置线条样式为粗实线，再设置预置为外边框；然后设置线条样式为细实线，再设置预置为内部，最后单击"确定"按钮。

④ 选择 B2:E2 单元格区域，按住 Ctrl 键不放，选择 B9:E9 单元格区域，单击"插入"选项卡中的"全部图表"下拉按钮，在弹出的下拉列表中选择"柱形图"图表类型的第一个子类"簇状柱形图"，即可生成如图 6.5 所示的图表。

三、实践练习

新建一个 WPS 表格的工作簿，在 Sheet1 工作表中输入如图 6.6 所示的内容。

	A	B	C	D	E	F
1	姓名	工龄	基本工资	奖金	水电费	实发工资
2	陈燕	4	1667.3	420	80.88	
3	李小勇	5	1756.55	530	95.6	
4	王微	8	2259.8	950	75.45	
5	胡大为	2	1687.78	500	105.9	
6	王军	3	1564	460	79.65	
7	张东风	9	2376.38	860	67.46	
8	于晓晓	4	1778.3	610	39.65	
9						
10	平均					
11						
12			工龄不满5年职工的奖金和：			
13						

图 6.6 职工工资表

1）在工作表 Sheet1 中完成如下操作。

① 在 A1 前插入一行，输入内容为"东方大厦职工工资表"，设置字体为楷体、字号为 16、字体颜色为"标准色-紫色"，并将 A1:F1 单元格区域设置为"合并居中"。

② 将姓名列 A3:A9 单元格区域的水平对齐方式设置为"分散对齐（缩进）"，将其他单元格区域的水平对齐方式设置为"居中"。

③ 设置 A2:F2 单元格区域的字体为黑体、14 号字，设置 A1:F11 单元格区域的内外边框线颜色为"标准色-绿色"，设置样式为细实线。

④ 利用公式计算实发工资（实发工资=基本工资+奖金-水电费），使用函数计算各项平均值（不包括工龄，结果保留 2 位小数）。

⑤ 在 E13 单元格中利用函数统计工龄不满 5 年职工的奖金和。

⑥ 建立簇状柱形图表比较后 3 位职工的基本工资、奖金和实发工资情况。图例为职工姓名，靠右，图表样式选择"图表样式 15"，删除图表标题，并将图表放到工作表的右侧。

2）插入 Sheet2 表，将 A1:F9 单元格区域的数据复制到 Sheet2 中（A1 为起始位置）。在工作表 Sheet2 中完成如下操作。

① 将工作表 Sheet2 重命名为"筛选统计"。

② 筛选出工龄 5 年及以下，且奖金高于（包括）500 元的职工记录。

操作结果如图 6.7～图 6.9 所示。

	A	B	C	D	E	F
1	东方大厦职工工资表					
2	姓名	工龄	基本工资	奖金	水电费	实发工资
3	陈 燕	4	1667.3	420	80.88	2006.42
4	李 小 勇	5	1756.55	530	95.6	2190.95
5	王 微	8	2259.8	950	75.45	3134.35
6	胡 大 为	2	1687.78	500	105.9	2081.88
7	王 军	3	1564	460	79.65	1944.35
8	张 东 风	9	2376.38	860	67.46	3168.92
9	于 晓 晓	4	1778.3	610	39.65	2348.65
10						
11	平均		1870.02	618.57	77.80	2410.79
12						
13			工龄不满5年职工的奖金和：			1990

图 6.7 职工工资表的操作结果

	A	B	C	D	E	F
1	东方大厦职工工资表					
2	姓名	工龄	基本工资	奖金	水电费	实发工资
4	李 小 勇	5	1756.55	530	95.6	2190.95
6	胡 大 为	2	1687.78	500	105.9	2081.88
9	于 晓 晓	4	1778.3	610	39.65	2348.65

图 6.8 职工工资表筛选结果

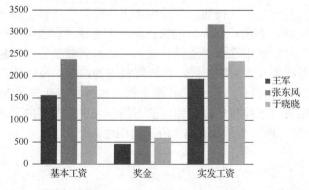

图 6.9 3 位职工的簇状柱形图

实验 7　WPS 表格公式和函数的使用

一、实验目的

1）了解 WPS 表格常用函数的功能。
2）掌握 WPS 表格常用函数的应用方法。
3）掌握 WPS 表格公式的编辑方法。
4）掌握从身份证号中提取信息的方法。

二、实验内容与操作步骤

1）新建一个 WPS 表格的工作簿，在"Sheet1"工作表中输入如图 7.1 所示的内容。

	A	B	C	D	E	F	G
1	计算机应用0801班学生成绩单						
2	学号	姓名	离散数学	C语言	计算机网络	总分	平均分
3		王晓亮	78	76.5	80		
4		卢明	93	67	72.5		
5		虎龙	86.5	73	65		
6		赵燕	90	74.5	90		
7		姜昆	68.8	88	95		

图 7.1　学生成绩单

对图 7.1 所示的数据表格进行如下操作。

① 利用自动填充的方法将单元格 A3:A7 填充学号 08001～08005。

② 利用函数求总分、平均分。

③ 标题"计算机应用 0801 班学生成绩单"从 A1:G1 跨列居中，设置字体为加粗，字号为 14 号，填充黄色背景。

④ 为单元格区域 A2:G7 添加内边框和外边框（外边框为粗实线、内边框为细实线）。

⑤ 对表格区域的文字型数据采用中间对齐方式。

⑥ 对表格区域的数值型数据保留 2 位小数。

操作结果如图 7.2 所示。

	A	B	C	D	E	F	G
1	计算机应用0801班学生成绩单						
2	学号	姓名	离散数学	C语言	计算机网络	总分	平均分
3	08001	王晓亮	78.00	76.50	80.00	234.50	78.17
4	08002	卢明	93.00	67.00	72.50	232.50	77.50
5	08003	虎龙	86.50	73.00	65.00	224.50	74.83
6	08004	赵燕	90.00	74.50	90.00	254.50	84.83
7	08005	姜昆	68.80	88.00	95.00	251.80	83.93

图 7.2　学生成绩单的最终效果

操作步骤如下。

① 按题目要求在 WPS 表格工作簿的"Sheet1"工作表中输入本题目要求的数据。选择 A3 单元格,在该单元格中首先输入一个英文单引号,然后输入 08001(即'08001),按 Enter 键结束输入。拖动 A3 单元格的填充柄沿 A 列向下到 A7 单元格,完成学号的填充。

② 选择 F3 单元格,单击编辑栏左侧的"插入函数"按钮,在打开的"插入函数"对话框中选择函数"SUM",单击"确定"按钮,在打开的"函数参数"对话框中观察"数值 1"编辑框中的参数是否为 C3:E3,如果不是,则在工作表中重新选择 C3:E3 单元格区域;否则直接单击"确定"按钮结束操作,此时可发现编辑栏中出现公式"=SUM(C3:E3)",拖动 F3 单元格的填充柄沿 F 列向下到 F7 单元格,即可计算出所有学生的总分。选择 G3 单元格,输入公式"=F3/3",按 Enter 键即可计算出第 1 个学生的平均分,拖动 G3 单元格的填充柄沿 G 列向下到 G7 单元格,即可计算出所有学生的平均分。

③ 选择单元格区域 A1:G1,右击,在弹出的快捷菜单中选择"设置单元格格式"选项,在打开的"单元格格式"对话框中选择"对齐"选项卡,将"文本对齐方式"的"水平对齐"设置为"跨列居中";选择"字体"选项卡,设置字号为 14、字形为加粗;选择"图案"选项卡,将颜色设置为黄色,最后单击"确定"按钮。

④ 选择单元格区域 A2:G7,右击,在弹出的快捷菜单中选择"设置单元格格式"选项,在打开的"单元格格式"对话框中选择"边框"选项卡,设置线条样式为粗实线,设置预置为外边框;然后设置线条样式为细实线,设置预置为内部,最后单击"确定"按钮。

⑤ 选择单元格区域 A2:G7,单击"开始"选项卡"段落"选项组中的"水平居中"按钮。

⑥ 选择单元格区域 C3:G7,单击"开始"选项卡中的"增加小数位数"按钮 两次。若发现某列数据显示不正常,可适当调整列宽使其正常显示。

2)IF 函数的应用。新建一个 WPS 表格的工作簿,在 Sheet1 工作表中输入如图 7.3 所示的内容。

操作要求如下。

对于金额的计算,当购买数量大于 5 时,按批发价计算,否则按零售价计算。

提示:使用 IF( )函数。其语法格式为 IF(测试条件,条件为真的结果,条件为假的结果)。

操作步骤:选择"卡迪那"金额对应的 E3 单元格,在 E3 单元格中输入公式"=IF(D3>5,B3*D3,C3*D3)",按 Enter 键结束。然后向下拖动 E3 单元格的填充柄就可以计算出其他小食品所花费的金额,效果如图 7.4 所示。

	A	B	C	D	E
1	联欢会购买小食品表				
2	品名	批发价格	零售价格	购买数量	金额
3	卡迪那	3	3.5	2	
4	奇巧威化	5	5.5	3	
5	马铃薯片	1.3	1.5	7	
6	山楂片	2.2	2.5	1	
7	花生	3	3.5	4	
8	瓜子	2.5	3	10	
9	大白兔奶糖	7	7.5	3	
10	雪碧	5.5	6.5	5	
11	可乐	5	6	5	

图 7.3 购买小食品消费金额

	A	B	C	D	E
1	联欢会购买小食品表				
2	品名	批发价格	零售价格	购买数量	金额
3	卡迪那	3	3.5	2	7
4	奇巧威化	5	5.5	3	16.5
5	马铃薯片	1.3	1.5	7	9.1
6	山楂片	2.2	2.5	1	2.5
7	花生	3	3.5	4	14
8	瓜子	2.5	3	10	25
9	大白兔奶糖	7	7.5	3	22.5
10	雪碧	5.5	6.5	5	32.5
11	可乐	5	6	5	30
12					

图 7.4 IF 函数的应用结果

3）新建一个 WPS 表格的工作簿，在 Sheet1 工作表中输入如图 7.5 所示的内容。

操作要求如下。

① 使用公式计算平均气温，保留 2 位小数。

② 创建 A、B、C 这 3 地气温变化数据的折线图（带数据标记），并设置坐标轴标题和图表标题，最终效果如图 7.6 所示。

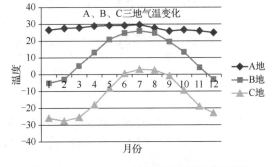

	A	B	C	D
1	北半球三地全年各月平均气温（℃）			
2	月份	A地	B地	C地
3	1	27	-5	-26
4	2	27.5	-3	-28
5	3	28	5	-25.5
6	4	29	13	-18
7	5	29.2	21	-8
8	6	29.3	24.5	0.5
9	7	29.9	26	3
10	8	27.8	24.5	2.5
11	9	26	20	-0.6
12	10	26.5	13.5	-9
13	11	26	4	-19
14	12	25	-3	-23
15	平均气温			

图 7.5　北半球三地全年各月平均气温数据　　　　图 7.6　A、B、C 三地气温变化数据折线图

操作步骤如下。

① 选择 B15 单元格，单击编辑栏左侧的"插入函数"按钮，在打开的"插入函数"对话框中选择函数"AVERAGE"，然后单击"确定"按钮，在打开的"函数参数"对话框中观察"数值 1"编辑框中的参数是否为 B3:B14，即 A 地全年气温数据区；若不是，则删除该"数值 1"编辑框中的所有参数，使用鼠标重新选择单元格区域 B3:B14 即可。然后单击"确定"按钮结束操作，可以看到 A 地全年平均气温已经被计算出来。使用鼠标向右拖动 B15 单元格的填充柄可以计算出 B 地和 C 地的平均气温。选中三地平均气温所在的单元格区域 B15:D15，右击，在弹出的快捷菜单中选择"设置单元格格式"选项，打开"单元格格式"对话框。设置"数字"选项卡中的分类为"数值"，并设置小数点位数为 2，单击"确定"按钮，效果如图 7.7 所示。

	A	B	C	D
1	北半球三地全年各月平均气温（℃）			
2	月份	A地	B地	C地
3	1	27	-5	-26
4	2	27.5	-3	-28
5	3	28	5	-25.5
6	4	29	13	-18
7	5	29.2	21	-8
8	6	29.3	24.5	0.5
9	7	29.9	26	3
10	8	27.8	24.5	2.5
11	9	26	20	-0.6
12	10	26.5	13.5	-9
13	11	26	4	-19
14	12	25	-3	-23
15	平均气温	27.60	11.71	-12.59

图 7.7　使用函数计算平均气温

② 选择 A、B、C 三地所在的单元格区域 B2:D14，选择"插入"选项卡"插入折线图"下拉列表中的"带数据标记的折线图"选项，生成图表。选中图表（单击图表外边框），选择"图表工具"选项卡"图表区"下拉列表中的"图表标题"选项，则选中"图表标题"编辑区，将图表标题修改为"A、B、C 三地气温变化"；选中图表，选择"图表工具"选项卡"添加元素"下拉列表中的"轴标题"→"主要横向坐标轴"选项，则在横坐标下方出现"坐标轴标题"编辑区，将其中的内容修改为"月份"；选中图表，选择"图表工具"选项卡"添加元素"下拉列表中的"轴标题"→"主要纵向坐标轴"选项，则在纵坐标左侧出现"坐标轴标题"编辑区，将其中的内容修改为"温度"。

4）新建一个 WPS 表格的工作簿，在 Sheet1 工作表中输入如图 7.8 所示的内容。

	A	B	C	D	E	F	G	H	I	J
1	2000年甲A联赛积分榜									
2	编号	队名	胜	平	负	进球	失球	净胜球	积分	名次
3	01	北京国安	9	8	9	38	32			
4	02	大连实德	17	5	4	50	21			
5	03	吉林敖东	4	5	17	20	45			
6	04	辽宁抚顺	8	8	10	28	26			
7	05	青岛海牛	6	11	9	22	29			
8	06	山东鲁能	12	4	10	35	31			
9	07	上海申花	14	8	4	37	24			
10	08	深圳平安	8	8	10	27	27			
11	09	沈阳海狮	8	10	8	35	32			
12	10	四川全兴	12	8	6	33	21			
13	11	天津泰达	7	10	9	28	37			
14	12	厦门厦新	6	5	15	22	45			
15	13	云南红塔	8	5	13	24	42			
16	14	重庆隆鑫	10	11	5	46	33			

图 7.8　甲 A 联赛积分榜统计表

操作要求如下。

① 使用公式计算净胜球和积分，净胜球=进球−失球，积分=胜×3+平×1。

② 给各队排名次，按积分多少排名次。积分相同时，参考净胜球数。积分和净胜球数都相同时，再参考进球数。

③ 对积分榜中的各球队积分从大到小进行排序，按排序结果依次填充名次。

操作步骤如下。

① 选择 H3 单元格，输入公式“=F3−G3”后按 Enter 键，即可得到“北京国安”队的净胜球数。使用鼠标向下拖动 H3 单元格的填充柄就可以计算其他球队的净胜球数。

② 选择 I3 单元格，输入公式“=C3*3+D3”后按 Enter 键结束，拖动 I3 单元格的填充柄计算其他球队的积分。

③ 选择 A2:J16 单元格区域，选择“数据”选项卡“排序”下拉列表中的“自定义排序”选项，在打开的“排序”对话框中，设置第一行的主要关键字为“积分”，排序依据为“数值”，次序为“降序”；单击“添加条件”按钮，设置第二行的次要关键字为“净胜球”，排序依据为“数值”，次序为“降序”；单击“添加条件”按钮，设置第三行的次要关键字为“进球”，排序依据为“数值”，次序为“降序”，然后单击“确定”按钮结束操作。将名次添加到 J3:J16 单元格区域（可以在 J3 单元格和 J4 单元格中分别输入数字 1 和 2，然后选中 J3:J4 单元格区域，向下拖动该单元格区域右下角的填充柄即可实现其他名次的填充），如图 7.9 所示。

5）新建一个 WPS 表格的工作簿，在 Sheet1 工作表中输入如图 7.10 所示的内容，插入 Sheet2 工作表，在 Sheet2 工作表中输入如图 7.11 所示的内容。

	A	B	C	D	E	F	G	H	I	J
1	2000年甲A联赛积分榜									
2	编号	队名	胜	平	负	进球	失球	净胜球	积分	名次
3	02	大连实德	17	5	4	50	21	29	56	1
4	07	上海申花	14	8	4	37	24	13	50	2
5	10	四川全兴	12	8	6	33	21	12	44	3
6	14	重庆隆鑫	10	11	5	46	33	13	41	4
7	06	山东鲁能	12	4	10	35	31	4	40	5
8	01	北京国安	9	8	9	38	32	6	35	6
9	09	沈阳海狮	8	10	8	35	32	3	34	7
10	04	辽宁抚顺	8	8	10	28	26	2	32	8
11	08	深圳平安	8	8	10	27	27	0	32	9
12	11	天津泰达	7	10	9	28	37	-9	31	10
13	05	青岛海牛	6	11	9	22	29	-7	29	11
14	13	云南红塔	8	5	13	24	42	-18	29	12
15	12	厦门厦新	6	5	15	22	45	-23	23	13
16	03	吉林敖东	4	5	17	20	45	-25	17	14

图 7.9　积分计算及排名结果

	A	B
1	地区编码表	
2	身份证号码前6位	所属地
3	150430	内蒙古自治区赤峰市敖汉旗
4	210903	辽宁省阜新市新邱区
5	320113	江苏省南京市栖霞区
6	320204	江苏省无锡市北塘区
7	350423	福建省三明市清流县
8	350601	福建省漳州市市辖区
9	440183	广东省广州市增城区
10	440600	广东省佛山市
11	620525	甘肃省天水市张家川回族自治县
12	623024	甘肃省甘南藏族自治州迭部县

图 7.10　身份证号码及所属地（部分）

	A	B	C	D	E	F	G	H
1	身份证相关信息提取							
2	姓名	身份证号码	出生日期	年龄	性别	生日	出生地	省份
3	吴建华	35060119850811××××						
4	张颜	35042319870502××××						
5	卓恒宏	62302419750616××××						
6	闵孤兰	62052519810219××××						
7	锺馨平	62052519860321××××						
8	韩一诺	62052519891112××××						
9	鲁玉二	44060019891212××××						
10	危迎南	44060019930320××××						
11	宰书文	44018319940824××××						
12	祝晓东	32020419770815××××						
13	何灵泉	32011319890810××××						
14	周巧蕊	21090319811113××××						
15	阎才人	15043019780325××××						

图 7.11　身份证信息原始表格

操作要求如下：使用公式计算图 7.11 中的出生日期、年龄、性别、生日、出生地等信息。

提示：在输入公式时，所有的标点符号必须在英文输入法状态下进行输入。

操作步骤如下。

① 在 Sheet2 工作表的身份证信息原始表格中，选择 C3 单元格，输入公式“=TEXT(MID(B3,7,6),"0000 年 00 月")”后按 Enter 键，即可得到“吴建华”的出生日期。

② 选择 D3 单元格，输入公式“=2022-MID(B3,7,4)”后按 Enter 键，即可得到“吴建华”的年龄（注意：计算年龄的公式中的 2022 代表 2022 年，实际操作时要以实际年份为准进行输入）。

③ 选择 E3 单元格，输入公式“=IF(MOD(MID(B3,17,1),2)=1,"男","女")”后按 Enter 键，即可得到“吴建华”的性别。

④ 选择 F3 单元格，输入公式“=TEXT(MID(B3,11,4),"00 月 00 日")”后按 Enter 键，即可得到“吴建华”的生日。

⑤ 选择 G3 单元格，输入公式“=VLOOKUP(VALUE(MID(B3,1,6)),Sheet1!$A$3:$B$12,2,TRUE)”后按 Enter 键，即可得到“吴建华”的出生地（Sheet1!$A$3:$B$12 表示提取条件位于“Sheet1”工作表的 A3:B12 单元格区域，这里必须使用绝对地址$A$3:$B$12 表示数据区）。

⑥ 选择 H3 单元格，输入公式“=MID(G3,1,3)”后按 Enter 键，即可得到“吴建华”来自的省份。

其他人的出生日期、年龄、性别等只需拖动相应的单元格填充柄即可得到。身份证信息的提取结果如图 7.12 所示。

	A	B	C	D	E	F	G	H
1	身份证相关信息提取							
2	姓名	身份证号码	出生日期	年龄	性别	生日	出生地	省份
3	吴建华	35060119850811××××	1985年08月	37	男	08月11日	福建省漳州市市辖区	福建省
4	张颜	35042319870502××××	1987年05月	35	男	05月02日	福建省三明市清流县	福建省
5	卓恒宏	62302419750616××××	1975年06月	47	男	06月16日	甘肃省甘南藏族自治州迭部县	甘肃省
6	闵孤兰	62052519810219××××	1981年02月	41	女	02月19日	甘肃省天水市张家川回族自治县	甘肃省
7	锺馨平	62052519860321××××	1986年03月	36	男	03月21日	甘肃省天水市张家川回族自治县	甘肃省
8	韩一诺	62052519891112××××	1989年11月	33	女	11月12日	甘肃省天水市张家川回族自治县	甘肃省
9	鲁玉二	44060019891212××××	1989年12月	33	女	12月12日	广东省佛山市	广东省
10	危迎南	44060019930320××××	1993年03月	29	女	03月20日	广东省佛山市	广东省
11	宰书文	44018319940824××××	1994年08月	28	男	08月24日	广东省广州市增城市	广东省
12	祝晓东	32020419770815××××	1977年08月	45	男	08月15日	江苏省无锡市北塘区	江苏省
13	何灵泉	32011319890810××××	1989年08月	33	男	08月10日	江苏省南京市栖霞区	江苏省
14	周巧蕊	21090319811113××××	1981年11月	41	女	11月13日	辽宁省阜新市新邱区	辽宁省
15	阎才人	15043019780325××××	1978年03月	44	男	03月25日	内蒙古自治区赤峰市敖汉旗	内蒙古

图 7.12　身份证信息的提取结果

三、实践练习

新建一个 WPS 表格的工作簿，在 Sheet1 工作表中输入如图 7.13 所示的内容。

	A	B	C	D	E	F	G	H
1	某省部分地区上半年降雨量统计表(单位mm)							
2	月份	一月	二月	三月	四月	五月	六月	平均值
3	北部	121.50	156.30	182.10	167.30	218.50	225.70	
4	中部	219.30	298.40	198.20	178.30	248.90	239.10	
5	南部	89.30	158.10	177.50	198.60	286.30	303.10	
6								
7	最高值							

图 7.13　降雨量统计表

在工作表 Sheet1 中完成如下操作。

① 将 Sheet1 工作表的 A1:H1 单元格合并为一个单元格,单元格内容水平居中;计算"平均值"列的内容(利用 AVERAGE 函数,数值型,保留小数点后 1 位);计算"最高值"行 B7:G7 的内容(某月 3 地区中的最高值,利用 MAX 函数,数值型,负数的第四个样式,保留小数点后 2 位);将 A2:H7 单元格区域设置为套用表格格式"表样式浅色 6"。

② 选择 A2:G5 单元格区域的内容,建立"带数据标记的折线图",图表标题为"降雨量统计图",图例靠右;将图插入表的 A9:G24 单元格区域中,将工作表命名为"降雨量统计表",保存为"工作簿 1.et"文件。

结果如图 7.14 所示。

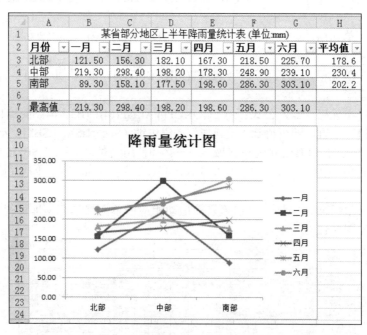

图 7.14　降雨量计算结果及统计图

实验 8　WPS 表格数据管理

一、实验目的

1）了解 WPS 表格数据管理的基本含义。
2）掌握 WPS 表格自动填充、自定义序列的方法。
3）掌握 WPS 表格数据排序、分类汇总的操作方法。
4）掌握 WPS 表格筛选、高级筛选、突出显示等数据处理操作。

二、实验内容与操作步骤

1）新建一个 WPS 表格的工作簿，在 Sheet1 工作表中输入如图 8.1 所示的内容。

对图 8.1 所示的表格进行如下操作。

① 将 A1:E1 单元格合并，将标题"图书信息表"设置为水平分散对齐。

② 为整个表格添加外边框和内边框（外边框为红色粗实线、内边框为蓝色细实线）。

③ 以"出版社"为关键字，递减排序。

④ 以"出版社"为分类字段对"数量"进行分类汇总，汇总函数为"求和"。

操作结果如图 8.2 所示。

图 8.1　图书信息表　　　　　　图 8.2　图书信息表的最终效果

操作步骤如下。

① 按题目要求在 WPS 表格的工作簿的 Sheet1 工作表中输入数据。选择 A1:E1 单元格区域，右击，在弹出的快捷菜单中选择"设置单元格格式"选项，打开"单元格格式"对话框，选择"对齐"选项卡，将"文本对齐方式"的"水平对齐"设置为"分散对齐（缩进）"，选中"文本控制"选项组中的"合并单元格"复选框，然后单击"确定"按钮。

② 选择 A1:E8 单元格区域，右击，在弹出的快捷菜单中选择"设置单元格格式"选项，在打开的"单元格格式"对话框中选择"边框"选项卡，首先设置颜色为红色，设置线条样式为粗实线，设置预置为外边框；再设置颜色为蓝色，设置线条样式为细实线，设置预置为内部，最后单击"确定"按钮（注意本操作必须先设置线条颜色）。

③ 选择 A3:E8 单元格区域，单击“数据”选项卡“排序和筛选”选项组中的“排序”下拉按钮，在弹出的下拉列表中选择“自定义排序”选项，打开“排序”对话框，将“主要关键字”设置为“列 C”（即“出版社”所在列），将“排序依据”设置为“数值”，将“次序”设置为“降序”，然后单击“确定”按钮。

④ 选择 A2:E8 单元格区域，单击“数据”选项卡“分级显示”选项组中的“分类汇总”按钮，打开“分类汇总”对话框，将“分类字段”设置为“出版社”，将“汇总方式”设置为“求和”，将“选定汇总项”设置为“数量”，然后单击“确定”按钮。调整各列列宽使数据正常显示。

2）新建一个 WPS 表格的工作簿，在 Sheet1 工作表中输入如图 8.3 所示的内容。

对图 8.3 所示的表格进行如下操作：在数据清单中，将出版社为“人民邮电出版社”的记录筛选出来，在 A13 单元格开始的区域显示筛选结果。操作结果如图 8.4 所示。

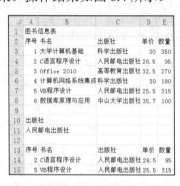

	A	B	C	D	E
1	图书信息表				
2	序号	书名	出版社	单价	数量
3	1	大学计算机基础	科学出版社	30	350
4	2	C语言程序设计	人民邮电出版社	28.5	95
5	3	Office 2010	高等教育出版社	32.5	270
6	4	计算机网络系统集成	科学出版社	30	180
7	5	VB程序设计	人民邮电出版社	25.5	315
8	6	数据库原理与应用	中山大学出版社	35.7	100

图 8.3　图书信息表

	A	B	C	D	E
1	图书信息表				
2	序号	书名	出版社	单价	数量
3	1	大学计算机基础	科学出版社	30	350
4	2	C语言程序设计	人民邮电出版社	28.5	95
5	3	Office 2010	高等教育出版社	32.5	270
6	4	计算机网络系统集成	科学出版社	30	180
7	5	VB程序设计	人民邮电出版社	25.5	315
8	6	数据库原理与应用	中山大学出版社	35.7	100
9					
10	出版社				
11	人民邮电出版社				
12					
13	序号	书名	出版社	单价	数量
14	2	C语言程序设计	人民邮电出版社	28.5	95
15	5	VB程序设计	人民邮电出版社	25.5	315

图 8.4　图书信息表的筛选结果

操作步骤如下。

① 输入数据：按题目要求在 WPS 表格工作簿的 Sheet1 工作表中输入数据。

② 构建条件数据区：在 A10 单元格和 A11 单元格中分别输入“出版社”和“人民邮电出版社”。

③ 选择 A2:E8 单元格区域，选择“数据”选项卡“排序和筛选”选项组中的“筛选”下拉列表中的“高级筛选”选项，打开“高级筛选”对话框。设置“方式”为“将筛选结果复制到其他位置”，观察列表区域是否为“$A$2:$E$8”，然后单击“条件区域”文本框右侧的缩放按钮使“高级筛选”对话框缩小，选择 A10:A11 单元格区域，再返回“高级筛选”对话框，单击“条件区域”文本框右侧的缩放按钮使“高级筛选”对话框恢复原样；单击“复制到”文本框右侧的缩放按钮使“高级筛选”对话框缩小，选择 A13 单元格，再返回“高级筛选”对话框，单击“复制到”文本框右侧的缩放按钮使“高级筛选”对话框恢复原样，最后单击“确定”按钮即可。

	A	B	C	D	E	F	G	H
1	序号	班级	代号	姓名	数学	物理	化学	马列
2		2001_1		安逸	85	86	81	90
3		2001_2		李江勇	78	66	58	57
4		2001_3		唐培泉	78	48	98	80
5		2001_4		张晓磊	75	72	58	73
6		2001_1		石烽	81	80	57	66
7		2001_3		刘磊	27	87	67	95
8		2001_4		吴刚	71	85	84	91
9		2001_2		周俭	67	64	62	60
10		2001_1		刘松涛	75	81	81	61
11		2001_4		丁年峰	71	75	78	74
12		2001_3		于箫	74	76	71	70
13		2001_2		王学英	81	82	67	57
14		2001_3		王雪	84	81	57	81
15		2001_4		王静	27	81	54	60
16		2001_3		王曦	81	88	67	91

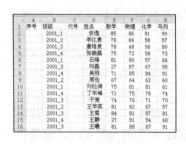

图 8.5　学生成绩表

3）新建一个 WPS 表格的工作簿，在 Sheet1 工作表中输入如图 8.5 所示的内容。

操作要求如下。

① 将 Sheet1 工作表命名为“学生成绩表”。

② 使用自动填充的方法将 A2～A16 单元格填充学号 1～15。

③ 使用自定义填充方式将 C2～C16 单元格填充代号 A～O。

④ 删除"代号"列。

⑤ 在学生成绩表中添加"总分"列和"平均分"列。

⑥ 在"姓名"列后面插入"性别"字段，并随机输入性别内容。

⑦ 使用输入公式/粘贴函数的方式计算总分和平均分。

⑧ 在学生成绩表中的第一行上面插入一个新行，输入表头标题"成绩表"。

⑨ 设置序号列的列宽为 6，第一行的行高为 25。

⑩ 合并居中 A1:J1 单元格区域，设置字体为楷体、加粗、20 号字。

⑪ 将第二行的字体设置为宋体、加粗、16 号字。

⑫ 将所有的数字设置为保留 1 位小数。

⑬ 将 A3:J17 单元格区域中的内容居中显示。

⑭ 为学生成绩表（A2:J17 单元格区域）添加黑细线内边框和蓝粗线外边框。

⑮ 将 60 分以下的分数设置为红色字体。

⑯ 把成绩表复制到 Sheet2 工作表和 Sheet3 工作表中。

⑰ 插入 Sheet2 工作表，在 Sheet2 工作表中按照平均分从小到大进行排序。

⑱ 插入 Sheet3 工作表，在 Sheet3 工作表中，使用筛选功能将班级为 2001_1 班的学生记录筛选出来。

⑲ 取消 Sheet3 工作表中的筛选功能。从学生成绩表中，筛选出 1 班和 2 班数学和物理均在 80 分以上的学生。使用高级筛选，设置条件为 B18 单元格开始的区域，将筛选结果放在 A22 单元格开始的区域。

⑳ 按照班级汇总各门课程的平均分。

操作步骤如下。

① 在工作表标签"Sheet1"上右击，在弹出的快捷菜单中选择"重命名"选项，将文字"Sheet1"删除并输入"学生成绩表"，按 Enter 键结束输入。选择"文件"菜单中的"选项"选项，在打开的"选项"对话框中选择左侧的"自定义序列"选项，如图 8.6 所示，在右侧"输入序列"列表框中输入"ABCDEFGHIJKLMNO"字符，但要注意每个字符占一行。

② 单击"添加"按钮，可以看到新添加的字符序列出现在"自定义序列"列表框中，然后单击"确定"按钮关闭"选项"对话框。选择 A2 单元格，输入"1"，使用鼠标按住 A2 单元格右下角的填充柄向 A16 单元格拖动，即可填充学号 1～15；在 C2 单元格中输入字母 A，选择 C2 单元格右下角的填充柄，按住鼠标左键拖动到 C16 单元格，可以看到刚才已定义的字符序列已经出现在 C2:C16 单元格区域。

③ 在"代号"所在的列（即 C 列）上右击，在弹出的快捷菜单中选择"删除"选项，即可删除"代号"列。选择"马列"右侧的 I1 单元格，输入"总分"，使用同样的方法在"总分"列的右侧单元格中输入"平均分"。

④ 在"姓名"所在列（即 D 列）上右击，在弹出的快捷菜单中选择"插入"选项，将插入新的一列，输入行标题"性别"，并针对每个学生随机输入其性别。

⑤ 在 I2 单元格中输入公式"=E2+F2+G2+H2"，按 Enter 键后计算得到第 1 个学生的总分，拖动 I2 单元格右下角的填充柄直到计算出所有学生的各自总分。使用类似的方法在 J2 单元格中输入公式"=I2/4"计算第 1 个学生的平均分，使用鼠标拖动填充柄的方法计算出其他学生的平均分。

⑥ 右击 A1 单元格,在弹出的快捷菜单中选择"插入"→"在上方插入行"选项,即可增加一个新行,在 A1 单元格中输入"成绩表",操作结果如图 8.7 所示。

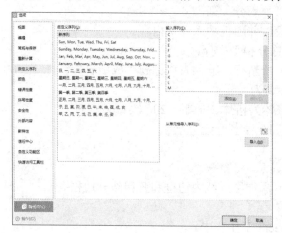

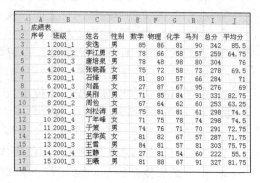

图 8.6 "选项"对话框的自定义序列   图 8.7 成绩表的编辑效果

⑦ 选择"序号"列所在的任意一个单元格,如选择 A3 单元格,然后选择"开始"选项卡"行和列"下拉列表中的"列宽"选项,在打开的"列宽"对话框中输入列宽为 6,然后单击"确定"按钮。

⑧ 选择 A1 单元格,然后选择"开始"选项卡"行和列"下拉列表中的"行高"选项,在打开的"行高"对话框中输入行高为 25,然后单击"确定"按钮。

⑨ 选择 A1:J1 单元格区域,在"开始"选项卡"字体"选项组中设置字体为楷体、加粗、20 号字,然后单击"开始"选项卡中的"合并居中"按钮。

⑩ 选择第二行字体所在的 A2:J2 单元格区域,在"开始"选项卡"字体"选项组中设置字体为宋体、加粗、16 号字。

⑪ 选择所有数字所在的 E3:J17 单元格区域,右击,在弹出的快捷菜单中选择"设置单元格格式"选项,打开"单元格格式"对话框。选择"数字"选项卡,在"分类"列表框中选择"数值"选项,设置小数位数为 1,单击"确定"按钮结束操作。若某些数字显示为"####"状态,则说明显示的列宽不够,选择"开始"选项卡"行和列"下拉列表中的"最适合的列宽"选项,即可正常显示数据。

⑫ 选择 A3:J17 单元格区域,单击"开始"选项卡"段落"选项组中的"居中对齐"按钮;选择 A2:J17 单元格区域,右击,在弹出的快捷菜单中选择"设置单元格格式"选项,打开"单元格格式"对话框。选择"边框"选项卡,设置外边框的线条颜色为蓝色、线条样式为粗实线,单击"外边框"按钮;设置内边框的线条颜色为黑色、线条样式为细实线,单击"内部"按钮,最后单击"确定"按钮。

⑬ 选择 4 门课程成绩所在 E3:H17 单元格区域,选择"开始"选项卡"条件格式"下拉列表中的"突出显示单元格规则"→"小于"选项,在打开的"小于"对话框中输入 60,在"设置为"下拉列表中选择"红色文本"选项,然后单击"确定"按钮,效果如图 8.8 所示。

	A	B	C	D	E	F	G	H	I	J
1	成绩表									
2	序号	班级	姓名	性别	数学	物理	化学	马列	总分	平均分
3	1	2001_1	安逸	男	85.0	86.0	81.0	90.0	342.0	85.5
4	2	2001_2	李江勇	女	78.0	66.0	58.0	57.0	259.0	64.8
5	3	2001_3	唐培泉	男	78.0	48.0	98.0	80.0	304.0	76.0
6	4	2001_4	张晓磊	女	75.0	72.0	58.0	73.0	278.0	69.5
7	5	2001_1	石烽	男	81.0	80.0	57.0	66.0	284.0	71.0
8	6	2001_3	刘磊	女	27.0	87.0	67.0	95.0	276.0	69.0
9	7	2001_4	吴刚	男	71.0	85.0	84.0	91.0	331.0	82.8
10	8	2001_2	周俭	女	67.0	64.0	62.0	60.0	253.0	63.3
11	9	2001_1	刘松涛	男	75.0	81.0	81.0	61.0	298.0	74.5
12	10	2001_4	丁年峰	女	71.0	75.0	78.0	74.0	298.0	74.5
13	11	2001_3	于策	男	74.0	76.0	71.0	70.0	291.0	72.8
14	12	2001_2	王学英	女	81.0	82.0	67.0	57.0	287.0	71.8
15	13	2001_3	王雪	男	84.0	81.0	57.0	81.0	303.0	75.8
16	14	2001_4	王静	女	27.0	81.0	54.0	60.0	222.0	55.5
17	15	2001_3	王曦	男	81.0	88.0	67.0	91.0	327.0	81.8
18										

图 8.8　成绩表格式化的效果

⑭ 选择“成绩表”工作表中的 A1:J17 单元格区域，右击，在弹出的快捷菜单中选择“复制”选项，然后选择“开始”选项卡“工作表”下拉列表中的“插入工作表”选项，在打开的“插入工作表”对话框中插入两个工作表，然后单击“确定”按钮。表名分别为“Sheet2”和“Sheet3”，选择“Sheet2”工作表中的 A1 单元格，右击，在弹出的快捷菜单中选择“粘贴”选项，对“Sheet3”工作表进行同样的复制操作。

⑮ 在 Sheet2 工作表中选择 A2:J17 单元格区域，选择“数据”选项卡“排序”下拉列表中的“自定义排序”选项，打开“排序”对话框，将“主要关键字”设置为“平均分”，将“排序依据”设置为“数值”，将“次序”设置为“升序”，然后单击“确定”按钮。

⑯ 在 Sheet3 工作表中选择 A2:J17 单元格区域，选择“数据”选项卡“筛选”下拉列表中的“筛选”选项，然后单击“班级”所在单元格右侧的下拉按钮，在弹出的下拉列表中选中“2001_1”复选框，单击“确定”按钮，操作结果如图 8.9 所示。

	A	B	C	D	E	F	G	H	I	J
1	成绩表									
2	序号	班级	姓名	性别	数学	物理	化学	马列	总分	平均分
3	1	2001_1	安逸	男	85.0	86.0	81.0	90.0	342.0	85.5
7	5	2001_1	石烽	男	81.0	80.0	57.0	66.0	284.0	71.0
11	9	2001_1	刘松涛	男	75.0	81.0	81.0	61.0	298.0	74.5
18										

图 8.9　筛选的结果

⑰ 在 Sheet3 工作表中选择 A2:J17 单元格区域，选择“数据”选项卡“筛选”下拉列表中的“筛选”选项，取消筛选。在 B18 单元格开始的区域构建筛选条件：将“班级”、“数学”和“物理”分别复制到 B18、C18、D18 单元格中，在 B19 单元格和 B20 单元格中分别输入班级“2001_1”和“2001_2”，在 C19、C20、D19、D20 单元格中均输入条件表达式“>80”；选择 A2:J17 单元格区域，选择“数据”选项卡“筛选”下拉列表中的“高级筛选”选项，打开“高级筛选”对话框，将“方式”设置为“将筛选结果复制到其他位置”，将列表区域设置为“$A$2:$J$17”，将光标定位在“条件区域”文本框中，单击该区域右侧的缩放按钮，使用鼠标选择条件区域 B18:D20，条件区域的地址自动填充在“条件区域”文本框中，再单击该文本框右侧的缩放按钮，返回“高级筛选”对话框，可以看到“条件区域”文本框中已被填充为“Sheet3!$B$18:$D$20”。将光标定位在“复制到”文本框中，单击该文本框右侧的缩放按钮，使用鼠标选择 A22 单元格，可以看到所选单元格自动填充在“复制到”文本框中，再单击该文本框右侧的缩放按钮，返回“高级筛选”对话框，可以看到“复制到”文本框中已被填充为“Sheet3!$A$22”。单击“确定”按钮，结束高级筛选操作，操作结果如图 8.10 所示。

⑱ 按照班级汇总之前，必须以“班级”为关键字对数据进行排序，打开 Sheet2 工作表，选择 A2:J17 单元格区域，选择“数据”选项卡“排序”下拉列表中的“自定义排序”选项，打开“排序”对话框。将“主要关键字”设置为“班级”，其他为默认设置，然后单击“确定”按钮。重新选择 A2:J17 单元格区域，单击“数据”选项卡中的“分类汇总”按钮，打开“分类汇总”对话框，将“分类字段”设置为“班级”，将“汇总方式”设置为“平均值”，在“选定汇总项”列表框中选中“数学”“物理”“化学”“马列”复选框，然后单击“确定”按钮。操作结果如图 8.11 所示。

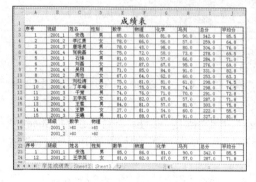

成绩表

序号	班级	姓名	性别	数学	物理	化学	马列	总分	平均分
1	2001_1	安逸	男	85.0	86.0	81.0	90.0	342.0	85.5
2	2001_2	李江勇	女	78.0	66.0	58.0	57.0	259.0	64.8
3	2001_3	唐培泉	男	78.0	48.0	98.0	80.0	304.0	76.0
4	2001_4	张晓磊	女	75.0	72.0	58.0	73.0	278.0	69.5
5	2001_1	石烽	男	81.0	80.0	57.0	66.0	284.0	71.0
6	2001_3	刘磊	女	27.0	87.0	67.0	95.0	276.0	69.0
7	2001_4	吴刚	男	71.0	85.0	84.0	91.0	331.0	82.8
8	2001_2	周俭	女	67.0	64.0	62.0	60.0	253.0	63.3
9	2001_1	刘松涛	男	75.0	81.0	81.0	61.0	298.0	74.5
10	2001_4	丁年峰	女	71.0	75.0	78.0	74.0	298.0	74.5
11	2001_3	于策	男	74.0	76.0	71.0	70.0	291.0	72.8
12	2001_2	王学英	女	81.0	82.0	67.0	57.0	287.0	71.8
13	2001_3	王雷	男	84.0	81.0	57.0	81.0	303.0	75.8
14	2001_4	王静	女	27.0	81.0	54.0	60.0	222.0	55.5
15	2001_3	王曦	男	81.0	88.0	67.0	91.0	327.0	81.8

班级	数学	物理
2001_1	>80	>80
2001_2	>80	>80

序号	班级	姓名	性别	数学	物理	化学	马列	总分	平均分
1	2001_1	安逸	男	85.0	86.0	81.0	90.0	342.0	85.5
12	2001_2	王学英	女	81.0	82.0	67.0	57.0	287.0	71.8

学生成绩表 Sheet2 Sheet3

图 8.10 高级筛选的结果

成绩表

序号	班级	姓名	性别	数学	物理	化学	马列	总分	平均分
1	2001_1	安逸	男	85.0	86.0	81.0	90.0	342.0	85.5
5	2001_1	石烽	男	81.0	80.0	57.0	66.0	284.0	71.0
9	2001_1	刘松涛	男	75.0	81.0	81.0	61.0	298.0	74.5
2001_1 平均值				80.3	82.3	73.0	72.3		77.0
2	2001_2	李江勇	女	78.0	66.0	58.0	57.0	259.0	64.8
8	2001_2	周俭	女	67.0	64.0	62.0	60.0	253.0	63.3
12	2001_2	王学英	女	81.0	82.0	67.0	57.0	287.0	71.8
2001_2 平均值				75.3	70.7	62.3	58.0		66.6
3	2001_3	唐培泉	男	78.0	48.0	98.0	80.0	304.0	76.0
6	2001_3	刘磊	女	27.0	87.0	67.0	95.0	276.0	69.0
11	2001_3	于策	男	74.0	76.0	71.0	70.0	291.0	72.8
13	2001_3	王雪	男	84.0	81.0	57.0	81.0	303.0	75.8
15	2001_3	王曦	男	81.0	88.0	67.0	91.0	327.0	81.8
2001_3 平均值				68.8	76.0	72.0	83.4		75.1
4	2001_4	张晓磊	女	75.0	72.0	58.0	73.0	278.0	69.5
7	2001_4	吴刚	男	71.0	85.0	84.0	91.0	331.0	82.8
10	2001_4	丁年峰	女	71.0	75.0	78.0	74.0	298.0	74.5
14	2001_4	王静	女	27.0	81.0	54.0	60.0	222.0	55.5
2001_4 平均值				61.0	78.3	68.5	74.5		70.6
总平均值				70.3	76.8	69.3	73.7		72.6

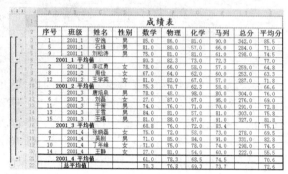

图 8.11 分类汇总的结果

三、实践练习

新建一个 WPS 表格的工作簿，在 Sheet1 工作表中输入如图 8.12 所示的内容，并设置表格内外边框的颜色为黑色。

在工作表 Sheet1 中完成如下操作。

按“产品名称”递增的顺序对表中的数据进行分类汇总，“汇总方式”为求和，“汇总项”为库存量。分类汇总的结果如图 8.13 所示。

鼠标库存表

时间	产品型号	产品名称	库存量
2022/6/1	1953	E19C	200000
2022/6/2	1953	E19C	166000
2022/6/3	1953	E19C	102000
2022/6/3	1953	E19C	388000
2022/6/5	1971	AP92EX	167080
2022/6/6	1900	E19B	133000
2022/6/7	1969	AS18A	134000
2022/6/8	1909	E19A	121000
2022/6/9	1909	E19A	180000
2022/6/10	3685	E19B	150000
2022/6/11	3654	E19B	178900
2022/6/12	1850	E19C	216000
2022/6/12	1909	E19A	144000

图 8.12 鼠标库存表

鼠标库存表

时间	产品型号	产品名称	库存量
2022/6/5	1971	AP92EX	167080
		AP92EX 汇总	167080
2022/6/7	1969	AS18A	134000
		AS18A 汇总	134000
2022/6/8	1909	E19A	121000
2022/6/9	1909	E19A	180000
2022/6/12	1909	E19A	144000
		E19A 汇总	445000
2022/6/6	1900	E19B	133000
2022/6/10	3685	E19B	150000
2022/6/11	3654	E19B	178900
		E19B 汇总	461900
2022/6/1	1953	E19C	200000
2022/6/2	1953	E19C	166000
2022/6/3	1953	E19C	102000
2022/6/3	1953	E19C	388000
2022/6/12	1850	E19C	216000
		E19C 汇总	1072000
		总计	2279980

图 8.13 鼠标库存分类汇总的结果

实验 9　WPS 演示文稿基本操作

一、实验目的

1）熟悉 WPS 演示文稿的工作环境。
2）掌握演示文稿的打开、新建、编辑和保存方法。
3）掌握文本、图片、图形、表格、文本框等对象的插入及编辑方法。
4）掌握幻灯片切换、简单动画的设置方法。
5）掌握演示文稿的放映方法。

二、实验内容与操作步骤

1. 打开 WPS 演示文稿制作软件

双击桌面上的 WPS 快捷方式图标或选择"开始"→"所有程序"→"WPS Office"选项，打开 WPS 主窗口。选择"新建"→"新建演示"→"新建空白演示"选项，如图 9.1 所示，创建一个新的空白演示文稿，如图 9.2 所示。使用这种方式建立的空白演示文稿，其幻灯片的背景样式、文本样式、整体表现风格等需要文稿制作者按实际需要逐一设置。

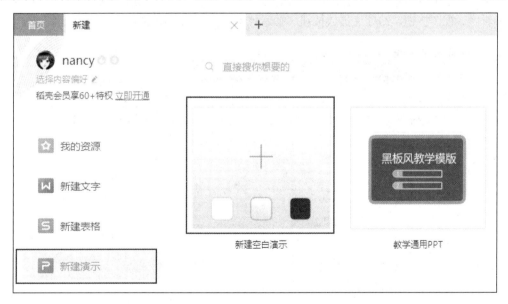

图 9.1　新建空白演示

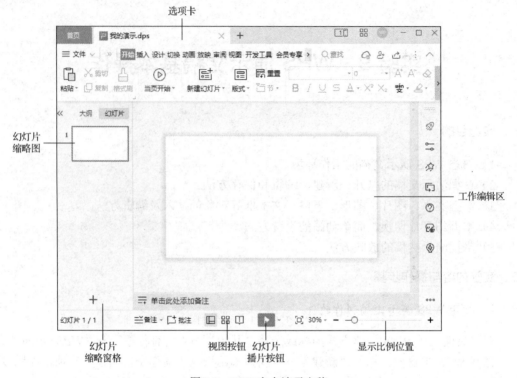

图 9.2　WPS 空白演示文稿

从图 9.2 中可以看到，WPS 演示制作常用的 6 个功能区：选项卡、幻灯片缩略窗格、工作编辑区、视图按钮、幻灯片播放按钮和显示比例设置。构成演示文稿的每一页称为幻灯片。

2．保存演示文稿

在 WPS 演示文稿窗口选择"文件"菜单中的"保存"选项，在打开的"另存文件"对话框中可以将当前空白演示文稿保存为文件，保存位置为"我的电脑"中的 E 盘，设置"文件类型"为"WPS 演示文件（*.dps）"，设置"文件名"为"我的演示"，如图 9.3 所示，然后单击"保存"按钮。

图 9.3　保存 WPS 演示文稿

3．编辑演示文稿

以"计算机基础知识"为主题制作一个演示课件，主要介绍计算机硬件发展史、计数进制及转换两方面的内容。调研结果：受众对象为普通高校大学一年级的学生，使用场景是在大学多媒体教室投影播放，使用演示文稿做讲解的对象是教师。考虑到实际应用场景及受众对象，整体采用扁平化风格，文字不宜过多，再辅以适当的图片、表格和动画，最后在美观方面做一些处理即可。下面为具体制作过程。

1）之前已经建立并保存了一个空白演示文稿，在此基础上继续操作。在演示文稿的第 1 张幻灯片上单击"空白演示"，输入文字"第一章 计算机基础知识"，字体及大小保持"微软雅黑，60 号"不变。单击"单击输入您的封面副标题"，选中其边框虚线，按 Delete 键删除副标题占位符。按 Ctrl+S 组合键保存操作。

2）在 WPS 演示制作的左侧幻灯片缩略图窗格中，选中当前幻灯片"第一章 计算机基础知识"，按 Enter 键建立第 2 张幻灯片。在左侧缩略图窗格的第 2 张幻灯片上，右击，在弹出的快捷菜单中选择"版式"→"母版版式"→"空白"选项，将这张幻灯片的版式设置为空白。在这张幻灯片上建立一个导航，实现"计算机硬件发展史、计数进制及转换、计算机基本工作原理" 3 个知识点的跳转。单击"插入"选项卡中的"形状"下拉按钮，在弹出的下拉列表中选择"矩形"中的"圆角矩形"选项，在当前幻灯片中间靠上的位置绘制一个圆角矩形。单击圆角矩形的轮廓线，激活"绘图工具"选项卡，选择"填充"下拉列表中的"无填充颜色"选项，然后选择"轮廓"下拉列表中的"标准色-红色"选项。重新选中圆角矩形的边线，右击，在弹出的快捷菜单中选择"编辑文字"选项，在圆角矩形内输入文字"计算机硬件发展史"，并调整文字靠右对齐，字体为"微软雅黑"，字体大小为 28 磅。按 Ctrl+S 组合键保存操作。

3）选中当前幻灯片，单击"插入"选项卡中的"图标"下拉按钮，在弹出的下拉列表的搜索框中输入"电脑计算机"，选择"免费"选项卡，选择第 2 个"电脑"图标，将一个名为"电脑"的图标插入当前幻灯片中。调整图标大小，然后将其拖动到圆角矩形中置于左侧位置。按 Ctrl+S 组合键保存操作。

4）选中"电脑"图标，按住 Ctrl 键，再单击圆角矩形的边线，释放 Ctrl 键，在圆角矩形的边线处右击，在弹出的快捷菜单中选择"组合"选项，将"电脑"图标和圆角矩形组合为一个对象。将该对象复制两份，并粘贴到当前幻灯片上。然后在幻灯片上按住鼠标左键绘制一个阴影区域将 3 个对象全部选中，选择"绘图工具"选项卡"对齐"下拉列表中的"水平居中"和"纵向分布"选项。将第 2 个和第 3 个圆角矩形中的文字分别修改为"计数进制及转换"和"计算机基本工作原理"。按 Ctrl+S 组合键保存操作，操作结果如图 9.4 所示。

图 9.4　生成组合对象

5）下面分别制作"计算机硬件发展史"、"计数进制及转换"和"计算机基本工作原理" 3 个部分。在计算机硬件发展史部分，首先介绍世界上第一台电子计算机的概况，这里需要一些简洁的文字介绍、图片、视频等，可以借助参考书、网络等媒体完成素材的搜集和整理。描述第一台电子计算机的文字是"世界上第一台通用计算机诞生于美国，称为电子数字积分计算机，简称 ENIAC（埃尼阿克），由宾夕法尼亚大学的物理学家约翰·莫奇利等人研制。5000 字加法/秒，重 30 吨，占地 170 平方米，17468 只电子管，1500 个继电器，功率为 150kW"。从百度搜索"第一台通用计算机"，选择"图片"选项卡，从搜索到的图片中选择 5 张图片下载后分别保存为 5 个图片文件，如图 9.5 所示。可以使用 Photoshop 软件美化图片。

6）在左侧幻灯片缩略图窗格中选择第 2 张幻灯片，按 Enter 键建立第 3 张幻灯片。选择"插入"选项卡"文本框"下拉列表中的"横向文本框"选项，按住鼠标左键在第 3 张幻灯片左上角绘制一个横向文本框，在文本框中输入文字"计算机发展简史"，选择"文本工具"选项卡，在"预设样式"下拉列表中选择"填充-中宝石碧绿，着色 3，粗糙"选项，如图 9.6 所示。

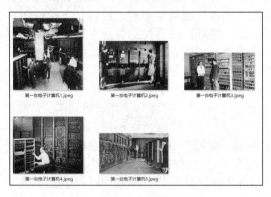

图 9.5　第一台电子计算机的图片文件

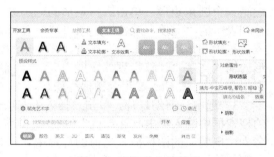

图 9.6　设置文本框样式

7）单击"计算机发展简史"文本框的边线，在"开始"选项卡中设置字体大小为 28 磅。使用同样的方式再插入一个横向文本框，将文本"世界上第一台通用计算机诞生于美国，称为电子数字积分计算机，简称 ENIAC（埃尼阿克），由宾夕法尼亚大学的物理学家约翰·莫奇利等人研制。"复制到文本框中。选择"插入"选项卡"图片"下拉列表中的"本地图片"选项，在打开的"插入图片"对话框中找到事先下载好的文件"第一台通用计算机 1.jpeg"插入。然后选择图片，拖动图片边缘调整其大小。按 Ctrl+S 组合键保存操作，操作结果如图 9.7 所示。

8）在左侧幻灯片缩略图窗格中选择第 3 张幻灯片，按 Enter 键建立第 4 张幻灯片。在第 4 张幻灯片中插入一个横向文本框，输入文字"第一台通用计算机 ENIAC"，设置字体大小为 28 磅，将文本框设为"居中对齐"。选择"插入"选项卡"图片"下拉列表中的"本地图片"选项，在打开的"插入图片"对话框中找到事先下载好的两张图片"第一台通用计算机 2.jpeg"和"第一台通用计算机 3.jpeg"插入。然后分别选中两张图片，利用图片周围出现的控点对图片大小进行缩放，然后将两张图片按幻灯片对角线方向放置，操作结果如图 9.8 所示。

图 9.7　第 3 张幻灯片

图 9.8　第 4 张幻灯片

9）在左侧幻灯片缩略图窗格中选择第 4 张幻灯片，按 Enter 键建立第 5 张幻灯片。将第 4 张幻灯片的文本框连同文字按原格式一起复制到第 5 张幻灯片中。选择"插入"选项卡"图片"下拉列表中的"本地图片"选项，在打开的"插入图片"对话框中找到两张图片"第一台通用计算机 4.jpeg"和"第一台通用计算机 5.jpeg"插入。然后分别选中两张图片，利用图片周围出现的控点对图片大小进行缩放，然后对两张图片按水平方向放置。插入一个横向文本框，将文字"5000 字加法/秒，重 30 吨，占地 170 平方米，17468 只电子管，1500 个继电器，功率为 150kW"复制到文本框中，设置字号为 32 磅、加粗，将文本框放置于两张图片下方。按 Ctrl+S 组合键保存操作，操作结果如图 9.9 所示。

10）插入表格。在左侧幻灯片缩略图窗格中选择第 5 张幻灯片，按 Enter 键建立第 6 张幻灯片。选择"插入"选项卡"表格"下拉列表中的"插入表格"选项，生成一个 5 行 6 列的表格，然后按图 9.10 输入内容。在当前幻灯片中插入一个横向文本框，输入文字"计算机发展的四个阶段"，设置字号为 36 磅、加粗，将文本框设置为居中对齐，将表格置于水平居中位置。

图 9.9　第 5 张幻灯片

计算机发展的四个阶段

年代	起止年份	主要电子器件	数据处理方式	运算速度	应用领域
第一代	1946 — 1957	电子管	机器语言	几千~几万次/秒	国防及高科技
第二代	1958 — 1964	晶体管	汇编语言	几万~几十万次/秒	工程设计、数据处理
第三代	1965 — 1970	中小规模集成电路	高级语言	几百万~上亿次/秒	企业管理、辅助设计
第四代	1971 — 现在	大规模、超大规模集成电路	分时、实时数据处理；计算机网络	几十亿次/秒	工业生产、日常生活等各方面

图 9.10　第 6 张幻灯片

11）"计数进制及转换"幻灯片制作。在左侧幻灯片缩略图窗格中选择第 6 张幻灯片，按 Enter 键建立第 7 张幻灯片。在第 7 张幻灯片中插入一个横向文本框，输入文字"进制含义概述"，设置字号为 36 磅、加粗，将文本框设置为居中对齐。再插入 6 个横向文本框，依次输入图 9.11 所示的 6 段正文文本，设置字号为 28 磅、加粗。字体颜色及排版格式如图 9.11 所示，按 Ctrl+S 组合键保存操作。

12）在左侧幻灯片缩略图窗格中选择第 7 张幻灯片，按 Enter 键建立第 8 张幻灯片。在第 8 张幻灯片中插入一个横向文本框，输入文字"十进制转换为二进制"，设置字号为

36 磅、加粗，将文本框设置为居中对齐。再插入一个横向文本框，输入文字"以小数点为分水岭，整数部分和小数部分分别转换。结果取数规则：整数除以 2 倒取余，小数部分乘以 2 顺取整。例如，$83.25_{10} = ($ $)_2$"，设置字号为 28 磅。选择两次"插入"选项卡"形状"下拉列表中的"线条"→"直线"选项，然后插入两个横向文本框，分别输入 83 和 2，设置字号为 24 磅、加粗。调整两条直线和两个文本框的位置，如图 9.12 所示。

13）在第 8 张幻灯片中，按住 Ctrl 键，使用鼠标依次选择两条直线和两个文本框，在弹出的浮动工具栏中单击"组合"按钮，如图 9.13 所示。将当前组合的图形复制一份，并将 83 修改为 41，调整其位置与 83 所在的图形组合体上下对齐，并在其右侧插入一个横向文本框，输入数字 1，设置字号为 24 磅、加粗。并将该文本框与 41 所在的组合图形进行组合。重复复制、编辑和图形组合操作完成整数部分转换的图形制作。继续插入若干文本框和两条直线，其中的乘号在"插入"选项卡的"符号"下拉列表中选择，制作小数部分转换的图形。

注意：在小数部分的计算式中，乘数、被乘数、乘积结果均占据独立的横向文本框，不要对它们执行组合操作。

选择"插入"选项卡"形状"下拉列表中的"线条"→"箭头"选项，插入两个红色箭头和两个红色虚线框。操作结果如图 9.14 所示。

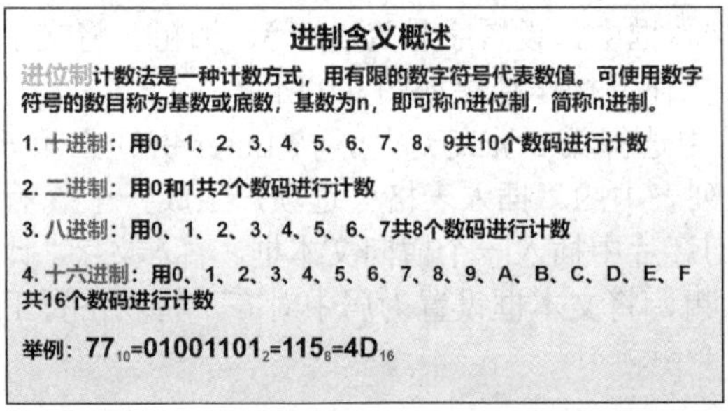

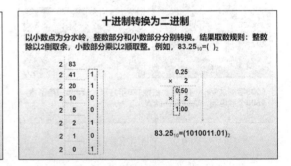

图 9.11　第 7 张幻灯片 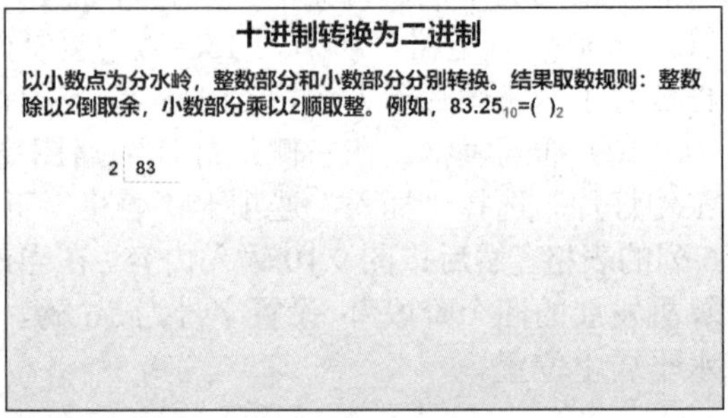　　　　　　　图 9.12　第 8 张幻灯片

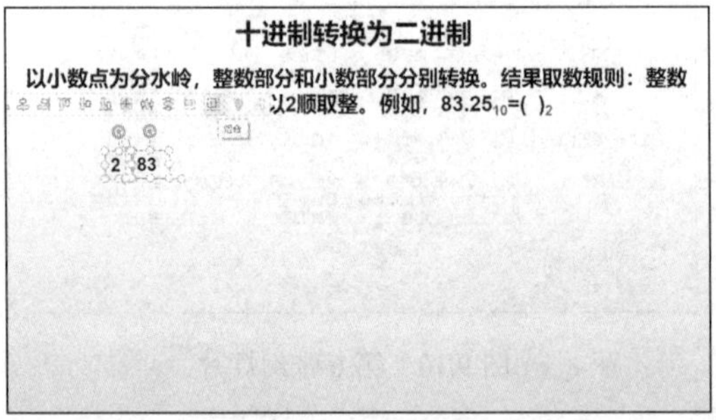

图 9.13　组合图形　　　　　　　　　图 9.14　转换过程

14）设置不同幻灯片之间的过渡动画。选择"切换"选项卡中的"百叶窗"切换效果，在"效果选项"下拉列表中选择"垂直"选项，选中"单击鼠标时切换"复选框，然后单击"应用到全部"按钮。按 Ctrl+S 组合键保存操作。

15）修饰文字及图片。选择第 3 张幻灯片，单击"世界上第一台通用计算机诞生……"文本框的边线，将字体设置为加粗，将字号设置为 28 磅。在文本框边线上右击，在弹出的快捷菜单中选择"段落"选项,在打开的"段落"对话框中,将行距设置为"1.5 倍行距",手动调整文本框的宽度和位置。在当前幻灯片中选择图片,选择"图片工具"选项卡"边框"下拉列表中的"图片边框"选项,在其子菜单中选择"圆角矩形"选项卡,在第一行水平方向选择第 2 个边框,手动调整图片的位置。操作结果如图 9.15 所示。使用同样的操作修饰第 4 张和第 5 张幻灯片中的图片。

16)修饰表格。选择第 6 张幻灯片,单击表格边线,激活"表格样式"选项卡,在选项卡右侧的"笔样式"下拉列表中选择单实线,设置笔画粗细为 4.5 磅,应用至"外侧框线",然后将笔画粗细设置为 1 磅,应用至"内部框线"。单击表格外边框线,选中整个表格,选择"表格工具"选项卡"对齐"下拉列表中的"水平居中"和"垂直居中"选项,使表格在此幻灯片中水平、垂直方向均居中。单击"开始"选项卡中的"居中对齐"按钮,使表格中的文字在水平方向居中,选择"对齐文本"下拉列表中的"垂直居中"选项,使表格中的文字在垂直方向居中。操作结果如图 9.16 所示。

图 9.15　修饰第 3 张幻灯片　　　　图 9.16　设置第 6 张幻灯片中的表格线条

17)设置动画。在第 8 张幻灯片中,通过单击 83 左侧竖线选择其所在的文本组合体,激活"动画"选项卡,选择"出现"动画,使用同样的操作从上到下依次应用到其他文本组合体。注意,按之前的操作,第 8 张幻灯片右侧小数部分的计算式中,乘数、被乘数、乘法符号及横线都是独立对象,其动画都设置为"出现",动画序号如图 9.17 所示。然后按 Ctrl+S 组合键保存操作。

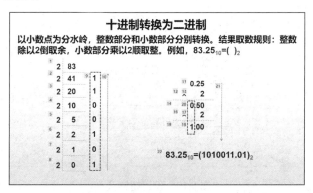

图 9.17　设置第 8 张幻灯片动画

18）"计算机基本工作原理"幻灯片制作。在幻灯片缩略图窗格中选择第 8 张幻灯片，按 Enter 键建立第 9 张幻灯片。利用"插入"→"形状"下拉列表中的形状在第 9 张幻灯片中插入 17 个矩形，并设置矩形中的文字为宋体、24 号、加粗，字体颜色为黑色，矩形无填充，在矩形中输入相关文字信息。插入 7 条绿色单实线箭头及 1 条由单实线和单实线箭头组合成的折线箭头，插入 5 条单虚线红色箭头。插入两个水平文本框分别输入"数据流"和"控制流"表示图例。插入两个文本框，分别输入文字"计算机基本工作原理"和"存储程序+程序控制（冯·诺依曼）"，字体为方正姚体。设置"计算机基本工作原理"的字号为 36 磅；设置"存储程序+程序控制（冯·诺依曼）"的字号为 24 磅。最终排版效果如图 9.18 所示，然后按 Ctrl+S 组合键保存操作。

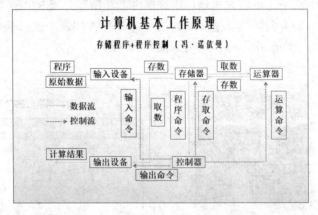

图 9.18　计算机基本工作原理示意图

19）设置导航功能。在幻灯片缩略图窗格中选择第 2 张幻灯片，选中"计算机硬件发展史"，然后在选中的文字区域内右击，在弹出的快捷菜单中选择"超链接"选项，在打开的"插入超链接"对话框中选择"在本文档中的位置"选项，然后选择"幻灯片 3"，单击"确定"按钮结束操作。使用类似的操作，将"计数进制及转换"和"计算机基本工作原理"分别链接到幻灯片 7 和幻灯片 9。超链接设置的结果如图 9.19 所示。

图 9.19　设置超链接

4．放映浏览

单击"放映"选项卡中的"从头开始"按钮，观看播放效果。

三、实践练习

利用所学知识，选择一门课程，制作一份教学演示文稿，内容包括课程简介、教学目标、课程内容等。

要求：文稿长度不少于 6 张幻灯片；设计一个较好的首页封面；尽可能利用 WPS 演示的各种功能，优化演示文稿的设计，如插入声音、幻灯片切换及动画效果设置、插入超链接等。

实验 10　WPS 演示文稿的动画设计

一、实验目的

1）掌握图形高光效果的制作。

2）掌握简单动画、路径动画、智能动画及连续动画的制作方法。

二、实验内容与操作步骤

1. 打开 WPS 演示文稿制作软件

双击桌面上的 WPS 快捷方式图标或选择"开始"→"所有程序"→"WPS Office"选项，打开 WPS 主窗口。选择"新建"→"新建演示"→"新建空白演示"选项，创建一个新的空白演示文稿。

2. 保存演示文稿

选择"文件"菜单中的"保存"选项，在打开的"保存文件"对话框中将当前空白演示文稿保存为文件，在当前磁盘选择保存位置（E 盘），设置文件类型为"WPS 演示文件（*.dps）"，设置文件名为"我的动画"，然后单击"保存"按钮。

3. 编辑演示文稿

（1）制作月朗星明效果图

1）将第 1 张幻灯片中的主标题和副标题占位符删除，在空白处右击，在弹出的快捷菜单中选择"设置背景格式"选项，在工作编辑区右侧弹出的"对象属性"窗格中设置填充颜色为黑色。单击"插入"选项卡"形状"下拉按钮，在弹出的下拉列表中选择"基本形状"中的"椭圆"图形，按住 Shift 键的同时按住鼠标左键并拖动，在幻灯片左上角的位置绘制出一个正圆。双击正圆形状，在工作编辑区右侧弹出的"对象属性"窗格的"形状选项"选项卡的"填充与线条"选项中，将"填充"设置为"纯色填充"，将填充颜色设置为黑色，将"线条"设置为"无线条"。

2）对正圆形状进行高光设置。选中正圆形状，在"对象属性"窗格的"形状选项"选项卡的"效果"选项中，选择"阴影"选项，将"预设"设置为"内部-内部左上角"，将"颜色"设置为"标准颜色-黄色"。操作结束后将出现一个黄色月牙效果的形状。

3）对月牙形状继续进行高光设置。选中月牙形状，右击，在弹出的快捷菜单中选择"剪切"选项。在月牙形状位置再右击，在弹出的快捷菜单中选择"粘贴为图片"选项，此时月牙由形状变成图片。选择月牙图片，在"对象属性"窗格的"形状选项"选项卡的"效果"选项中，选择"阴影"选项，将"预设"设置为"内部-内部左上角"，将"颜色"设置为"标准颜色-黄色",将"透明度"设置为"2%",将"模糊"、"距离"和"角度"分别设置为"6 磅"、"21 磅"和"220 度",设置完成后高光效果就显示出来了。再次选择月牙图片,利用图片上方出现的旋转控制按钮逆时针旋转图片,将其调整到合适位置。操作结果如图 10.1 所示,然后按 Ctrl+S 组合键保存操作。

4)星星的制作及初始化设置。在"插入"选项卡的"形状"下拉列表中,选择"星与旗帜"中的"十字星"选项,然后在当前幻灯片的空白位置绘制一个十字星。选中十字星,在"对象属性"窗格中的"形状选项"选项卡的"填充与线条"选项中,将"填充"设置为"渐变填充",将填充颜色设置为"渐变填充"→"黄色-橄榄绿渐变",将"渐变样式"设置为"路径渐变",然后在"线条"选项组中选中"无线条"单选按钮。

5)明月及群星闪耀的动画设置。选中月牙图片,选择"动画"选项卡,设置"进入"效果为"出现",将"开始播放"设置为"单击时"。选中十字星形状,选择"动画"选项卡,设置"进入"效果为"闪烁一次"。选中十字星形状,单击"动画"选项卡中的"动画窗格"按钮,在工作编辑区右侧弹出"动画窗格"窗格。在动画列表框中右击十字星,在弹出的快捷菜单中选择"计时"选项,打开"出现"对话框,在"计时"选项卡中将"开始"设置为"在上一动画之后",设置"延迟"为 2 秒,设置"速度"为"非常慢(5 秒)",设置"重复"为"直到幻灯片末尾",然后单击"确定"按钮。设置十字星形状的高度为 1.2 厘米、宽度为 0.8 厘米。将当前十字星形状复制 4 份,随机放置在月牙图片右下方的位置,如图 10.2 所示。按 Ctrl+S 组合键保存操作,播放当前幻灯片,单击,即可观察其演示效果。

　　　　图 10.1　月牙效果图　　　　　　　　　　图 10.2　月朗星明效果图

(2)制作倒计时幻灯片

1)在左侧幻灯片缩略图窗格中选择当前"月朗星明"幻灯片缩略图,按 Enter 键建立新空白幻灯片。在新幻灯片空白处,右击,在弹出的快捷菜单中选择"版式"→"母版版式"→"空白"选项。在空白处右击,在弹出的快捷菜单中选择"设置背景格式"选项,在工作编辑区右侧弹出的"对象属性"窗格中,设置"填充"颜色为黑色。在当前幻灯片中,选择"插入"选项卡"形状"下拉列表中的"矩形"选项,插入一个矩形。选中矩形,在其"对象属性"窗格中,选择"形状选项"选项卡"大小与属性"选项中的"大小"选项,设置其高度和宽度均为 5 厘米,使矩形变成正方形。选择"形状选项"选项卡"填充与线条"选项中的"填充"选项,设置正方形的填充为"渐变填充",设置渐变填充颜色为"黄色-橄榄绿渐变"。设置正方形的字体颜色为黑色、加粗、72 磅。选中矩形,右击,在弹出的快捷菜单中选择"编辑文字"选项,输入数字 10,操作结果如图 10.3 所示。

2）在当前幻灯片中，复制 9 个相同的正方形，按复制的先后顺序，在 9 个正方形中分别输入数字 9、8、7、6、5、4、3、2、1。完成后的效果如图 10.4 所示，然后按 Ctrl+S 组合键保存操作。

图 10.3　矩形图形的编辑结果

图 10.4　正方形排版后的效果

3）在正方形 10 的左上角，按住鼠标左键向幻灯片的右下方绘制一个矩形框可将 10 个正方形全部选中。在工作编辑区右侧弹出的"对象属性"窗格中，选择"形状选项"选项卡"大小与属性"选项组中的"位置"选项，设置水平位置和垂直位置均为 10 厘米，其作用是将 10 个正方形叠加在一起，此时显示在最前端的是正方形 1。在正方形 1 的左上角，按住鼠标左键向正方形 1 的右下方绘制一个方框将 10 个叠加的正方形全部选中。单击正方形 1 的内部并拖动 10 个叠加正方形到幻灯片中间位置，在右侧"动画窗格"窗格中设置 10 个正方形的动画效果为"闪烁一次"。确认动画列表项中矩形框的顺序是从 10 到 1，如果顺序不对，可以在动画列表框中单击并拖动某个矩形框，来调整顺序。完成操作后的动画列表如图 10.5 所示。

图 10.5　正方形的动画列表

4）在图 10.5 所示的正方形动画列表框中，单击"矩形 3：10"，按住 Shift 键的同时单击"矩形 12：1"可将 10 个动画列表项全部选中，在选中区域右击，在弹出的快捷菜单中选择"效果选项"选项，打开相应的对话框。在"效果"选项卡中设置"动画播放后"为"播放动画后隐藏"，在"计时"选项卡设置"开始"为"在上一动画之后"，设置"延迟"为 0 秒，设置"速度"为"快速（1 秒）"，设置"重复"为"（无）"，然后单击"确定"按钮。按 Ctrl+S 组合键保存操作。播放当前倒计时幻灯片，可看到倒计时动画从 10 变到 1，然后消失。

（3）制作扑克牌翻牌幻灯片

1）在左侧幻灯片缩略图窗格中选择当前"倒计时"幻灯片缩略图，按 Enter 键建立新空白幻灯片。从网上下载扑克牌正反面图片备用。选择"插入"选项卡"图片"下拉列表中的"本地图片"选项，在打开的"插入图片"对话框中导入扑克牌正反面图片，调整两张图片为相同大小，然后置于幻灯片中央，如图 10.6 所示。

2）选中反面扑克图片，单击"动画"选项卡中的"动画窗格"按钮，弹出"动画窗格"窗格，设置"添加效果"为"退出-温和型-层叠"效果，完成反面扑克图片的动画效果设置。选中正面扑克图片，设置"添加效果"为"进入-细微型-展开"效果，完成正面扑克图片的动画效果设置。再次选择正面扑克牌图片，在"动画"选项卡中设置"开始"为"在上一动画之后"，如图 10.7 所示。

图 10.6　导入扑克牌正反面图片

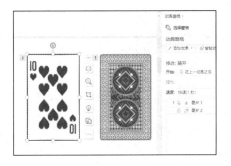

图 10.7　设置扑克牌正反面的动画

3）使用鼠标拖动的方法将扑克牌正反面两张图片层叠摆放，反面图片在上，翻牌动画效果制作完成，如图 10.8 所示。按 Ctrl+S 组合键保存操作。单击"播放"按钮浏览扑克牌翻牌的动画。

（4）制作小汽车行驶幻灯片

1）在左侧幻灯片缩略图窗格中选择"扑克牌翻牌"幻灯片缩略图，按 Enter 键建立新空白幻灯片。从网上下载小汽车和车轮图片备用。选择"插入"选项卡"图片"下拉列表中的"本地图片"选项，在打开的"插入图片"对话框中导入小汽车和车轮图片，如图 10.9 所示。

图 10.8　扑克牌翻牌的最终效果

图 10.9　导入小汽车和车轮图片

2）将车轮图片复制一份，并粘贴在当前幻灯片中。调整小汽车和车轮图片的大小，使两个车轮能与汽车原来的车轮重叠，并设置两个车轮图片的透明度为 90%。将小汽车和车轮置于幻灯片左侧，同时选中两张车轮图片，单击右侧"动画窗格"窗格中的"添加效果"下拉按钮，在弹出的下拉列表中设置为"强调-陀螺旋"效果，完成两个车轮动画效果的设置。在"动画窗格"窗格的动画列表框中，选择左侧的车轮图片，将"开始"设置为"在上一动画之后"，将"数量"设置为"360°（顺时针）"，将"速度"设置为"中速（2 秒）"。选择右侧的车轮图片，将"开始"设置为"在上一动画之前"，将"数量"设置为"360°（顺时针）"，将"速度"设置为"中速（2 秒）"，如图 10.10 和图 10.11 所示。

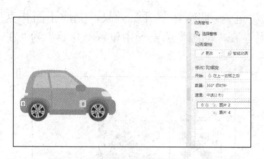

图 10.10　设置左侧车轮的动画

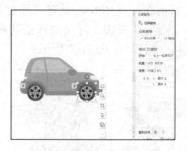

图 10.11　设置右侧车轮的动画

3）在"动画窗格"窗格的动画列表框中，选择第 1 个车轮图片，右击，在弹出的快捷菜单中选择"计时"选项，打开相应的对话框。在"计时"选项卡中设置"重复"为"（无）"，如图 10.12 所示，然后单击"确定"按钮。选择第 2 个车轮图片进行同样的设置。

图 10.12　设置陀螺旋动作属性

4）全选小汽车和两个车轮，单击"动画窗格"窗格中的"添加效果"下拉按钮，在弹出的下拉列表中设置为"动作路径-直线和曲线-向右"效果，并将"开始"设置为"与上一动画同时"，完成小汽车行进动画效果的设置，如图 10.13 所示。

（5）制作扑克牌的连续动画

1）从网上下载 54 张扑克牌图片，保存成图片文件备用，如图 10.14 所示。

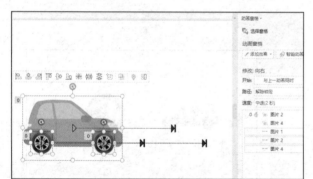

图 10.13　设置小汽车行进的动画

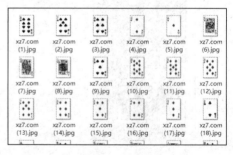

图 10.14　扑克牌图片文件

2）摆摆扑克牌。在左侧幻灯片缩略图窗格中选择当前"小汽车行进"幻灯片缩略图，按 Enter 键建立新空白幻灯片。选择"插入"选项卡"图片"下拉列表中的"本地图片"选项，在打开的"插入图片"对话框中插入之前保存好的 13 张扑克牌图片，然后将所有扑克牌调整为相同尺寸，对每张扑克牌执行旋转操作，摆成如图 10.15 所示的样式。

3）选中图 10.15 中的所有扑克牌图片，选择"动画"选项卡"智能动画"下拉列表中的"依次缩放飞入"选项，设置"开始播放"为"在上一动画之后"，设置"速度"为"非常快"，如图 10.16 所示。按 Ctrl+S 组合键保存操作，然后播放当前幻灯片观看动画效果。

图 10.15　导入扑克牌

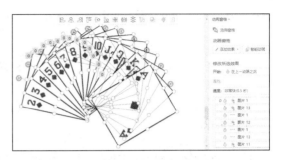

图 10.16　设置"依次缩放飞入"动画

4）制作扑克牌的连续动画。在左侧幻灯片缩略图窗格中选择"摸摆扑克牌"幻灯片缩略图，按 Enter 键建立新空白幻灯片。在当前新幻灯片中导入 10 张扑克牌，按两行排列，每行 5 张扑克牌，如图 10.17 所示。选中 10 张扑克牌，单击"动画窗格"窗格中的"添加效果"下拉按钮，在弹出的下拉列表中将"进入"设置为"随机线条"，将"开始"设置为"在上一动画之后"，将"方向"设置为"垂直"，将"速度"设置为"非常快"。保持 10 张扑克牌的选中状态，单击"添加效果"下拉按钮，在弹出的下拉列表中将"强调"设置为"温和型-跷跷板"。选中 10 张扑克牌的跷跷板动画列表框，将"开始"设置为"在上一动画之后"，将"速度"设置为"快速"。继续保持 10 张扑克牌的选中状态，单击"添加效果"下拉按钮，在弹出的下拉列表中将"退出"设置为"向外溶解"。选中 10 张扑克牌的向外溶解动画列表框，将"开始"设置为"在上一动画之后"，将"速度"设置为"非常快"。至此，扑克牌的动画列表框中的动作选项累计为 30 个。按 Ctrl+S 组合键保存操作，播放扑克牌的连续动画，观看效果。

图 10.17　设置连续动画

三、实践练习

利用所学知识，制作一份"我的大学生活"演示文稿，内容包括学校概况、所在院系和专业介绍、个人大学学习及生活展示等。要求：演示文稿长度不少于 6 张幻灯片，图文并茂。尽可能利用 WPS 演示的各种功能，优化演示文稿的设计，如插入图片、形状、声音，设置项目符号，设置幻灯片切换及动画效果、超链接等。

实验 11　计算机网络及应用

一、实验目的

1）了解网络的概念、网络的拓扑结构及网络中的设备。
2）了解网络的软件设置及网络地址的含义。
3）掌握 Windows 10 操作系统中与网络有关的设置方法。
4）了解网络中常用的服务。

二、实验内容与操作步骤

1．观察机房中的网络设备

观察机房中使用的网络设备及级联情况，识别交换机、集线器等网络设备，观察机房中的计算机及其联网的状态，指出机房局域网的拓扑结构。查看网线的线序，并记下网线中各颜色的线的排列顺序。

2．查看网络设置

查看计算机名、工作组名和计算机描述。

右击桌面上的"此电脑"图标，在弹出的快捷菜单中选择"属性"选项，打开"系统"窗口，在"计算机名、域和工作组设置"选项组中可以查看当前计算机的网络信息，如图 11.1 所示。如果需要更改以上信息，可单击"更改设置"链接，在打开的"系统属性"对话框中更改计算机描述，如图 11.2 所示。如果需要更改计算机名、域和工作组，可以单击"系统属性"对话框中的"更改"按钮，在打开的"计算机名/域更改"对话框中修改计算机名、域和工作组，如图 11.3 所示。

图 11.1　"系统"窗口

图 11.2　"系统属性"对话框

图 11.3　"计算机名/域更改"对话框

3．观察网络设置

选择"开始"→"设置"→"网络和 Internet"选项，打开"网络状态"界面，在此界面中会显示本地计算机的网络信息，如图 11.4 所示，显示本地计算机通过"以太网专用网络"来访问 Internet。类似地，用户可自行判断所用计算机通过哪些网络来访问 Internet。在图 11.4 中，单击"属性"按钮，打开"网络"界面，如图 11.5 所示。在该界面中，可以查看本地计算机的 IPv4 地址和 IPv6 地址（如果有的话）、DNS 服务器等信息。还可以单击界面中的"编辑"按钮，在打开的对话框中修改 IP 地址等信息。需要注意的是，由于 Windows 10 操作系统本身的原因，系统中的"设置"功能和"控制面板"功能的组织结构并不完全一致，所以在单击各种按钮时有可能会跳转到不太熟悉的界面中。

图 11.4　"网络状态"界面

图 11.5　"网络"界面

查看网络的信息时，还可以使用控制台命令"ipconfig"。选择"开始"→"Windows 系统"→"命令提示符"选项，打开"管理员：命令提示符"窗口。在光标位置输入"ipconfig/?"，然后按 Enter 键，即可查询命令的用法与格式；在光标位置输入"ipconfig/all"，然后按 Enter 键，即可查看本地的 IP 配置信息、所有的网络适配器的配置信息（即使是虚拟的网络适配器配置也一样会显示出来）。

4．查看 Windows 网络防火墙设置

选择"开始"→"设置"→"更新和安全"→"Windows 安全"选项，在打开的"Windows 安全中心"界面中查看 Windows 安全中心设置，如图 11.6 所示。可以根据需要启用或关闭防火墙、反病毒软件等功能。

5．使用网页浏览器

选择"开始"→"Microsoft Edge"选项，打开系统自带的 Edge 浏览器，并在地址栏中输入"https://www.baidu.com"，然后按 Enter 键，进入百度网站，如图 11.7 所示。

图 11.6　"Windows 安全中心"界面　　　　图 11.7　使用 Microsoft Edge 浏览器访问百度网站

单击浏览器窗口右上角的"设置及其他"按钮⋯，在弹出的下拉列表中有许多与浏览器有关的选项，其中选择"历史记录"选项可以查看最近访问的网页，同时也提供了清理选项。定期清理历史记录有助于保持系统的工作效率。

在百度的搜索框中输入关键字"568B 线序"，查询与双绞线连接有关的信息，如图 11.8 所示。需要注意的是，搜索到的信息与时间是有关的，由于网络上的信息总是在不断增加，所以每次搜索的结果都有可能会不同。单击网页中搜索框下方的"图片"链接，选择一个清晰的图片下载到本地计算机。然后，通过在网页上查到的双绞线 568B 线序，和前面所记录的实验室中所使用的网线线序进行对比，观察两者的区别。若有不同，请再次组织合适的关键字搜索信息以解释观察到的现象。

用户也可以搜索其他感兴趣的内容，百度的搜索引擎还提供了其他的搜索选项，单击网页中搜索框右下方的"搜索工具"链接，就可以在结果中筛选出一部分展示。例如，在"搜索工具"下拉列表中选择"一年内"选项，即可展示搜索到的一年内的结果。

图 11.8　使用百度网站搜索信息

6．使用电子邮件

用户可以在国内的门户网站上申请免费的个人电子邮箱来使用，如使用腾讯、网易、搜狐、新浪等网站提供的电子信箱。如果有必要，也可以选用付费的企业邮箱。电子邮箱的基本功能是收发电子邮件。电子邮箱中所有的操作都是在网页上完成的，用户可以使用搜索引擎自行搜索各网站的免费邮箱地址。注册并使用申请的邮箱给同学发送一封任意主题的邮件。

7．使用搜索引擎

搜索"网站制作"的基础教程，下载一个教程并发送到自己的邮箱中。用户可以自行设计实验步骤。

三、实践练习

1）使用浏览器搜索"苏武牧羊"有关的信息，查看并下载 3 张与"苏武"有关的图片。

2）使用网络聊天工具将本机的一张图片文件传送到相邻同学的计算机中。

3）使用浏览器搜索并查看"新冠病毒"有关的信息，查看并了解我国的"动态清零"防疫政策。

4）使用浏览器搜索"笔算开平方"的教学视频，找到合适的资源并学习，之后尝试求 98 的平方根。

实验 12 Raptor 使用基础

一、实验目的

1）熟悉 Raptor 软件的界面。
2）了解 Raptor 软件的功能。
3）理解流程图的含义。
4）掌握 Raptor 软件编程的方法。
5）掌握 Raptor 软件编写结构化程序的方法。
6）了解 Raptor 软件生成 C++源程序及可执行文件的方法。

二、实验内容与操作步骤

1．熟悉 Raptor 软件

选择"开始"→"所有程序"→"Raptor 汉化版"选项，打开"Raptor 汉化版"窗口，其工作界面如图 12.1 所示。

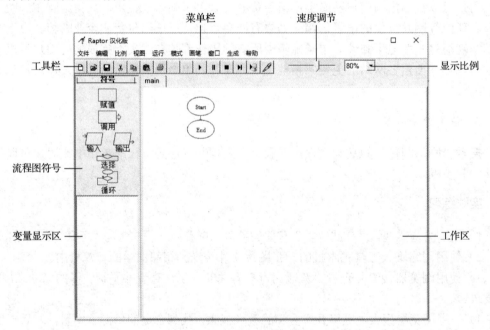

图 12.1 Raptor 汉化版软件的主界面

选择"文件"→"保存"选项，在打开的"另存为"对话框中将文件命名为 1.rap，并保存到 D 盘或 E 盘。

2．设计程序求温度

输入一个华氏温度数值，求出对应的摄氏温度数值，并将结果输出到主控窗口中。

思路：因为华氏温度转换成摄氏温度的公式是 $c=(f-32)\times\dfrac{5}{9}$，所以程序只需要对输入的华氏温度 f，按照公式进行运算，并输出结果即可。

操作步骤如下。

1）按顺序在"Start"符号后面放入"输入"、"赋值"和"输出"符号。

2）双击"输入"符号，打开"输入"对话框，在"输入提示"文本框中输入""Input a Fahrenheit:""，在"输入变量"文本框中输入"f"，然后单击"完成"按钮。

3）双击"赋值"符号，打开"Assignment"对话框，在"Set"文本框中输入变量"c"，在"to"文本框中输入"(f-32)*5/9"，然后单击"完成"按钮。

4）双击"输出"符号，打开"输出"对话框，在文本框中输入""Celsius is"+c"，选中"End current line"复选框，然后单击"完成"按钮。

5）单击工具栏中的"运行"按钮 ▶ 执行程序。观察软件的工作过程和程序的执行过程，并在程序的执行过程中输入一个华氏温度的值，如图 12.2 所示。

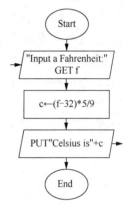

图 12.2 华氏温度转换为摄氏温度

3．设计程序求球的体积

输入球体的半径，计算球的体积并输出在主控窗口中。

思路：球体积的公式是 $v=\dfrac{4}{3}\pi r^3$，因此在得到半径 r 之后，对半径 r 进行适当的数学运算并输出结果即可。在 Raptor 中，圆周率 π 已被定义为常量，使用符号"pi"来引用。

操作步骤如下。

1）按顺序在"Start"符号后面放入"输入"、"赋值"和"输出"符号。

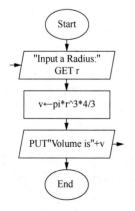

图 12.3 计算球体的体积

2）双击"输入"符号，打开"输入"对话框，在"输入提示"文本框中输入""Input a Radius:""，在"输入变量"文本框中输入"r"，然后单击"完成"按钮。

3）双击"赋值"符号，打开"Assignment"对话框，在"Set"文本框中输入变量"v"，在"to"文本框中输入"pi*r^3*4/3"，然后单击"完成"按钮。

4）双击"输出"符号，打开"输出"对话框，在文本框中输入""Volume is"+v"，选中"End current line"复选框，然后单击"完成"按钮。

5）单击工具栏中的"运行"按钮执行程序。观察软件的工作过程和程序的执行过程，并在程序的执行过程中输入一个球体的半径，如图 12.3 所示。

4．设计程序判断整除问题

设计一个程序，判断一个数字是否同时可以被 2 和 5 整除。如果可以，则在主控窗口显示"Yes"，否则显示"No"，并为程序添加适当的注释。

思路：要判断一个数字 x 是否能同时被 2 和 5 整除，只需要分别用 x 除以 2 和 5，若所得的余数同时为零，则说明 x 能同时被 2 和 5 整除，否则不能。在 Raptor 中，求余数的运算符是"rem"。因此，判断语句应该是"x rem 2=0 and x rem 5=0"。其中，and 运算符表示"与"逻辑，即 and 运算符两端要同时为"真"，运算结果才能为"真"。

操作步骤如下。

1）按顺序在"Start"符号后面放入"输入"、"选择"和"输出"符号。

2）为每个"输入"符号设置适当的信息，将输入的数字存放在变量 x 中。

3）双击"选择"符号，打开"选择"对话框，在"输入选择条件"文本框中输入表达式"x rem 2=0 and x rem 5=0"，然后单击"完成"按钮。

4）为每个"输出"符号设置适当的输出信息，以便在主控窗口输出结果。

5）为程序添加适当的注释，如图 12.4 所示。

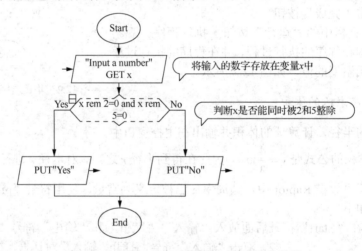

图 12.4　判断一个数是否能同时被 2 和 5 整除

5．设计程序求三角形的面积

设计一个程序，输入三角形的 3 个边的边长，求出三角形的面积，并将结果输出到主控窗口。如果三角形的 3 个边长分别为 a、b 和 c，则面积为 $s=\sqrt{p(p-a)(p-b)(p-c)}$，其中，$p=\dfrac{a+b+c}{2}$。

思路：根据公式，在输入三角形 3 个边的长度之后，要先判断输入的 3 个边长数据是否能构成三角形。因此要先判断任意两边的和是否大于第三边。对符合条件的三角形数据，进行求面积的计算，不符合条件的边长不能计算面积。

操作步骤如下。

1）按顺序在"Start"符号后面放入"输入"、"选择"、"赋值"和"输出"符号，如图 12.5 所示。

2）为每个输入符号设置适当的信息，其中，三角形的 3 个边分别对应变量 a、b、c。

3）双击"选择"符号，打开"选择"对话框，输入表达式"(a+b)>c and (a+c)>b and (b+c)>a"，然后单击"完成"按钮。

4）使用"赋值"符号将"(a+b+c)/2"的值赋予变量 p；将"sqrt(p*(p-a)*(p-b)*(p-c))"的值赋予变量 s。

5）为输出符号设置适当的输出信息，以便在主控窗口输出结果。

6）单击工具栏中的"运行"按钮执行程序。观察软件的工作过程和程序的执行过程，并在程序的执行过程中输入恰当的数据。多次运行此程序以观察在 a、b、c 取不同值时程序的执行流程。

6．设计求和程序

设计一个程序，求出 $1+2+3+\cdots+100$ 的值，并将结果输出到主控窗口。

思路：设计一个循环，循环变量为 i（初值为 1），求和变量为 s（初值为 0）。每次循环将数 i 加到求和变量 s 中，每次循环 i 增加 1，这样循环 100 次后即可得到最终结果。

操作步骤如下。

1）按顺序在"Start"符号后面放入"赋值"、"循环"和"输出"符号，如图 12.6 所示。

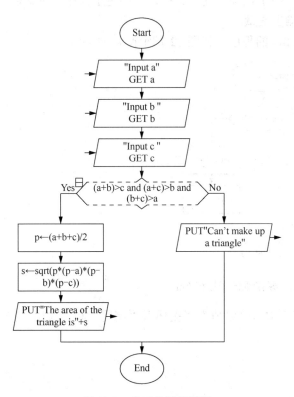

图 12.5　求三角形的面积

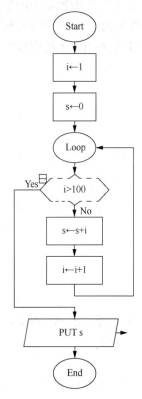

图 12.6　求 1+2+3+⋯+100 之和

2）为赋值符号设置适当的初值。设 i 为循环变量（初值为 1），s 为求和结果（初值为 0）。每次循环，将 i 的值加到 s 中，之后 i 加 1。

3）双击"循环"符号，打开"循环"对话框，在"输入跳出循环的条件"文本框中输入表达式"i>100"，然后单击"完成"按钮。

4）为输出符号设置适当的输出信息，以便在主控窗口输出结果。

5）执行程序，观察程序的运行过程。如果程序运行时间过长，可将工具栏中的速度滑块向右侧拖动以提高执行速度。

7．设计一个程序，求 1!+2!+3!+…+10!

思路：设计求和变量 sum，初值为 0，用来保存计算结果。设计一个循环，循环变量是 i，每次循环将 i 的阶乘加到 sum 中，10 次循环之后即可得到最终结果。另外，设计一个子过程 fun，输入参数为 x，输出参数为 y，子过程的功能是求 x 的阶乘。在主程序中，以循环变量 i 为参数调用子过程，因为 i 在 10 次循环中会从 1 变化到 10，所以子过程的具体功能是求 1~10 这 10 个数的阶乘。fun 子过程使用递归方式求 x 的阶乘，如果 x 的值为 1 或 0，则结果为 1，否则结果为"x*fun(x-1,y)"。另设临时变量 t，用以存放中间结果。

操作步骤如下。

1）选择"模式"→"中级"选项，令 Raptor 软件工作在中级模式。右击"main"标签，在弹出的快捷菜单中选择"增加一个子过程"选项。打开"创建子程序"对话框。设置过程名为 fun，x 为输入变量，y 为输出变量。

2）单击 fun 子过程标签，编写求 fun 的程序，如图 12.7 所示。

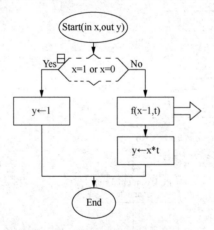

图 12.7　求阶乘的子过程 fun

3）选择"main"标签，在主程序中放入"赋值"、"循环"、"调用"和"输出"符号，如图 12.8 所示。

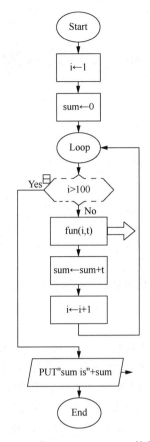

图 12.8　求 1!+2!+3!+…+10!的程序

4）为赋值符号设置适当的初值。设 i 为循环变量（初值为 1），sum 为求和结果（初值为 0）。每次循环，将 i 的阶乘加到 s 中，之后 i 加 1。

5）修改循环语句，使循环体可循环 10 次，在循环体中，以 i 和 t 为参数，调用子过程 fun，将 i 的阶乘放入变量 t 中；将 t 的值加到求和变量 sum 中。

6）为输出符号设置适当的输出信息，以便在主控窗口输出结果。

7）运行程序，验证结果。

三、实践练习

1）输入矩形的长和宽，求矩形的面积。

2）输入 3 个数，先求这 3 个数的和，然后求平均值。

3）设计一个程序，实现判断某一年份是否为闰年。

4）设计一个程序，在判别式 $\Delta = b^2 - 4ac \geqslant 0$ 的情况下，求方程 $ax^2 + bx + c = 0$ 的根。

5）设计一个程序，求 $1^3 + 2^3 + 3^3 + \cdots + 10^3$ 的值。

实验 13　Access 小型数据库应用系统设计

一、实验目的

1）熟悉 Access 2016 的工作环境。
2）掌握数据库的创建方法。
3）掌握数据表的创建方法。
4）掌握查询的创建方法。
5）掌握报表的创建方法。
6）掌握窗体的创建及修改方法。
7）掌握宏的设计方法，以及窗体控件与宏结合使用的方法。

二、实验内容与操作步骤

Access 作为 Microsoft Office 套装软件之一，是一种关系型桌面数据库管理系统。Access 主要适用于中小型应用系统，或作为客户机/服务器系统中的客户端数据库。通过使用 Access，用户可以不用写代码就可以开发出一个功能强大且专业的数据库应用程序，如果再加上一些简短的 VBA 代码，就可以使开发出的程序更加专业。

微软公司自 1992 年首次推出 Access，历经多个版本，本书以 2016 版为软件背景进行设计。

1. 创建一个"学生成绩管理"空数据库

Access 2016 提供了两种创建数据库的方法，一种是创建一个空数据库，然后添加表、窗体、报表及其他对象，这种方法使用比较灵活；另一种方法是使用 Access 本地或 Internet 上提供的数据库模板创建数据库，这种方式比较简单，能够节省用户时间，但往往需要修改才能满足用户要求。

创建 Access 数据库的结果是在计算机磁盘上生成一个扩展名为.accdb 的数据库文件。

1）在计算机磁盘（如 E 盘）上创建一个文件夹，命名为"学生成绩管理系统"，用于存放数据库文件。

2）选择"开始"→"Microsoft Access 2016"选项，启动 Access 2016 应用程序。启动时，显示 Backstage 视图，如图 13.1 所示。选择"空白桌面数据库"选项，打开如图 13.2 所示的对话框，在"文件名"文本框中输入"学生成绩管理系统.accdb"，将文件保存路径设为"E:\学生成绩管理系统\"，然后单击"创建"按钮，新建的空白数据库如图 13.3 所示。此时在 E 盘的"学生成绩管理系统"文件夹下，已经新建了一个"学生成绩管理系统.accdb"文件。

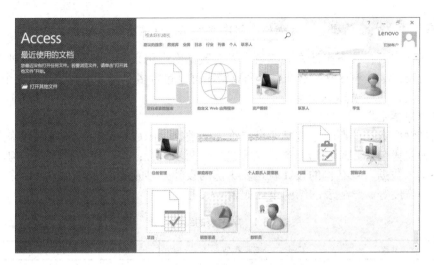

图 13.1　Access 的 Backstage 视图

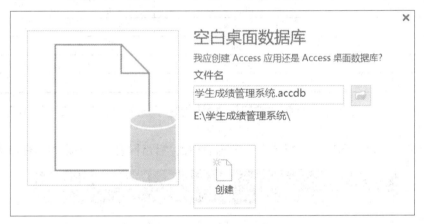

图 13.2　创建空白桌面数据库

图 13.3　空白数据库

2. 在"学生成绩管理"空数据库中创建学生表、成绩表和课程表

数据库建立后,接下来还要创建表。表是数据库中用来组织和存储数据的对象,是建立查询、报表、窗体等对象的基础。一个数据库可以包含多个表,本例要创建 3 个数据表,分别是学生表、课程表和成绩表。

(1) 创建学生表

关系模型中数据的逻辑结构是一个二维表,数据组织成列和行的形式,列称为字段,列标题称为字段名称,行称为记录。表的建立分两步进行:第一步是设计表结构,第二步是向表中输入数据。表结构的设计就是表头部的设计,涉及表的名称、字段名称、字段的数据类型和宽度等。学生表的结构设计如表 13.1 所示。

表 13.1　学生表的结构设计

字段名称	数据类型	字段大小
学号	短文本	8
姓名	短文本	10
性别	短文本	2
出生日期	日期/时间	
系别	短文本	20
简历	长文本	

如图 13.3 所示,创建空数据库的同时,默认创建了一个数据表"表 1",并且进入它的数据表视图。

1)选择"开始"选项卡"视图"下拉列表中的"设计视图"选项,如图 13.4 所示。

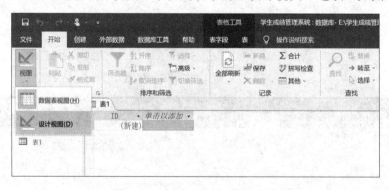

图 13.4　选择"设计视图"选项

2)在打开的"另存为"对话框中输入表名称"学生",如图 13.5 所示,然后单击"确定"按钮,创建一个名为"学生"数据表,并切换到"设计视图"。

图 13.5　保存学生表

3）设置第 1 个字段名称为"学号"，设置"数据类型"为"短文本"，设置"字段大小"为 8，如图 13.6 所示。依次按照表 13.1 所示的结构，设置其他所有的字段，如图 13.7 所示。

图 13.6　设置"学号"字段　　　　　　　图 13.7　设置所有的字段

4）学生表中的"学号"字段前面有一个钥匙图标，表明"学号"字段是该表的主键，即每条记录的"学号"必须唯一，不能重复。主键是表中的一个字段或字段集，它可以唯一标识每一条记录，作为主键的字段不允许有重复值和空值。

5）为"性别"设置有效性规则。单击下方"常规"选项卡"验证规则"右侧的带有省略号的按钮，打开"表达式生成器"对话框，输入""男"Or"女""，如图 13.8 所示。该规则表示输入数据时，只能输入"男"或"女"。

图 13.8　设置"性别"字段的有效性规则

（2）创建课程表

1）单击"创建"选项卡"表格"选项组中的"表设计"按钮，新建一个空白表，默认名为"表1"，并进入该表的设计视图。按照表 13.2，依次添加字段名称并选择相应的数据类型和字段大小，如图 13.9 所示。

表 13.2　课程表的结构设计

字段名称	数据类型	字段大小
课程号	短文本	2
课程名	短文本	10
学时	数字	整型
学分	数字	小数

2）选中"课程号"字段，单击"表格工具-表设计"选项卡"工具"选项组中的"主键"按钮，"课程号"字段左侧出现钥匙图标，表示"课程号"字段已经成为该表的主键，如图 13.10 所示。

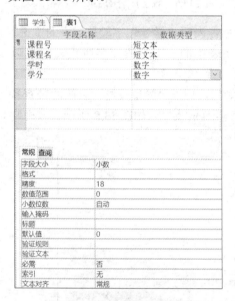

图 13.9　成绩表的设计视图

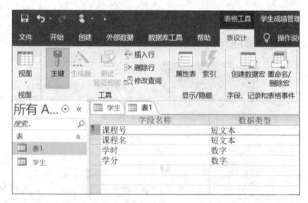

图 13.10　将"课程号"设置为主键

3）按 Ctrl+S 组合键，在打开的"另存为"对话框中为数据表命名为"课程"，然后单击"确定"按钮即可，此时左侧导航窗格出现"课程"表，说明创建完成。

（3）创建成绩表

1）单击"创建"选项卡"表格"选项组中的"表设计"按钮，新建一个空白表，默认名为"表1"，并进入该表的设计视图。按照表 13.3，依次添加字段名称并选择相应的数据类型和字段大小。

表 13.3　成绩表的结构设计

字段名称	数据类型	字段大小
学号	短文本	8
课程号	短文本	2
成绩	数字	小数

2）按住 Ctrl 键，同时选中"学号"和"课程号"两个字段，单击"表格工具-表设计"选项卡"工具"选项组中的"主键"按钮，将"学号"和"课程号"共同设为主键，如图 13.11 所示。在"成绩"表中，单一属性无法唯一标识一条记录，"学号"和"课程号"的组合才可以唯一标识一条记录。

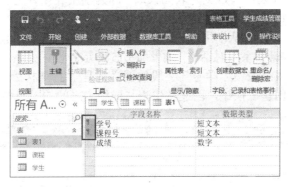

图 13.11　将"学号"和"课程号"同时设置为主键

3）为"成绩"字段设置有效性规则。单击下方"常规"选项卡"验证规则"右侧的带有省略号的按钮，打开"表达式生成器"对话框，输入"between 0 and 100"，如图 13.12 所示，然后单击"确定"按钮。

图 13.12　设置"成绩"字段的有效性规则

4）按 Ctrl+S 组合键，在打开的"另存为"对话框中为数据表命名为"成绩"，然后单击"确定"按钮即可。

3．为"学生成绩管理"数据库中的学生表、课程表和成绩表建立表间关系

表之间的关系有 3 种：一对一关系、一对多关系、多对多关系。在创建表之间的关系之前需要关闭所有打开的表，不能在已打开的表之间创建或修改关系。

1）单击"数据库工具"选项卡"关系"选项组中的"关系"按钮，如果尚未定义任何关系，则会自动打开"显示表"对话框，如图 13.13 所示。将 3 个表都添加到"关系"窗口，如图 13.14 所示，然后关闭"显示表"对话框。

2）学生表与成绩表之间可以创建表间关联，因为学生表作为主表，具有"学号"字段，成绩表作为子表，也具有"学号"字段。

3）在"关系"窗口中，从学生表中拖动"学号"字段（主键）到成绩表的"学号"字段（外键），打开"编辑关系"对话框，如图 13.15 所示。设置关系选项，选中"实施参照完整性"复选框，即成绩表中"学号"字段的值必须是学生表中"学号"字段的某个值，否则会出错。单击"创建"按钮，创建学生表与成绩表之间的一对多关系。

图 13.13　"显示表"对话框

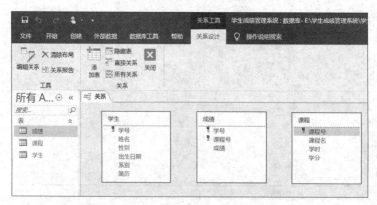

图 13.14　添加到"关系"窗口的表

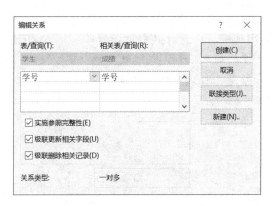

图 13.15　"编辑关系"对话框

4）在"关系"窗口中，从课程表中拖动"课程号"字段（主键）到成绩表的"课程号"字段（外键），在打开的"编辑关系"对话框中创建课程表与成绩表之间的一对多关系，然后单击"创建"按钮即可。完成后的表间关系如图 13.16 所示。

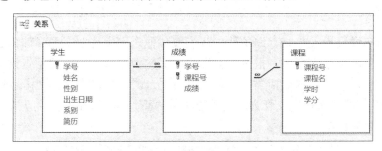

图 13.16　3 个数据表的表间关系

4．编辑学生表、课程表和成绩表

1）新建的数据表都是空表，在导航窗格中双击学生表，打开其数据表视图，输入如图 13.17 所示的数据。

图 13.17　"学生"表数据

2）添加一条记录。将光标定位在最后一行，也就是记录前面显示为星号"*"的一行，表示一条新纪录。

3）删除记录。将鼠标指针移动到数据表左侧，当鼠标指针变成向右的黑色箭头时，选中行，右击，在弹出的快捷菜单中选择"删除记录"选项即可。

4）在导航窗格中双击课程表，打开其数据表视图，输入如图 13.18 所示的数据。

5）在导航窗格中双击成绩表，打开其数据表视图，输入如图 13.19 所示的数据。

注意： 根据参照完整性的约束限制，成绩表中的"学号"必须是学生表中已有的学号，成绩表中的"课程号"必须是课程表中已有的课程号。

学号	课程号	成绩	单击以添加
22010101	01	89	
22010101	02	78	
22010102	02	90	
22010102	03	96	
22010201	01	78	
22010201	03	82	
22010202	01	92	
22010202	02	95	
22010301	01	90	
22010301	02	88	
22010302	01	70	
22010302	03	85	

图 13.18　课程表数据　　　　　　　　　图 13.19　成绩表数据

5．创建查询

查询是用户通过设置某些查询条件，从表或其他查询中选取全部或部分数据的一个独立的数据库对象，可用作窗体、报表和数据访问页的数据源。下面使用查询向导创建一个"学生成绩查询"，查询内容包括学号、姓名、系别、课程名、成绩。操作步骤如下。

1）单击"创建"选项卡"查询"选项组中的"查询向导"按钮，打开如图 13.20 所示的"新建查询"对话框。

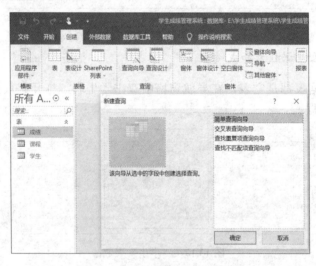

图 13.20　"新建查询"对话框

2）选择"简单查询向导"选项，单击"确定"按钮，在打开的如图 13.21 所示的"简单查询向导"对话框中，将学生表中的"学号""姓名""系别"，课程表中的"课程名"，成绩表中的"成绩"字段依次添加到"选定字段"列表框中，然后单击"下一步"按钮。

3）在打开的如图 13.22 所示的界面选中"明细（显示每个记录的每个字段）"单选按钮，然后单击"下一步"按钮。

4）在打开的界面中指定查询标题为"学生成绩查询"，选中"打开查询查看信息"单选按钮，如图 13.23 所示，然后单击"完成"按钮，结果如图 13.24 所示。

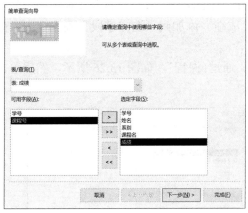

图 13.21　选定字段 1

图 13.22　采用明细查询

图 13.23　指定标题

图 13.24　"学生成绩查询"的运行结果

6. 创建报表

报表是以表或查询为数据源，查看数据、统计汇总数据及打印数据的一种对象。下面使用报表向导创建一个汇总"课程平均分"的报表，操作步骤如下。

1）单击"创建"选项卡"报表"选项组中的"报表向导"按钮，打开"报表向导"对话框，将课程表中的"课程名"和成绩表中的"成绩"添加到"选定字段"列表框中，如图 13.25 所示，然后单击"下一步"按钮。

2）在打开的界面中设置查看数据的方式为"通过 课程"，如图 13.26 所示，然后单击"下一步"按钮。

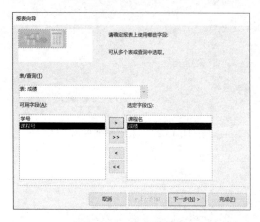 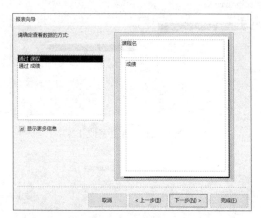

图 13.25　选定字段 2　　　　　图 13.26　确定查看数据的方式 1

3）在打开的界面中设置按照"成绩"升序排列信息，然后单击"汇总选项"按钮，在打开的"汇总选项"对话框中选择需要计算的汇总值为"平均"，如图 13.27 所示，然后单击"确定"按钮。

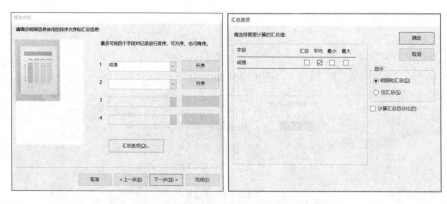

图 13.27　明确信息使用的排序次序和汇总选项

4）在返回的"报表向导"对话框中依次单击"下一步"按钮，在打开的"请为报表指定标题"界面中为报表指定标题为"课程平均分"，然后单击"完成"按钮，得到的结果如图 13.28 所示。

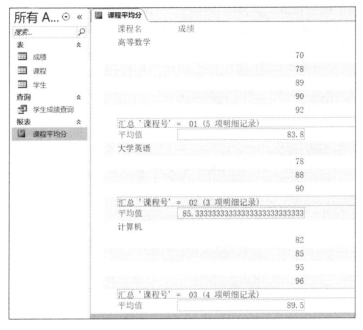

图 13.28　"课程平均分"报表

7．创建"按学号查询成绩"窗体

窗体用来显示、输入、编辑数据库中的数据，是用户对数据库进行操作的界面。

1）单击"创建"选项卡"窗体"选项组中的"窗体向导"按钮，打开"窗体向导"对话框，将"学生成绩查询"中的全部字段添加到"选定字段"列表框中，如图 13.29 所示，然后单击"下一步"按钮。

2）在打开的界面中设置查看数据的方式为"通过 学生"，并选中"带有子窗体的窗体"单选按钮，如图 13.30 所示，然后单击"下一步"按钮。

图 13.29　选定字段 3

图 13.30　确定查看数据的方式 2

3）在打开的界面中设置子窗体的布局为"数据表"，单击"下一步"按钮；在打开的界面中为窗体指定标题为"按学号查询成绩"，选中"修改窗体设计"单选按钮，如图 13.31所示，然后单击"完成"按钮。打开窗体的设计视图，如图 13.32 所示。

图 13.31　为窗体指定标题

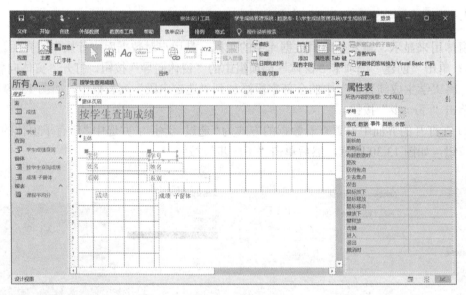

图 13.32　"按学号查询成绩"窗体的设计视图

4）删除"学号"文本框，添加"学号"组合框。首先选中"学号"文本框，按 Delete键将其删除，然后在"窗体设计工具-表单设计"选项卡"控件"选项组中单击"组合框"按钮 ，使用鼠标在合适位置拖动放置一个组合框，打开"组合框向导"对话框，如图 13.33所示。将此组合框获取数值的方式设置为"在基于组合框中选定的值而创建的窗体上查找记录"，然后单击"下一步"按钮。

图 13.33 确定获取数值的方式

5）打开如图 13.34 所示的界面，将"学号"字段添加到"选定字段"列表框中，表明"学号"将会出现在组合框的列表中。在最后一步为组合框指定标签名为"学号"，然后单击"完成"按钮即可。修改后的窗体设计视图如图 13.35 所示。

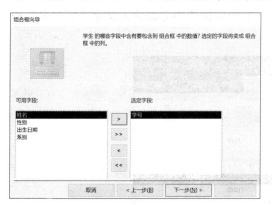

图 13.34 为组合框选定字段

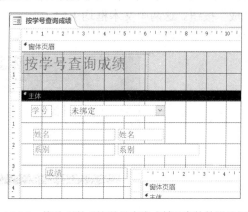

图 13.35 修改后的"按学号查询成绩"窗体的设计视图

6）在导航窗格中双击"按学号查询成绩"，或者右击窗体名称，在弹出的快捷菜单中选择"窗体视图"选项，切换到窗体视图，如图 13.36 所示。单击"学号"组合框右侧的下拉按钮，在弹出的下拉列表中选择一个学号，即可看到此学生的所有课程的成绩。

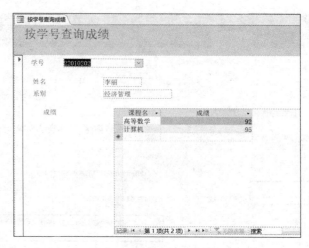

图 13.36 "按学号查询成绩"窗体

8. 创建"登录"窗体

设计一个登录窗体,包含两个绑定标签的文本框控件,分别用来接收用户输入的用户名和密码,密码使用"*"显示,还包含一个"确定"按钮,其功能使用宏实现。

1)单击"创建"选项卡"窗体"选项组中的"窗体设计"按钮,打开窗体设计视图,然后将窗体命名为"登录界面"。

2)单击"窗体设计工具-表单设计"选项卡"控件"选项组中的"文本框"按钮,在窗体合适位置拖动鼠标添加两个文本框,在打开的"文本框向导"对话框中可以直接单击"完成"按钮。这两个文本框均绑定了标签,在其前面的标签中分别输入文字"用户名"和"密码",如图 13.37 所示。

图 13.37 在"登录界面"窗体中添加两个文本框

3）选中第一个文本框，单击"窗体设计工具-表单设计"选项卡"工具"选项组中的"属性表"按钮，在屏幕右侧弹出"属性表"窗格。找到"名称"属性，将属性设为"用户名"。选中第二个文本框，将"名称"属性设为"密码"，将"输入掩码"属性设为"密码"，这样输入的密码将会使用"*"显示，如图 13.38 所示。

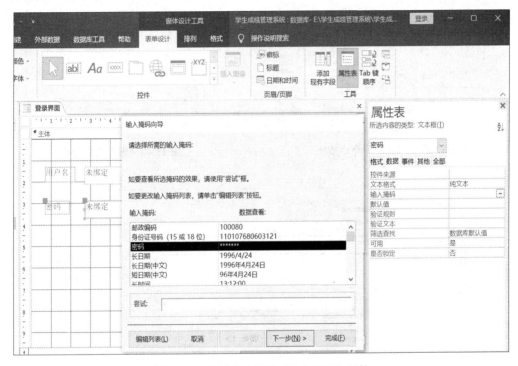

图 13.38　设置文本框的"输入掩码"属性

4）添加按钮控件。单击"窗体设计工具-表单设计"选项卡"控件"选项组中的"按钮"按钮，在窗体合适位置拖动鼠标添加一个按钮。如果打开"命令按钮向导"对话框，直接单击"取消"按钮即可。选中按钮，直接输入标题"确定"，如图 13.39 所示。

5）单击"创建"选项卡"宏与代码"选项组中的"宏"按钮，打开宏设计视图，右击宏名，在弹出的快捷菜单中选择"保存"选项，在打开的"另存为"对话框中，将宏命名为"宏 1"，然后单击"确定"按钮。设计宏能够实现在"登录界面"输入用户名和密码，如果输入完全正确，将会打开"按学号查询成绩"窗体，同时关闭"登录界面"窗体。操作步骤如下。

① 在宏 1 的设计视图中单击"新加新操作"下拉按钮，在弹出的下拉列表中选择"If"选项，如图 13.40 所示。单击"单击以调用生成器"按钮，在打开的"表达式生成器"对话框中编辑 IF 条件"[Forms]![登录界面]![用户名]="admin" And [Forms]![登录界面]![密码]="123456""，如图 13.41 所示，然后单击"确定"按钮。该条件表示需要正确输入用户名为"admin"、密码为"123456"，才可以进行下一步操作。

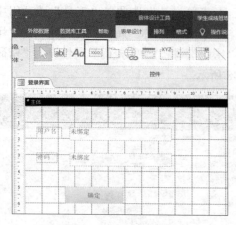

图 13.39　添加一个命令按钮

图 13.40　宏 1 的设计视图

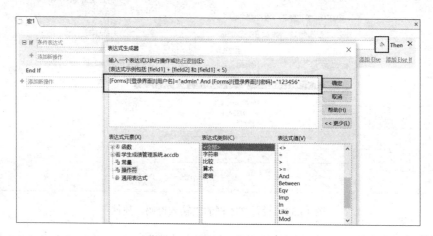

图 13.41　编辑 IF 条件表达式

② 在 If 语句下面的"添加新操作"下拉列表中选择"OpenForm"宏命令,如图 13.42 所示。单击"OpenForm"中的"窗体名称"下拉按钮,在弹出的下拉列表中选择"按学号查询成绩"窗体,如图 13.43 所示。

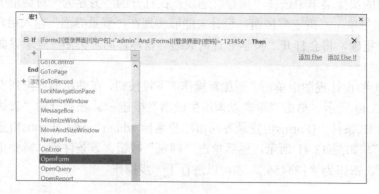

图 13.42　添加"OpenForm"宏命令

图 13.43　选择"按学号查询成绩"窗体

③ 再单击下面的"添加新操作"下拉按钮，在弹出的下拉列表中选择"CloseWindow"宏命令，如图 13.44 所示。在"对象类型"下拉列表中选择"窗体"选项，在"对象名称"下拉列表中选择"登录界面"选项，如图 13.45 所示。

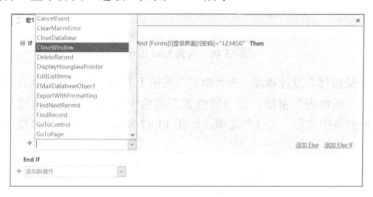

图 13.44　添加"CloseWindow"宏命令

图 13.45　选择"登录界面"选项

④ 如果输入的用户名和密码有错，我们希望给出错误提示信息。需要在 If 语句后面添加 Else 结构。单击"添加 Else"链接，在 Else 结构中添加"MessageBox"宏命令，如图 13.46 所示，输入提示信息。

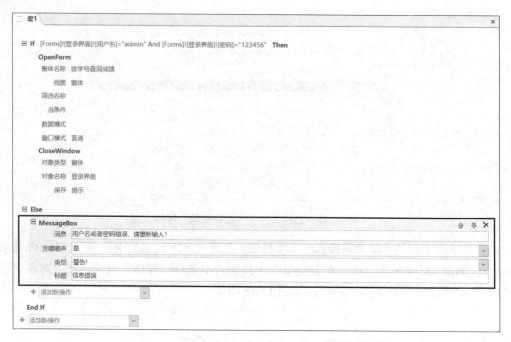

图 13.46　编辑 Else 语句

6）打开"登录窗体"设计视图，在"确定"按钮上右击，在弹出的快捷菜单中选择"属性"选项，弹出"属性表"窗格。在"属性表"窗格中选择"事件"选项卡，在"单击"事件右侧的下拉列表中选择"宏 1"选项，如图 13.47 所示，表示单击"确定"按钮将会触发"宏 1"。

图 13.47　设置单击"确定"按钮时触发"宏 1"

双击导航窗格中的"登录界面"，可以测试登录功能。

7）设置"登录界面"作为数据库的启动窗体。选择"文件"→"选项"选项，在打开的"Access 选项"对话框"当前数据库"选项卡的"显示窗体"下拉列表中选择"登录界面"窗体，如图 13.48 所示，然后单击"确定"按钮。设置完成后，重启数据库可以看到效果。

图 13.48 设置启动窗体

本数据库应用系统仅是一个简单的示例，目的是起到一个抛砖引玉的作用，实际的应用程序会有更完善、更复杂的功能需求，感兴趣的同学可以尝试扩展本系统功能。

三、实践练习

1）创建数据库文件"商品.accdb"。

要求如下。

① 建立一个"商品类别"表，表结构如表 13.4 所示。

表 13.4 "商品类别"表的结构设计

字段名称	数据类型	字段大小
商品类别 id	短文本	4
商品类别名称	短文本	10
商品类别属性	短文本	10

② 将"商品类别 id"字段设置为主键。

③ 向"商品类别"表中添加记录内容，如图 13.49 所示。

图 13.49 "商品类别"表的内容

④ 建立一个"商品明细"表，表结构如表 13.5 所示。

表 13.5 "商品明细"表的结构设计

字段名称	数据类型	字段大小
商品 id	短文本	4
商品名称	短文本	10
商品类别	短文本	4
商品价格	货币	

⑤ 将"商品 id"字段设置为主键。

⑥ 将"商品价格"字段的有效性规则设置为">0"。

⑦ 建立"商品类别"表和"商品明细"表之间的一对多关系，如图 13.50 所示。

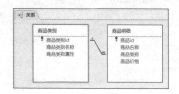

图 13.50 表之间的一对多关系

⑧ 向"商品明细"表中添加记录内容，如图 13.51 所示。

商品 id	商品名称	商品类别	商品价格	单击以添加
0001	白板笔	A01	￥5.0	
0002	打印机	A02	￥1,000.0	
0003	写字板	A01	￥50.0	
0004	鼠标	B01	￥25.0	
0005	键盘	B01	￥30.0	

图 13.51 "商品明细"表的内容

⑨ 创建一个多表连接查询。查询内容包括"商品类别"表中的"商品类别名称"和"商品类别属性"及"商品明细"表中的"商品名称"和"商品价格"，设计视图如图 13.52 所示。

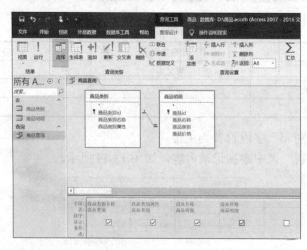

图 13.52 查询的设计视图

查询的数据表视图如图 13.53 所示。

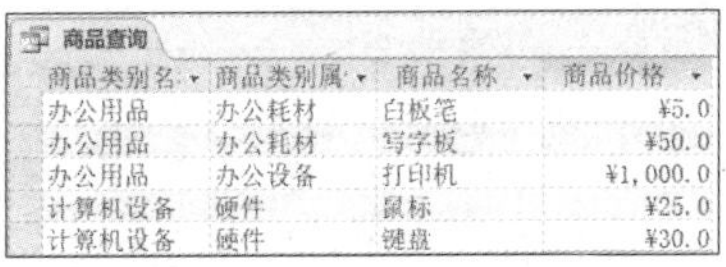

图 13.53   查询的数据表视图

2）创建数据库文件"职工工资管理.accdb"。

要求如下。

① 建立一个"职工"表，表结构如表 13.6 所示。

表 13.6   "职工"表的结构设计

字段名称	数据类型	字段大小
职工号	短文本	5
职工姓名	短文本	4
部门	短文本	10
备注	长文本	

② 将"职工号"字段设置为主键。

③ 向"职工"表中添加记录内容，如图 13.54 所示。

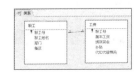

图 13.54   "职工"表的内容

④ 建立一个"工资"表，表结构如表 13.7 所示。

表 13.7   "工资"表的结构设计

字段名称	数据类型	字段大小
职工号	短文本	5
基本工资	货币	
绩效奖金	货币	
补贴	货币	
代扣代缴费用	货币	

⑤ 将"职工号"字段设置为主键。

⑥ 建立"职工"表和"工资"表之间的一对一关系，如图 13.55 所示。

图 13.55   表之间的一对一关系

⑦ 向“工资”表中添加记录内容，如图 13.56 所示。

职工号	基本工资	绩效奖金	补贴	代扣代缴费
11001	¥3,500.00	¥500.00	¥300.00	¥200.00
11002	¥4,500.00	¥800.00	¥500.00	¥300.00
12001	¥3,500.00	¥700.00	¥300.00	¥200.00

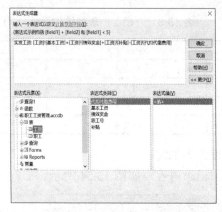

图 13.56　“工资”表的内容

⑧ 创建一个多表连接查询，并实现计算职工的实发工资。在查询设计视图下选中“职工号”和“职工姓名”，在第三个要显示的字段位置打开“表达式生成器”对话框，输入“实发工资:[工资]![基本工资]+[工资]![绩效奖金]+[工资]![补贴]-[工资]![代扣代缴费用]”，如图 13.57 所示，然后单击“确定”按钮。实发工资出现在第三个要显示的字段中，如图 13.58 所示。

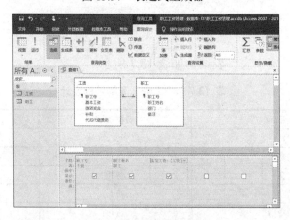

图 13.57　表达式生成器

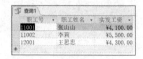

图 13.58　查询的设计视图

单击“查询工具-查询设计”选项卡“结果”选项组中的“运行”按钮，然后切换到查询的数据表视图，查看结果，如图 13.59 所示。

职工号	职工姓名	实发工资
11001	张山山	¥4,100.00
11002	李莉	¥5,500.00
12001	王思思	¥4,300.00

图 13.59　查询的数据表视图

参 考 文 献

程向前，周梦远，2014．基于 RAPTOR 的可视化计算案例教程[M]．北京：清华大学出版社．

韩金仓，侯振兴，2014．大学信息技术学习指导与实验（Win 7+Office 2010）[M]．北京：清华大学出版社．

互联网+计算机教育研究院，2019．WPS Office 2016 商务办公全能一本通[M]．北京：人民邮电出版社．

刘垣，2018．Access 2010 数据库应用技术案例教程学习指导[M]．北京：清华大学出版社．

彭勇，刘永娟，2015．大学计算机基础实践指导与学习指南（Windows 7+Office 2010）[M]．北京：人民邮电出版社．

冉娟，吴艳，张宁，2016．RAPTOR 流程图+算法程序设计教程[M]．北京：北京邮电大学出版社．

应红，2018．Access 数据库案例教程[M]．3 版．北京：中国水利水电出版社．

张敬东，2014．大学计算机基础实验指导及习题教程（Windows 7·Office 2010）[M]．北京：清华大学出版社．

赵宏，王恺，2015．大学计算机案例实验教程：紧密结合学科需要[M]．北京：高等教育出版社．